Hesse/Schrader

Training Vorstellungs- gespräch

Vorbereitung

Fragen und Antworten

Körpersprache und Rhetorik

STARK

Liebe Leserin, lieber Leser,

mit diesem Buch erhalten Sie auch eine
CD-ROM. Um auf die Inhalte zugreifen
zu können, müssen Sie vor dem Gebrauch
folgenden Code eingeben:

V8567G

Auf der CD-ROM

• Videos mit persönlichen Tipps von
  Hesse/Schrader

• Tests zum Ermitteln der eigenen Stärken

• Hörbeispiele

• Die häufigsten Fragen

Die Autoren

Jürgen Hesse, Jahrgang 1951, Diplom-Psychologe
im Büro für Berufsstrategie, Berlin.
Hans Christian Schrader, Jahrgang 1952, Diplom-Psychologe
in Baden-Württemberg.

Anschrift der Autoren

Hesse/Schrader
Büro für Berufsstrategie
Oranienburger Straße 4–5
10178 Berlin
Tel. 030 288857-0
Fax 030 288857-36
www.hesseschrader.com
info@hesseschrader.com

Im Internet unter
www.berufsstrategie-plus.de

Zugangscode: vorstellung14

• Zusatzmaterialien zum Thema
  Vorstellungsgespräch

• Im Buch gekennzeichnet durch den
  unterstrichenen Link
  www.berufsstrategie-plus.de

Die in diesem Band verwendeten Personenbezeichnungen schließen selbstverständlich beide Geschlechter ein, auch wenn teilweise nur die männliche
Form verwendet wird, um einen besseren Lesefluss zu gewährleisten.

Illustrationen: Stefan Kugel, Frankfurt

ISBN 978-3-86668-973-2

© 2017 Stark Verlag GmbH
1. Auflage 2014
www.berufundkarriere.de

Inhalt

Auf der CD-ROM

Hier finden Sie Hörbeispiele, Videos und Trainings-Tools. Das detaillierte Inhaltsverzeichnis der CD-ROM befindet sich auf der vorderen Umschlaginnenseite.

Endlich eingeladen ...

Herzlichen Glückwunsch – Sie sind zum Vorstellungsgespräch eingeladen worden! Ihre schriftlichen Bewerbungsunterlagen haben genau dies bewirkt: Man ist aufmerksam, idealerweise sogar richtig neugierig auf Sie geworden und will Sie jetzt kennenlernen. Auf der Auswähler-, der Arbeitsplatzanbieterseite hat man sich unter den vielen Bewerbern, deren Unterlagen vorliegen, für Sie und eventuell bis zu neun weitere Bewerber entschieden. Insgesamt zehn Kandidaten will der Arbeitsplatzanbieter also in diesem Fall näher kennenlernen, um sich dann für den angeblich Bestgeeigneten zu entscheiden. In der Regel werden jedoch meistens nur 5–7 Bewerber eingeladen.

Ihre Chance, den Arbeitsplatz zu bekommen, ist zum Greifen nah!

Zufrieden? Einerseits können Sie das natürlich sein, andererseits sind Sie vielleicht jetzt schon aufgeregt, weil Sie nicht wissen, was im Vorstellungsgespräch auf Sie zukommen wird. Sie möchten sich daher auf diese erste persönliche Begegnung optimal vorbereiten. Nichts darf dabei schiefgehen: Sie wollen überzeugen und die neun Mitbewerber ...

Aber klären wir doch – bevor Sie sich über Ihre Konkurrenten Gedanken machen – zunächst einmal, worauf es ankommt, wenn man wie Sie sein Gegenüber nachhaltig davon überzeugen möchte, dass man selbst genau der oder die Richtige für den zu besetzenden Job ist. Was sind also die Essentials für eine erfolgreiche Selbstdarstellung? Oder einfacher gefragt: Warum bekommt einer einen neuen Job und der andere nicht?

Diese zunächst recht einfach klingende Frage hat es bei längerer Betrachtung in sich. Sie enthält – korrekt beantwortet – den »Schlüssel zu Ihrem neuen Job«. Interessiert an diesem Schlüssel? Dann los! Und sagen Sie jetzt bitte nicht: »Na, so allgemein lässt sich das doch gar nicht beantworten, es kommt immer darauf an. Also der Arzt bekommt seinen Job, weil es Kranke gibt, und der Zoodirektor ...«

Nein, es gibt sie wirklich, die klare Antwort, und damit auch den »Türöffner« auf dem Weg zum neuen Arbeitsplatz. Schreiben Sie bitte unten spontan Ihre Antwort auf. Ihre im Folgenden notierten ersten Überlegungen zu dieser entscheidenden Frage sind Teil des Trainingsprozesses für die Vorbereitung Ihrer überzeugenden Vorstellung beim zukünftigen Arbeitgeber. Diese Vorgehensweise ist weitaus Erfolg versprechender, als wenn Sie jetzt gleich umblättern, weiterlesen und sich mit unserer vorgegebenen Lösung zufriedengeben.

Übung
Aus meiner Sicht bekommt jemand einen Arbeitsplatz, weil ...

1. _____

_____

2. _____

_____

3. _____

_____

Ihre Antwort könnte z. B. etwa so lauten:

Aus meiner Sicht bekommt jemand einen Arbeitsplatz, …

1. weil er etwas Besonderes kann,
2. weil er bereit ist, etwas Besonderes zu leisten,
3. weil er besonders gut zu den bereits vorhandenen Mitarbeitern und ins Unternehmen passt.

Und welche Antworten haben Sie auf der vorhergehenden Seite notiert? Ähneln sie den oben genannten drei Punkten? Und würden Sie Letzteren denn zustimmen? Treffen diese eventuell im direkten Vergleich eher zu als Ihre eigenen Antworten? Wir werden Ihnen unseren Standpunkt im Folgenden näher erläutern. Ob jemand einen Job bekommt, hängt nach unserer über 30-jährigen Erfahrung von drei Beurteilungs- und Auswahlkriterien ab:

- Kompetenz
- Leistungsmotivation
- Persönlichkeit

Kompetenz

Beim Auswahlkriterium Kompetenz geht es um die beruflichen Kenntnisse des Bewerbers. Ein Arbeitsplatzanbieter will wissen, ob der Bewerber über die erforderlichen allgemeinen und fachlichen Qualifikationsmerkmale für den zu besetzenden Job verfügt.

Leistungsmotivation

Beim Auswahlkriterium Leistungsmotivation geht es um die Antriebskraft und die Bereitschaft des Bewerbers, etwas Außerordentliches zur Verwirklichung der Unternehmens- bzw. Institutionsziele zu leisten. Die Arbeitsplatzanbieter wollen wissen, was den Bewerber bewegt, was seine Motive für die Wahl genau dieses Arbeitsplatzes und dieser Aufgabe sind.

Persönlichkeit

Beim Auswahlkriterium Persönlichkeit geht es um die Wesensart des Bewerbers, um seinen Charakter und um die Frage, wie gut der neue Mitarbeiter in das vorhandene Team und zum Unternehmen passt. Die Arbeitsplatzanbieter interessiert, ob der Bewerber Sympathiegefühle mobilisiert, ob man

**Von besonderer Bedeutung:
Ihr Selbstbewusstsein**

»Und?«, fragt der Personaler eines Pharmakonzerns unseren Bewerber, einen gestandenen, promovierten Chemiker Anfang 40, kaum dass die Begrüßung stattgefunden hat.

»Wovon wollen S i e mich denn überzeugen?« Pause, kurzes Schweigen. Das sitzt bei unserem Kandidaten wie ein Peitschenhieb. »Ich, äh … ich will Sie überhaupt nicht überzeugen, also, äh, ich will Sie natürlich schon überzeugen, äh, von mir, selbstverständlich, äh, können wir noch einmal von vorn anfangen, bitte …?«

Wenn Sie ein klares Kommunikationsziel im Kopf haben, Ihre Botschaften sorgfältig zusammengestellt und Ihre Argumente dafür beisammenhaben, stottern Sie nicht mehr herum.

sich mit ihm »wohlfühlen« kann, mit ihm gerne zusammenarbeiten würde – oder anders formuliert, ob die »persönliche Chemie stimmt«. Auch immer eine Frage des Vertrauens!

Noch einmal kurz zusammengefasst: Bei einem Vorstellungsgespräch stehen Ihre Kompetenz **(K)**, Ihre Leistungsmotivation **(L)** und Ihre Persönlichkeit **(P)** auf dem Prüfstand. Diese drei entscheidend wichtigen Beurteilungskriterien (im Folgenden kurz **KLP** genannt) spielen nicht nur bei der gesamten Bewerbung, sondern auch und vor allem während des Auswahlprozesses Vorstellungsgespräch eine, man könnte fast sagen: die Hauptrolle.

Grund genug, sich diese drei Schlüsselbegriffe oder Keywords noch einmal genauer anzusehen und sich intensiv mit dem Hintergrund von Vorstellungs- und Auswahlgesprächen auseinanderzusetzen.

Ansonsten werden Sie sicherlich folgende zwei Fragen beschäftigen:

- Was werden *die* mich fragen?
- Und was soll ich *denen* erzählen?

Genau dabei werden wir Sie konkret unterstützen. Denn: Was Sie gefragt werden, steht schon jetzt fest. Und was Sie darauf antworten, erarbeiten wir uns vorab gemeinsam. Na, dann kann's ja losgehen … Zuallererst stellen wir Ihnen die 90 wichtigsten Fragen im Überblick vor.

90 HAUPTFRAGEN IM ÜBERBLICK

Was kann im Vorstellungsgespräch an Fragen auf Sie zukommen? Nichts, was Sie hier mittels dieses umfangreichen Fragenkataloges nicht bereits hätten vorbereiten können. Die wichtigsten 90 Hauptfragen sowie etwa 150 Frage-Varianten zeigen wir Ihnen hier im Überblick (Die Sterne zeigen, wie wichtig die Fragen sind. *** = am wichtigsten). Darunter finden Sie Formulierungen, die in eine ähnliche Richtung zielen.

1. **Warum haben Sie sich bei uns für diese Aufgabe / Position beworben? ***
   - Wie ist es eigentlich zu Ihrer Bewerbung als … bei unserem Unternehmen / unserer Institution gekommen?
   - Was reizt Sie an dieser Aufgabe / Position?
   - Warum wollen Sie gerade bei uns, in unserem Unternehmen / unserer Institution arbeiten?

2. **Warum haben Sie vor, den Arbeitsplatz zu wechseln? ***
   - Weshalb wollen Sie Ihre jetzige Tätigkeit / Position aufgeben?
   - Warum haben Sie Ihren letzten Arbeitsplatz aufgegeben / verloren etc.?
   - Warum haben Sie in Ihrer jetzigen Firma / Institution keine Veränderungsmöglichkeiten / Aufstiegschancen (warum diese Sackgasse)?
   - Was sind die Gründe für Ihre Unzufriedenheit?

3. **Was erwarten Sie für sich / von uns / dem Job? ***
   - Was reizt Sie an der neuen Aufgabe?
   - Was erhoffen Sie sich?
   - Was sind allgemein Ihre Erwartungen / Pläne / Hoffnungen?
   - Was erwarten Sie speziell von uns, was erhoffen Sie sich?

4. **Was hat Ihnen bisher an Ihrer Aufgabe / Position gefallen, was missfallen und warum? ***
   - Üben Sie Ihre jetzige berufliche Tätigkeit gerne aus?
   - Was glauben Sie, ist bei uns anders?

5. **Wie lange tragen Sie sich schon mit dem Gedanken, den Arbeitsplatz zu wechseln?**
   - Sind Sie spontan auf die Idee gekommen, den Arbeitsplatz zu wechseln?
   - Wie lange können Sie sich noch vorstellen, in der momentanen Position / Situation zu verbleiben?

6. **Wie gut kennen Sie uns bereits, … unsere Produktion / Marktposition / Dienstleistungen usw.? ****
   - Woher ist Ihnen unser Unternehmen / unsere Institution bekannt?
   - Wie stellen Sie sich Ihre Tätigkeit bei uns vor?

7. **Haben Sie einen besonderen (persönlichen) Bezug zu unserem Unternehmen?**
   - Kennen Sie Mitarbeiter aus unserem Haus?
   - Was haben die Ihnen denn so alles über uns erzählt?

8. **Haben Sie zurzeit noch andere Bewerbungsverfahren laufen? ***
   - Gibt es schon konkrete Verhandlungen bzw. Ergebnisse?
   - Haben Sie in der letzten Zeit bereits Vorstellungsgespräche im Rahmen von Bewerbungen für vergleichbare Positionen geführt?

9. **Was bewog Sie dazu, im Jahre 20XX und dann 20XX den Arbeitsplatz zu wechseln? ***
   - Warum haben Sie bisher nicht (oder nur so selten) Ihren Arbeitsplatz gewechselt?
   - Können Sie sich vorstellen, zu einem späteren Zeitpunkt in die alte (jetzige) Firma zurückzukehren?

10. **Wie stellen Sie sich (im Idealfall) Ihre Arbeit / Aufgaben bei uns vor? ***
    - Was sind – aus Ihrer Sicht – die Vor- und Nachteile der von uns angebotenen Position, und wie wollen Sie damit umgehen?
    - Was hat für Sie Priorität bei Ihrer Arbeit?

11. **Auf welche Ihrer beruflichen Leistungen und Erfolge sind Sie besonders stolz? Und jetzt zu Ihren Misserfolgen … ****
    - Was sind Ihre (beruflichen) Highlights / Schwachpunkte?
    - Mit welchen Schwierigkeiten hatten Sie sich auseinanderzusetzen?
    - Welche (beruflichen) Siege / welche Niederlagen haben Sie zu verzeichnen?

12. Was möchten Sie in 3 / 5 / 10 Jahren erreicht haben? ***
- Wie sehen Sie Ihre Zukunft?
- Was sind Ihre Ziele? (eventuell unterteilt nach beruflichen und persönlichen Zielen)

13. Was glauben Sie: Wie schnell werden Sie zum Erfolg unseres Unternehmens beitragen können?
- Was meinen Sie: Wie lange brauchen Sie für die Einarbeitung?
- Wann werden Sie für uns profitabel arbeiten können?

14. Wie arbeiten Sie unter Stress?
- Wie kommen Sie unter starkem Zeitdruck zurecht?
- Wie effizient ist Ihre Zeit- und Arbeitsorganisation?
- Wie sieht Ihr Zeitmanagement aus?

15. Welche Arten von Situationen belasten / deprimieren / frustrieren Sie?
- Was lässt bei Ihnen ein richtiges Gefühl des Unwohlseins aufkommen?
- Was macht Ihnen Sorge / Angst? Was ist Ihnen ein Horror?

16. Wie würden Sie Ihren Arbeitsstil beschreiben? *
- Wie organisieren Sie Ihren Arbeitsalltag?
- Wie gehen Sie im Einzelnen an Arbeitsaufgaben heran?

17. Wenn die Firmensituation es erfordert: Wären Sie auch bereit, in eine andere Stadt / in ein anderes Land umzuziehen? *
- Würden Sie bei uns auch eine andere Aufgabe übernehmen, wenn es die Situation erfordert?

18. Haben Sie sich auf das heutige Gespräch vorbereitet?
- Wie haben Sie sich über uns informiert?
- Welche Bedeutung hat dieser Termin bei uns für Sie?

19. Mit welcher schwierigen Frage rechnen Sie heute in unserem Gespräch?
- Welches Thema aus unserer Branche, aus dem Aufgabenbereich liegt Ihnen eher nicht?

BERUFLICHER WERDEGANG UND AKTUELLE ARBEITSSITUATION

20. Schildern Sie uns Ihren beruflichen Werdegang. **
- Wie kam es zu Ihrer Berufswahl?
- Wie kam es, dass Sie da und dort gearbeitet haben?

21. Wo liegen / lagen Ihre Arbeitsschwerpunkte? ***
- Was machen Sie aktuell?
- Was für Probleme müssen Sie arbeits-/ organisationstechnisch bewältigen?
- Auf welchem Sektor lag Ihr Ausbildungs-/ Studienschwerpunkt?

22. Warum machen Sie das, was Sie machen (Beruf / Position / Aufgabe)? ***
- Aus welchen Gründen haben Sie sich für den Beruf / die Branche / die Arbeitsplätze X, Y und Z entschieden?
- Und warum jetzt für diese neue Position in unserem Haus?

23. Welche Gebiete Ihrer Berufsausbildung / Berufstätigkeit haben Ihnen besonders gelegen / liegen Ihnen besonders? Und welche gegebenenfalls auch nicht so?*
- Für welches Fach / Gebiet haben Sie sich in Ihrer Berufsausbildung am meisten engagiert? Und welches haben Sie eher vernachlässigt?
- Welche wichtigen beruflichen Aufgaben / Herausforderungen hatten Sie bisher zu bewältigen?

24. Schildern Sie einmal den Ablauf eines für Sie typischen Arbeitstages. *
- Was sind zurzeit Ihre konkreten Arbeitsaufgaben?
- Was machen Sie davon gerne, was eher ungern?

25. Warum haben Sie Ihren Arbeitgeber öfter bzw. selten gewechselt? *
- Welche Art von Problemen hatten Sie mit früheren Arbeitgebern?

26. Wie bilden Sie sich fort? **
- An welchen Fortbildungsmaßnahmen haben Sie teilgenommen und wer hat diese initiiert?

27. Was schätzen Sie an Ihren Arbeits-kollegen / Vorgesetzten – was nicht? *

- Was zeichnet Ihrer Meinung nach einen guten Vorgesetzten aus?
- Was einen guten Mitarbeiter?
- Jetzt diese beiden Fragen mit umgekehrten Vorzeichen (… schlechten Vorgesetzten …usw.)
- Welche Verhaltensweisen / Eigenschaften stören Sie an anderen Menschen am meisten? (und umgekehrt: Was schätzen Sie an anderen Menschen?)

28. Fühlen Sie sich in Ihren beruflichen Leistungen von Ihren früheren Vorgesetzten angemessen beurteilt?

- Wie fühlen Sie sich in Ihren Arbeitszeugnissen beurteilt?

29. Was würden Sie gern an Ihrem jetzigen Arbeitsplatz / Unternehmen verändern, wenn Sie Veränderungen durchführen könnten, wie Sie wollten?

- Welche Probleme oder gar Missstände gibt es an Ihrem jetzigen Arbeitsplatz/in Ihrem aktuellen Unternehmen?

30. Was war bisher Ihr schönster Triumph / Ihr größter (Arbeits-)Erfolg? **

- Auf welche (beruflichen) persönlichen Leistungen / Ergebnisse sind Sie stolz?

31. Was war bisher Ihr schlimmstes, unangenehmstes (Arbeits-)Erlebnis? **

- Was war Ihre größte (berufliche) Niederlage, Enttäuschung, Ihr größter Misserfolg?

32. Wenn Sie in Ihrer Ausbildung und beruflich noch einmal ganz von vorn anfangen könnten – was würden Sie anders machen? *

- Wie zufrieden sind Sie mit Ihrem Beruf/Ihrer Berufswahl?
- Welche beruflichen/ausbildungsbezogenen Fehler würden Sie nicht noch einmal machen?
- Haben Sie Förderer/Vorbilder?
- Wie sieht Ihr Ideal-/Traumjob, Ihre Traumaufgabe/-position aus?

33. Haben Sie an Ihren bisherigen Arbeitsplätzen persönliche Erfahrungen mit den Themen Konflikte, Streit und Mobbing gemacht?

- Was fällt Ihnen zu den Themen Streit/Intrigen/Mobbing am Arbeitsplatz ein?

34. Bei Ihrem beruflichen Werdegang: Warum haben Sie z. B. nicht XYZ gemacht?

- Wie erklären Sie sich die Probleme an Ihrem jetzigen Arbeitsplatz?

35. Sind Sie der Meinung, auf Ihre möglichen neuen beruflichen Aufgaben gut vorbereitet zu sein?

- Wie können Sie sicherstellen, in Ihrer neuen Aufgabe bei uns nicht zu versagen?

36. In welchen Situationen fällt es Ihnen besonders leicht / schwer, Entscheidungen zu treffen, und warum?

- Beschreiben Sie uns mal, wie Sie am häufigsten zu einer Entscheidung gelangen. Und ist das der einzige Weg? Welche Wege noch …?

37. Was lässt Sie eine Entscheidung revidieren?

- Erzählen Sie uns ganz konkret, wie Sie mit einem offensichtlichen Irrtum Ihrerseits umgegangen sind.

38. Wie gehen Sie mit Vorgesetzten-entscheidungen um, die Sie eigentlich nicht mittragen möchten?

- Was machen Sie, wenn Dinge sich anders entwickeln, als Sie es geplant haben?

39. Schildern Sie uns einmal eine schwierige, knifflige Situation aus Ihrem Arbeitsalltag und wie Sie damit umgegangen sind.

- Mit welcher Sorte von Problemen kommen Sie eher schlechter zurecht?

PERSÖNLICHER, FAMILIÄRER UND SOZIALER HINTERGRUND

40. Wir wollen Sie gerne kennenlernen, erzählen Sie uns etwas über sich. ***

- Wie würden Sie sich kurz charakterisieren?
- Was sollten wir über Sie persönlich wissen?
- Was meinen Sie – wie würde Sie ein Freund/ ein Gegner beschreiben? Wie Ihr Chef?
- Auf welche menschlichen Qualitäten legen Sie bei sich/bei anderen besonderen Wert?

41. Was sind Ihre Stärken, was Ihre Schwächen und wie sind Sie zu dieser Erkenntnis gekommen? ***

- Was ist Ihr größter Erfolg/Misserfolg (beruflich/privat)?
- Was war bisher in Ihrem Leben Ihr schlimmstes Erlebnis?

**42. Wie werden Sie von Arbeitskollegen /
Vorgesetzten / Freunden / Bekannten
eingeschätzt? ***

- Was würde Ihr … über Sie sagen, wenn ich
  ihn / sie jetzt z. B. zum Thema … befragen
  würde?
- Was denkt Ihr Chef über Sie?
- Was hält Ihr Chef von Ihnen und Ihrer Arbeitsleistung?

**43. Was schätzen Sie generell an anderen
Menschen, was nicht (Arbeitskollegen /
Vorgesetzte / Freunde / Bekannte)?**

- Haben Sie Leitbilder?
- Gibt es in Ihrem Leben eine Person, die Sie be-
  sonders beeindruckt hat? Erzählen Sie, warum.
- Was haben Sie an Ihrem Chef / Ihren Kollegen /
  Mitarbeitern geschätzt?
- Was missfällt Ihnen an Ihrem Chef / Ihren
  Kollegen / Mitarbeitern?
- Welche Eigenschaften sollte Ihr Vorgesetz-
  ter / Vertreter / Nachfolger haben? Und welche
  nicht?

**44. Warum sollten wir gerade Sie einstellen?
****

- Was haben Sie uns zu bieten?
- Was unterscheidet Sie von anderen Bewerbern?

**45. Wenn die Rollen in diesem Gespräch
vertauscht wären – welche Fragen würden
Sie stellen?**

- Gibt es ein Thema, über das wir noch
  nicht gesprochen haben, das aber wichtig
  für Sie wäre?

**46. Welche Interessen, welche Hobbys haben
Sie? *****

- Wir wollen Sie als Menschen kennenlernen.
  Was machen Sie neben Ihrer Berufstätigkeit?
- Welche Sportarten betreiben Sie?

**47. Womit können Sie sich selbst eine Freude
machen – wie tanken Sie auf?**

- Haben Sie aktuelle Wünsche außerhalb
  der beruflichen Thematik?
- Wenn Sie drei Wünsche frei hätten …?
- Ein Riesenlottogewinn – was täten Sie …?

48. Was ist Ihr wichtigster Motivator?

- Wofür schlägt Ihr Herz, was ist Ihnen wirklich
  wichtig?

**49. Gestatten Sie eine Überraschungsfrage,
auf die Sie ganz spontan antworten
dürfen? Was für ein Gerät, was für eine
Maschine aus dem Küchenbereich wären
Sie gerne?**

50. Was bedeutet Teamarbeit für Sie? *

- Wie gerne / gut können Sie mit anderen
  zusammenarbeiten?
- Mit wem arbeiten Sie gerne zusammen,
  mit wem nicht?

**51. Hatten Sie schon mal Schwierigkeiten mit
Vorgesetzten und / oder Kollegen?
Wenn ja: Mit wem? Und warum? Wie sind
Sie damit umgegangen? Was haben Sie
daraus gelernt?**

- Mit welchen Menschen arbeiten Sie gern /
  ungern zusammen?

**52. Was erwarten Sie von Ihrem zukünftigen
Vorgesetzten?**

- Wie und was wäre für Sie ein idealer
  Vorgesetzter?

53. Worüber können Sie sich so richtig ärgern?

- Was macht Sie wütend?
- Was bereitet Ihnen Sorgen?

54. Wie gehen Sie mit Kritik um?

- Sind Sie leicht zu kränken?
- Wie gehen Sie generell mit Kränkungen um?

**55. Was sind Ihre ganz persönlichen
Lebensziele?**

- Was möchten Sie persönlich für sich in
  naher / ferner Zukunft erreichen?

**56. Was sind Ihrer Meinung nach die größten
Missstände in der Welt, in unserem Land,
in Ihrer Heimatstadt, in dem Unternehmen,
in dem Sie zurzeit arbeiten? ***

- Wenn es in Ihrer Macht stünde: Was würden
  Sie ändern …?

**57. Nennen Sie bitte spontan die fünf
Menschen, die Sie am meisten bewundern.
Warum?**

- Benennen Sie uns Ihre Vorbilder …

**58. Angenommen Zeit und Geld spielten
überhaupt keine Rolle: Wie würden Sie
Ihr Leben gestalten?**

- Was für einen Lebenstraum haben Sie?

59. Wie sieht Ihre aktuelle Lebenssituation aus? **

- Wie ist Ihr Familienstand?

60. Stellen Sie uns doch bitte einmal kurz Ihre Familie vor.

- Was macht Ihre Frau/Ihr Mann beruflich?

61. Welche Haltung hat Ihr Lebenspartner / Ihre Umgebung zu Ihrem Beruf? *

- In welcher Weise werden Sie von Ihren … unterstützt?
- Was sagt Ihr Lebenspartner zu Ihren Plänen? Gibt es da eventuell Probleme? (Umzug / Arbeitszeiten etc.)
- Haben Sie Ihr Bewerbungsvorhaben mit Ihrer Familie diskutiert?

62. Gibt es Bereiche oder Themen, in denen Sie sich besonders engagieren?

- Sind Sie ehrenamtlich/sozial engagiert?
- Sind Sie ein politischer Mensch?
- Für wen oder was können Sie sich engagieren?

63. Mit welchen Menschen sind Sie gerne zusammen und was verbindet Sie mit diesen?

- Wer kommt mit Ihnen gut klar, wer nicht, und warum?

64. Was machen Sie lieber zusammen mit anderen/was lieber alleine?

- Was bedeutet Teamarbeit für Sie?

GESUNDHEITSZUSTAND

65. Waren Sie schon mal ernsthaft krank? **

- Bestehen bei Ihnen gesundheitliche Einschränkungen mit beruflichen Auswirkungen?
- Gab es Krankenhausaufenthalte/Unfälle, leiden Sie an Allergien?
- Waren Sie im letzten Jahr mehr als zweimal beim Arzt?
- Haben Sie einen Hausarzt?

66. Unter welchen chronischen Erkrankungen leiden Sie, wenn auch vielleicht nur ganz geringfügig?

- Sind Sie gesundheitlich eingeschränkt?
- Sind Sie bereits einmal über einen längeren Zeitraum krank gewesen?

67. Treiben Sie Sport?

- Wie halten Sie sich fit?
- Was tun Sie für Ihre Gesundheit?
- Gibt es in Ihrer persönlichen/familiären Umgebung Probleme, die Ihren Einsatz/ Ihr Engagement erfordern?

BERUFLICHE KOMPETENZ UND EIGNUNG

68. Wie gut kennen Sie sich in unserer Branche/in unserem Metier aus? **

- Wie schätzen Sie die aktuelle (zukünftige) Marktsituation ein?

69. Was sind aus Ihrer Sicht die wichtigsten Anforderungen, die großen Herausforderungen, die mit dieser Aufgabe und Position verbunden sind?

- Welche Eigenschaften, welches Können sind bei dieser Aufgabe, die Sie übernehmen wollen, wohl etwa die wichtigsten?

70. Kennen Sie … (dieses Verfahren, die Person, die Diskussion etc.)? *

- Was ist Ihre Meinung über …?
- Wie beurteilen Sie …?
- Was würden Sie machen, wenn …?

71. Welche Weiterbildungen, Kongresse, Fachtagungen etc. haben Sie in der letzten Zeit besucht?

- Welche Publikation (Fachbuch/Artikel) aus Ihrem Arbeitsgebiet hat Sie in der letzten Zeit besonders beschäftigt?
- Welche Fachpublikationen haben Sie abonniert/lesen Sie regelmäßig?

72. Wie halten Sie sich über berufs- / fachspezifische Entwicklungen und Neuerungen auf dem Laufenden?

- Wie bilden Sie sich fort?

73. Welche richtungsweisenden neuen Trends erkennen Sie in Ihrem Arbeitsgebiet?

- Erzählen Sie uns etwas über die aktuellen Entwicklungen in der X-Branche.

74. Wie organisieren Sie sich Ihre Arbeit?

- Schildern Sie uns den Anfang eines typischen Arbeitstages.
- Was, glauben Sie, ist wichtig bei der Besetzung dieser Position?

75. Was schätzen Sie: Wie lange brauchen Sie, um sich bei uns in Ihr neues Aufgabengebiet einzuarbeiten? *

- Auf welchem (für uns wichtigen) Gebiet haben Sie noch größere Defizite und was gedenken Sie dagegen zu tun?

76. Warum sind Sie für uns der/die richtige/beste Kandidat/-in? **

- Können Sie uns noch einmal verdeutlichen: Was spricht für und was gegen Sie als unseren Kandidaten?
- Was wäre Ihr Beitrag zum Unternehmenserfolg?

77. Haben Sie berufliche Vorbilder?

- Wer hat Sie beruflich beeinflusst/geprägt?

78. Welche Kompetenzen sehen Sie für die Zukunft als besonders erfolgskritisch an?

- Was sind Ihrer Meinung nach die wichtigsten Auswahlkriterien für eine optimale Besetzung eines/dieses Arbeitsplatzes?

ARBEITSKONDITIONEN

79. Welche Gehaltsvorstellung haben Sie? **

- Wie hoch sind Ihre aktuellen Bezüge?

80. Wären Sie bereit, in der Probezeit eine Gehaltsstufe niedriger eingruppiert zu werden?

- Machen Sie uns ein Angebot bezogen auf Ihr Einstiegsgehalt.

81. Wie flexibel sind Sie bezüglich Arbeitsvergütung, Arbeitszeit, Arbeitsort oder Aufgabengebiet? *

- Wie weit können Sie uns entgegenkommen, in Bezug auf …?

82. Wann könnten Sie bei uns anfangen? **

- Wenn wir uns für Sie entscheiden, brauchen wir Sie sofort. Ist das möglich?

83. Welche Fragen haben Sie von unserer Seite vermisst?

- Was wollten Sie uns in diesem Gespräch unbedingt nicht sagen …?

FRAGEN DES BEWERBERS

84. Haben Sie Fragen an uns? **

- Was soll ich Ihnen über unser Unternehmen erzählen?

ABSCHLUSS DES GESPRÄCHS UND VERABSCHIEDUNG

85. Warum sollten wir gerade Ihnen den Arbeitsplatz geben? **

- Was unterscheidet Sie von den anderen Bewerbern?
- Können Sie bitte noch einmal kurz zusammenfassen, was Ihre Stärken, aber auch Ihre Schwächen sind?

86. Was machen Sie, wenn Sie den Arbeitsplatz bei uns nicht bekommen, wenn wir uns für einen anderen Bewerber entscheiden? *

- Haben Sie zurzeit noch andere Bewerbungsverfahren laufen?
- Wie nötig brauchen Sie einen neuen Job?

87. Wie gelangen Sie in schwierigen Situationen zu einer Entscheidung?

- Wie lösen Sie unter Zeitdruck Probleme?

88. Wie schaffen Sie es in Ihrem privaten Umfeld, Menschen zu überzeugen, für sich und Ihr Anliegen zu gewinnen?

- Was machen Sie, wenn Ihr Gegenüber nicht so will, wie Sie wollen?

89. Wie können Sie als Mitarbeiter zum Erfolg eines/unseres Unternehmens beitragen?

- Was spricht für Sie, was können Sie uns bzw. allgemein anbieten?

90. Welche Fragen, welche Themen hätten Sie sich in unserem Gespräch noch gewünscht?

Vorbereitung:
Ihr Schlüssel zum neuen Job

AUSGANGSBASIS: KOMPETENZ

1. Sie können etwas

Ohne Zweifel: Mit diesem Schlüsselbegriff wissen Sie etwas anzufangen. Und natürlich halten Sie sich für kompetent. Schließlich sind Sie eingeladen worden, und das spricht selbstverständlich für Ihre Kompetenz. Ihre Unterlagen, Ausbildungs- und Berufsabschlüsse, Ihre Arbeitszeugnisse und beruflichen Stationen haben das bewiesen. Deshalb wurden Sie zusammen mit einer kleinen Auswahl weiterer Kandidaten in die engere Wahl gezogen.

Trotzdem oder gerade deswegen ist es jetzt wichtig zu wissen, worauf es bei dem Entscheidungskriterium Kompetenz genau ankommt, damit Sie bei den Entscheidern gut an- und rüberkommen. Der Kompetenzbegriff beinhaltet noch zwei weitere wichtige Aspekte:

2. Sie sind ein Problemlöser

Die Arbeitsplatzanbieterseite hat erkannt, dass es in ihrem Betrieb ein Problem gibt – man könnte auch etwas pointierter sagen: Der Arbeitsplatzanbieter hat ein Problem! Deshalb hat man sich (eventuell erst nach längerem Zögern) dazu entschlossen, für die Bearbeitung oder sogar Lösung dieses Problems Hilfe bzw. Unterstützung zu suchen.

Was man sich auf der Arbeitsplatzanbieterseite jetzt ganz stark erhofft, ist, einen Problemlöser, einen Spezialisten zu finden für genau diese Art von vorhandenen und eventuell auch zukünftigen Problemen.

Was ist nun Ihre Rolle dabei? Sie müssen sich im Vorstellungsgespräch vor allem als Problemlösungsspezialist anbieten, weniger als »Hans Dampf in allen Gassen«. Sie müssen Ihrem Gegenüber erfolgreich vermitteln, dass Sie genau auf diesem Problemgebiet über Spezialkenntnisse und Lösungsstrategie-Erfahrung verfügen. Mit anderen Worten: Sie sind nicht etwa zukünftig Teil eines Problems, sondern Sie sind der gesuchte und gebrauchte Problemlöser.

3. Sie sind ein Gewinnbringer

Sie werden als Problemlöser den Job bekommen, wenn Sie auch ein Gewinnbringer sind. Das bedeutet: Ihre kompletten Gehaltskosten (Jahresbruttogehalt mal etwa 1,9) machen deutlich weniger aus, als Sie dem Unternehmen einbringen.

Deshalb ist es wichtig, sich vor dem Vorstellungsgespräch mit dem Entlohnungssystem und Ihren persönlichen Ansprüchen ausgiebig auseinanderzusetzen. Dabei gilt die Formel: Sie dürfen weder zu billig noch zu teuer sein. Orientieren Sie sich am oberen Drittel der Gehaltsskala für die von Ihnen angestrebte Tätigkeit.

MERKBLOCK

Das Bewusstsein, dass Sie der gesuchte Problemlöser und ein Gewinnbringer für das Unternehmen sind, und die damit verbundene intensive Vorbereitung versetzen Sie in die Lage, Ihre Gesprächspartner im Vorstellungsgespräch zu beeindrucken und zu überzeugen.

Wenn Sie diese nicht kennen, so bieten sich neben Gesprächen mit Fachkollegen die einschlägigen Wirtschaftszeitschriften an, die regelmäßig Entlohnungstabellen abdrucken. Auch bei den entsprechenden Internet-Dienstleistern (z. B. unter www. gehalts-check.de) werden Sie schnell fündig.

ERGEBNIS: LEISTUNGSMOTIVATION

Sie sollen etwas bewirken

Das wussten Sie ja wahrscheinlich bereits: Es kommt im Vorstellungsgespräch darauf an, motiviert, engagiert, leistungsstark etc., also einfach ausgedrückt: fleißig zu erscheinen. Eine »Schlafmütze« möchte niemand einstellen, egal ob es sich um einen Verkaufsaushilfsjob in einer Bäckerei handelt oder um die Position eines Chirurgen in einem Spezial-Ärzte-OP-Team. Arbeitsplatzanbieter suchen stets hoch motivierte, leistungsstarke neue Mitarbeiter.

Fallbeispiel 1: Stellen Sie sich nun einmal vor, Sie sind unglücklicherweise schon längere Zeit ohne Job und haben eventuell auch noch Schulden, sind also jetzt wirklich hoch motiviert und möchten (aus verständlichen Gründen) gerne »ranklotzen«. Was glauben Sie – bekommen Sie denn jetzt den angebotenen Job?

Fallbeispiel 2: Sie haben gerade einen Riesenbatzen Geld gewonnen, über eine Million Euro. Trotzdem, Sie lieben diese Tätigkeit (egal was das jetzt in Ihrem Fall auch sein mag), haben sich beworben und sind gerne bereit, diese Arbeit zu machen. Was glauben Sie – bekommen Sie denn jetzt den angebotenen Job?

In beiden Fällen sind Sie doch wirklich ganz besonders motiviert. Im ersten Beispiel sind es die Schulden, im zweiten sind Sie aus Leidenschaft zu der Tätigkeit bzw. diesem Job angetreten. In beiden Fällen – mit deutlich unterschiedlicher Ausgangssituation – stellen Sie sich bei dem Unternehmen vor, bewerben sich um den angebotenen Arbeitsplatz. Was meinen Sie? Mit welchem Hintergrund, aus welcher der beiden Situationen heraus hätten Sie mehr Chancen, den von Ihnen wirklich angestrebten Job zu bekommen? Entscheiden Sie sich bitte jetzt und kreuzen Sie an, in welchem Fall Sie bessere Chancen hätten:

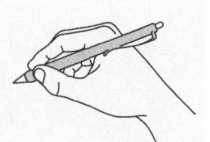

○ als arbeitsloser Schuldner auf der dringenden Suche nach einem Job (Fallbeispiel 1)
○ aus Leidenschaft und nicht des Geldes wegen (Fallbeispiel 2)
○ weder noch – Sie hätten in beiden Fällen keine Chancen

Vielleicht ahnten Sie es ja bereits: In beiden Fällen hätten Sie gleichermaßen ganz schlechte Karten und würden nicht ausgewählt werden – immer natürlich unter der Voraussetzung, Ihr Gegenüber, der Arbeitsplatzanbieter, wüsste über die Umstände, den Hintergrund Ihrer Bewerbung Bescheid (aber das muss er ja nicht!).

Bei beiden Ausgangssituationen wäre ein Problem mit Ihrer Leistungsmotivation zu befürchten. Als Millionär bräuchte man eigentlich gar nicht mehr für Geld zu arbeiten, sodass man eventuell bei der kleinsten Unstimmigkeit das Handtuch werfen und kündigen würde, weil man es nicht nötig hätte, sich einer schwierigen oder unangenehmen Situation auszusetzen. Als arbeitsloser Schuldner wäre man wahrscheinlich durch sein finanzielles Problem so absorbiert, dass man den Kopf nicht frei hätte, um sich auf seine beruflichen Aufgaben zu konzentrieren.

Es ist also wichtig, »richtig« oder auch »angemessen« leistungsmotiviert zu erscheinen – nicht zu viel und nicht zu wenig. Dabei ist es gar nicht so einfach, das richtige Maß genau zu treffen, aber eben darauf kommt es an, wenn Sie bei Ihrem Gegenüber gut ankommen möchten, wenn Sie von sich und Ihrem Mitarbeitsangebot überzeugen wollen.

KERN: PERSÖNLICHKEIT

Sie sollen vertrauenswürdig sein und gut ins Team passen

Für das Gelingen (und leider auch Misslingen) eines Vorstellungsgesprächs ist von entscheidender Wichtigkeit, ob Sie Ihrem Gegenüber, dem Arbeitsplatzanbieter, sympathisch sind. Man könnte sogar noch weitergehen und sagen: Für Ihre Überzeugungskraft und damit Ihren Erfolg bei der ersten persönlichen Begegnung ist es absolut entscheidend, ob es Ihnen gelingt, aktiv für sich Sympathien zu mobilisieren. Mit anderen Worten: Schaffen Sie es, bei den Menschen, die Sie eingeladen haben, um Sie kennenzulernen, Vertrauen zu wecken – und damit gleichzeitig Zutrauen in Ihre Fähigkeiten?

FEHLER

Die 12 häufigsten und schwerwiegendsten Fehler bei Vorstellungsgesprächen

1. Mangelndes Bewusstsein, worum es im Vorstellungsgespräch wirklich geht

2. Gravierende Versäumnisse bei der gezielten Vorbereitung

3. Vor lauter Aufregung überhaupt nicht mehr ordentlich zuzuhören

4. Eine Gesprächspause nicht aushalten können

5. Sich gar nicht erst um ein Vorstellungsgespräch bemühen bzw. nicht um eines zu bitten

6. Mangelndes / fehlerhaftes Wissen um die Bedeutung von Körpersprache und Körperhaltung

7. Die Regeln des Small Talks nicht beherrschen

8. Unkenntnis über die Basisregeln der Gesprächsführung

9. Die eigenen Potenziale nicht wirklich kennen und nicht vermitteln können

10. Keine persönliche Botschaft vorbereitet haben

11. Keine oder mangelhafte Vorbereitung auf Einwände oder schwierige Fragen parat haben

12. Den eigenen Marktwert (Stichwort Gehalt) nicht kennen

Wenn Sie zu Ihrem Vorstellungsgespräch eine halbe Stunde zu spät oder gleich eine zu früh kommen, eventuell in kurzen Hosen (weil das Wetter wirklich sehr heiß ist) oder in einem Super-Mini und grell geschminkt, möglicherweise deutlich verschwitzt und entsprechend stark riechend (eventuell aus Angst), wird das alles nicht gerade Sympathie und Vertrauen erwecken ... Aber das ahnten Sie ja wohl alles schon!

Es geht beim Vorstellungsgespräch also um den berühmt-berüchtigten ersten Eindruck, der bei zwei Gesprächspartnern, die sich bisher unbekannt waren, in den ersten Sekunden ihrer Begegnung die Weichen in Richtung einer positiven (Sympathie) oder negativen Gefühlsreaktion (Antipathie) stellt.

Die tabellarische Übersicht auf der gegenüberliegenden Seite soll Ihnen auf einen Blick verdeutlichen, welche Eigenschaften Sympathie hervorrufen oder verhindern können.

Wie sympathisch können Sie sein?

Oder ausführlicher gefragt: Wie viel Sympathie sind Sie in der Lage für sich zu mobilisieren? Diese Frage beantworten neun von zehn Personen, die wir in unserer Beratungspraxis treffen, mit dem Hinweis, dass dies wohl kaum von ihnen selbst abhängen würde. Der Gesprächspartner müsse einen schließlich beurteilen und sympathisch finden oder nicht. Man selbst könne dafür nichts oder nur sehr wenig tun.

Klingt logisch, und vielleicht denken Sie genauso. Aber mal angenommen, man könnte Sympathie, die man beim Gegenüber mobilisiert, ganz einfach messen: Wie viel Prozent an Sympathie glauben Sie auf einer Skala von 0 bis 100 für sich mobilisieren zu können?

Mit dieser präzisen Frage nach Sympathieprozenten stürzt man die meisten Befragten in arge Schwierigkeiten. Ohne das freundlich-unterstützende Hilfsangebot »Was denken Sie – eher 90 Prozent oder doch nur 10 Prozent? Oder vielleicht 50 Prozent?« sind die meisten Klienten in unserer täglichen Beratungspraxis gar nicht zu einer Aussage zu bewegen.

Nach längerem Zögern und viel Nachdenken ist dann vielleicht knapp die Hälfte der Befragten bereit einzuräumen, weniger als 30 Prozent Sympathie für sich mobilisieren zu können. Eine weitere knappe Hälfte kommt auf etwa 50 Prozent Sympathiegewinn. Meist sieht sich nur einer von etwa fünfzehn Bewerbern in der Lage, 70 Prozent und mehr beim Gesprächspartner für sich »herauszuholen«.

Dabei ist all unseren Klienten klar, worum es beim Vorstellungsgespräch geht: Um einen Job zu bekommen, muss man dem Personalchef oder Inhaber des Unternehmens, das den Arbeitsplatz anbietet, – neben anderen Eigenschaften – vor allem sympathisch sein.

Das Erstaunliche dabei ist: Die entgegengesetzte Frage – »Wie schaffe ich es, meinem Gegenüber augenblicklich herzlich unsympathisch zu werden?« – können fast alle Befragten schnell und mühelos beantworten. Hier hat beinahe jeder das Gefühl, genau zu wissen, wie er oder sie es anstellen müsste, um beim Gesprächspartner eine starke Antipathie zu mobilisieren.

Vielleicht geht es Ihnen ähnlich: Sich aktiv unbeliebt zu machen, sich so richtig schön unmöglich zu verhalten – wie das geht, leuchtet auch Ihnen möglicherweise viel eher ein als das Gegenteil. Hinzu kommt bei unseren Klienten – und sicherlich auch bei Ihnen – das deutliche Gefühl, dass eine aktive Sympathiegewinnung ziemlich schwer ist und dass wohl kaum einer so etwas hundertprozentig beherrschen kann.

Dabei vergessen Sie allerdings, dass viele Menschen, vom Verkäufer oder Vertreter (und wer verkauft oder vertritt heute nichts?) bis hin zum Moderator, Schauspieler oder Politiker, in der Lage sind, professionell – also im Rahmen ihres Berufes – die Sympathien ihres Gegenübers für sich zu mobilisieren.

Sympathie bedeutet Wahrnehmen von ...	Antipathie bedeutet Wahrnehmen von ...
Zugewandtheit	Abgewandtheit
Interesse an Ihrer Person	Desinteresse
Attraktivität	Abstoßung
Schönheit	Hässlichkeit
positiven Gefühlen	negativen Gefühlen
Gemeinsamkeiten	fehlenden Gemeinsamkeiten
gleicher Wellenlänge	anderer Wellenlänge
Wärme	Kälte
Vertrauen	Misstrauen
Zuneigung	Abneigung

Sympathie wird eher mobilisiert durch ...	Antipathie wird eher mobilisiert durch ...
Attraktivität	abstoßendes Äußeres
Schönheit	Hässlichkeit
Freundlichkeit	Unfreundlichkeit
Höflichkeit	Unhöflichkeit
Anpassung	mangelnde Anpassung
Charisma	fehlendes Charisma
Gelassenheit	Nervosität
Ruhe	Unruhe
Selbstsicherheit	Unsicherheit
Geduld	Ungeduld
Toleranz	Intoleranz
Gleichberechtigung	Dominanz- und Machtstreben
Gewährenlassen (Freiheit)	Beherrschung (Unfreiheit)
Gewandtheit	Unsicherheit
Entspanntheit	Anspannung
gleiche/ähnliche Interessen/Hobbys	stark unterschiedliche Interessen/Hobbys

Wie lässt sich die Entstehung von Sympathie erklären?

Zur Mobilisierung von Sympathiegefühlen kommt es immer dann, wenn Ihr Gegenüber den (ersten) Eindruck und die Hoffnung gewinnt, dass Sie einen Beitrag zu seiner Bedürfnisbefriedigung (Aufmerksamkeit, Zuwendung, Erfolg, Macht etc.) leisten können.

Sympathiefördernd sind auch Identifizierungsprozesse nach dem Motto: »Mein Gegenüber ist ja genauso oder ganz ähnlich wie ich.« Man entdeckt dabei im anderen etwas, das einem selbst wohlbekannt ist – gemeint sind insbesondere biografische Gemeinsamkeiten (z. B. bezüglich früherer Wohnorte, Schulen, Ausbildungen, gemeinsamer Bekannter, Hobbys etc.), kurzum: gleiche Wertewelten.

Es geht im Vorstellungsgespräch darum, bei Ihrem Gegenüber aktiv Sympathien für sich zu mobilisieren und damit auch Vertrauen zu wecken. Denn vertraut man Ihnen, so traut man Ihnen den Job auch leichter zu.

Sympathie entsteht »technisch gesehen« – übrigens auf beiden Seiten – auf der Basis von verbaler (Sprache, Sprechweise: laut, leise, mit Dialekt etc.) und nonverbaler Kommunikation (Körpersprache, Aussehen, Auftreten, Kleidung). Beides fördert den Wiedererkennungsfaktor. Ich sehe und spüre beim anderen: Hier stoße ich auf etwas mir positiv Bekanntes. Dieser Sympathiebildungsprozess trägt ganz entscheidend zum Gelingen eines Vorstellungsgesprächs bei.

Verdeutlichen Sie sich daher noch einmal, dass man Sie bereits ausgewählt und eingeladen hat, weil man Sie für geeignet und für besonders interessant hält. Ihre Gesprächspartner haben begriffen, dass Sie etwas Wichtiges anzubieten haben. Schon deshalb sollten Sie ihnen sehr sympathisch sein.

Sie wissen ja: Wie man in den Wald hineinruft, so schallt es auch heraus. Wenn Sie aufgrund der obigen Erkenntnis mit viel entgegengebrachter Sympathie für Ihre Gesprächspartner zu dieser ersten Begegnung gehen, erhöht das in jedem Fall die Chance, dass man auch Sie sympathisch findet. So einfach ist das …

Der Schlüssel zum Menschen

Haben Sie sich schon einmal gefragt, was der Schlüssel zu einem anderen Menschen ist? Was fällt Ihnen spontan zu dieser Frage ein? Ist der Schlüssel z. B.:

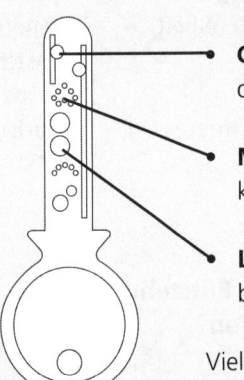

- **Geld** (nach dem Motto: Jeder ist käuflich, es kommt nur auf die Summe an!),

- **Macht** (weil sie ebenfalls wie das Geld den Menschen korrumpiert) oder

- **Liebe** (weil man mit Liebe alles erklären, begreifen oder bewegen kann)?

Viele Möglichkeiten sind denkbar, und wir wollen hier nicht so vermessen sein, unsere Antwort als die allein gültige zu präsentieren. Aber es lohnt sich, über sie nachzudenken – wir meinen nämlich,

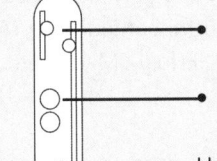

- **Kommunikation** ist der Schlüssel zum Menschen. Auch

- **Gefühle** können wir uns als Antwort gut vorstellen.

Und wenn Sie mit uns konform gehen, dann wissen Sie jetzt, worauf es im Vorstellungsgespräch besonders ankommt: Zeigen Sie, wie kommunikativ Sie sind, und zielen Sie auf die Gefühle Ihres Gegenübers!

START: SELBSTEINSCHÄTZUNG

Wie Sie herausfinden,

… was Sie Besonderes können

… was Sie schon Besonderes geleistet haben

… was für ein ganz besonderer Mensch Sie sind

In diesem Kapitel möchten wir Ihnen helfen, sich selbst besser einzuschätzen und Ihren persönlichen wie auch beruflichen Standort sicherer zu bestimmen. Nehmen Sie sich dafür Zeit und führen Sie die Übungen sorgfältig durch. Zunächst geht es um die elementaren Fragen:

- Welche Werte haben Sie?
- Was für ein Mensch sind Sie?
- Was können Sie?
- Was tun Sie besonders gern?
- Was wollen Sie?
- Was ist Ihnen möglich?

Wenn Sie diese Fragen für sich beantworten, erlangen Sie wichtige Erkenntnisse zu Ihrer Persönlichkeit, Ihrer Leistungsmotivation, Ihrer Kompetenz, Ihren Zielvorstellungen und Chancen. Dieses Wissen wird Sie dabei unterstützen, den Arbeitsplatz zu finden, der zu Ihnen passt und der sich in Ihre Lebensplanung optimal integriert.

zu anderen Menschen oder um geistige Anregungen. Nur so können Sie ermitteln, was Sie langfristig motiviert und zufrieden macht.

Als Beispiele: Wenn Sie mittelfristig mehr Freizeit anstreben, um sich Ihrer Familie zu widmen und Ihre Hobbys auszuleben, wäre eine Bewerbung in einer kleinen Werbeagentur weniger sinnvoll. Hier sind Sie zwar in einem kreativen, herausfordernden Umfeld tätig, dennoch sind Ihre Arbeitszeiten vermutlich unregelmäßig und Ihr persönlicher Einsatz sicherlich hoch.

Oder: Wenn Sie Umweltschutz wichtig finden und aus Überzeugung stets Bioprodukte kaufen, sollten Sie überlegen, ob Sie in der Chemiebranche glücklich werden.

Eine Bewerbung im öffentlichen Dienst hingegen macht wenig Sinn, wenn es Ihnen um Anerkennung Ihrer Leistungen geht, oder wenn Sie schnell Karriere machen wollen, um deutlich Einfluss ausüben zu können.

1. Welche Werte haben Sie?

Hier geht es um Ihre grundlegende Einstellung zum Leben, um Ihre Wertvorstellungen und Motive.

Notieren Sie, …
… was für Sie im Leben wichtig ist,
… welche Werte und Ziele Sie haben,
… was Sie antreibt, was Ihre persönlichen Motive sind, die Sie mit Ihrer Arbeit verbinden,
… worin Sie den speziellen Sinn Ihres (Berufs-)Lebens sehen.

Wählen Sie nun aus diesen Kriterien all die Punkte aus, die Ihnen für Ihren nächsten Arbeitsplatz wichtig oder sogar unverzichtbar erscheinen.

Fragen Sie sich, ob Sie im Zusammenhang mit Ihrem Job deutliche Anerkennung, Respekt, materielle Sicherheit oder Unabhängigkeit anstreben; ob es Ihnen um Macht und Einfluss geht, um Kontakte

2. Was für ein Mensch sind Sie?

Hier geht es darum, Ihre Persönlichkeit, Ihren Charakter und damit verbundene Eigenschaften aber auch Fähigkeiten näher zu bestimmen. Benennen Sie zum Einstieg in diesen Fragenkomplex innerhalb einer Minute spontan drei Adjektive, die wichtige Merkmale Ihrer Persönlichkeit zutreffend charakterisieren. Bitte ergänzen Sie:

Übung

Ich bin …

1. _____

2. _____

3. _____

Beschreiben diese Adjektive wirklich zentrale Eigenschaften Ihrer (Arbeits-)Persönlichkeit? Und können Sie sich einer anderen Person mit dieser spontanen Auswahl stimmig präsentieren?

Für eine detaillierte Selbsteinschätzung haben wir für Sie eine umfangreiche Liste von Persönlichkeitsmerkmalen zusammengestellt. Wenn Sie sich über die Frage »Was für ein Mensch bin ich?« Gedanken machen, werden Sie merken, dass sich Ihre psychische Ausgangsposition festigt und Sie besser wissen, was beruflich zu Ihnen passt und was nicht. Denken Sie daran: Sie müssen bei dieser Selbstbeurteilungsliste nicht gut abschneiden und sich niemandem gegenüber rechtfertigen. Es geht allein um Ihre persönliche Einschätzung.

In einem zweiten Schritt können Sie eine (oder mehrere) Person(en) Ihres Vertrauens bitten, die Seite ebenfalls auszufüllen, mit der Einschätzung, die diese Person von Ihnen hat. Der Vergleich beider Ergebnisse liefert Ihnen interessante Aufschlüsse über mögliche Differenzen von Selbst- und Fremdwahrnehmung. Die Liste finden Sie in abgewandelter Form auch auf der CD-ROM, Sie können sie ausdrucken, um sie anderen Personen zu geben.

1 = sehr schwach ausgeprägt
2 = schwach ausgeprägt
3 = weniger ausgeprägt
4 = teils/teils
5 = ausgeprägt
6 = deutlich ausgeprägt
7 = sehr stark ausgeprägt

sympathisch	1	2	3	4	5	6	7
vertrauenswürdig	1	2	3	4	5	6	7
vorsichtig	1	2	3	4	5	6	7
lernbereit	1	2	3	4	5	6	7
lernfähig	1	2	3	4	5	6	7
vertrauensvoll	1	2	3	4	5	6	7
leistungsorientiert	1	2	3	4	5	6	7
sorgfältig	1	2	3	4	5	6	7
aufgeschlossen	1	2	3	4	5	6	7
belastbar	1	2	3	4	5	6	7
ausdauernd	1	2	3	4	5	6	7
zufrieden	1	2	3	4	5	6	7
aggressiv	1	2	3	4	5	6	7
konformistisch	1	2	3	4	5	6	7
dominant	1	2	3	4	5	6	7
gerecht	1	2	3	4	5	6	7
verlässlich	1	2	3	4	5	6	7
wankelmütig	1	2	3	4	5	6	7
zielstrebig	1	2	3	4	5	6	7
geduldig	1	2	3	4	5	6	7
gehemmt	1	2	3	4	5	6	7
vital	1	2	3	4	5	6	7
zweifelnd	1	2	3	4	5	6	7
kompetent	1	2	3	4	5	6	7
flexibel	1	2	3	4	5	6	7
aktiv	1	2	3	4	5	6	7
wagemutig	1	2	3	4	5	6	7
gefühlsbetont	1	2	3	4	5	6	7
anspruchsvoll	1	2	3	4	5	6	7
passiv	1	2	3	4	5	6	7
liebenswert	1	2	3	4	5	6	7
gefühlsorientiert	1	2	3	4	5	6	7
impulsiv	1	2	3	4	5	6	7
durchsetzungsfähig	1	2	3	4	5	6	7
furchtsam	1	2	3	4	5	6	7
sachorientiert	1	2	3	4	5	6	7
fordernd	1	2	3	4	5	6	7
höflich	1	2	3	4	5	6	7
autoritär	1	2	3	4	5	6	7
pflichtbewusst	1	2	3	4	5	6	7
verantwortungsbewusst	1	2	3	4	5	6	7
zuverlässig	1	2	3	4	5	6	7
freundlich	1	2	3	4	5	6	7
glücklich	1	2	3	4	5	6	7
nervös	1	2	3	4	5	6	7
rechthaberisch	1	2	3	4	5	6	7
ordnungsliebend	1	2	3	4	5	6	7
ehrlich	1	2	3	4	5	6	7
loyal	1	2	3	4	5	6	7
schwermütig	1	2	3	4	5	6	7
begeisterungsfähig	1	2	3	4	5	6	7
ordentlich	1	2	3	4	5	6	7
wählerisch	1	2	3	4	5	6	7
hartnäckig	1	2	3	4	5	6	7

entscheidungsfreudig	1	2	3	4	5	6	7
spontan	1	2	3	4	5	6	7
praktisch	1	2	3	4	5	6	7
beherrscht	1	2	3	4	5	6	7
risikobereit	1	2	3	4	5	6	7
selbstsicher	1	2	3	4	5	6	7
sensibel	1	2	3	4	5	6	7
selbstständig	1	2	3	4	5	6	7
offen	1	2	3	4	5	6	7
willensstark	1	2	3	4	5	6	7
zurückgezogen	1	2	3	4	5	6	7
misstrauisch	1	2	3	4	5	6	7
leidenschaftlich	1	2	3	4	5	6	7
unkompliziert	1	2	3	4	5	6	7
fortschrittlich	1	2	3	4	5	6	7
überzeugungsstark	1	2	3	4	5	6	7
zwanghaft	1	2	3	4	5	6	7
verständnisvoll	1	2	3	4	5	6	7
kontaktfähig	1	2	3	4	5	6	7
vorlaut	1	2	3	4	5	6	7
schlagfertig	1	2	3	4	5	6	7
gründlich	1	2	3	4	5	6	7
schüchtern	1	2	3	4	5	6	7
kreativ	1	2	3	4	5	6	7
erfinderisch	1	2	3	4	5	6	7
selbstbewusst	1	2	3	4	5	6	7
introvertiert	1	2	3	4	5	6	7
extravertiert	1	2	3	4	5	6	7
anpassungsfähig	1	2	3	4	5	6	7
humorvoll	1	2	3	4	5	6	7
konservativ	1	2	3	4	5	6	7
präzise	1	2	3	4	5	6	7
besorgt	1	2	3	4	5	6	7
nachdenklich	1	2	3	4	5	6	7
kooperativ	1	2	3	4	5	6	7
unerschütterlich	1	2	3	4	5	6	7
problembewusst	1	2	3	4	5	6	7
beliebt	1	2	3	4	5	6	7
vernünftig	1	2	3	4	5	6	7
teamfähig	1	2	3	4	5	6	7
ausgeglichen	1	2	3	4	5	6	7
kommunikationsfähig	1	2	3	4	5	6	7
integrationsfähig	1	2	3	4	5	6	7
herzlich	1	2	3	4	5	6	7
ruhig	1	2	3	4	5	6	7
kompromissbereit	1	2	3	4	5	6	7
tolerant	1	2	3	4	5	6	7
zuhörbereit	1	2	3	4	5	6	7
selbstkritisch	1	2	3	4	5	6	7
kränkbar	1	2	3	4	5	6	7
hilfsbereit	1	2	3	4	5	6	7
gelassen	1	2	3	4	5	6	7
sarkastisch	1	2	3	4	5	6	7
genügsam	1	2	3	4	5	6	7

Es ist Ihnen sicherlich aufgefallen, dass hier positive und negative Eigenschaften aufgeführt sind. Vielleicht erwächst daraus eine gewisse Schwierigkeit: Sympathisch und aktiv möchte jeder sein, rechthaberisch und aggressiv sicher niemand. Bei anderen Adjektiven ist die Beurteilung schwieriger. Für einen IT-Mitarbeiter ist »sehr stark zurückgezogen« eher kein Berufshindernis, dagegen gäbe eine Führungskraft mit der gleichen Eigenschaft bei der Bewerbung kein gutes Bild ab.

Falls Sie in der Liste Adjektive vermisst haben, schreiben Sie diese einfach dazu.

Schauen Sie sich alle Adjektive an, die eine deutlich herausgehobene Bewertung bekommen haben (1/2 bzw. 6/7). Sind es 5 oder eher 15?

Am besten, Sie bilden Gruppen von Eigenschaften, beispielsweise für fünf Eigenschaften mit 6- bzw. 7-Markierung, für drei mit 1 oder 2. Die Begriffsgruppen können Sie z. B. auf Karteikarten schreiben. Dann versuchen Sie, inhaltliche Zusammenhänge zwischen den einzelnen Eigenschaften herzustellen. Finden Sie Überschriften, denen Sie die Karteikarten entsprechend zuordnen.

Angenommen, Sie haben sich für die folgenden 6- bzw. 7-Ankreuzungen entschieden: sorgfältig, verlässlich, pflichtbewusst, verantwortungsbewusst, ordentlich – dann passen diese fünf Adjektive gut unter die Überschrift »preußische Tugenden«. Auch wenn diese Tugenden auf Arbeitgeberseite immer noch geschätzt werden, gibt es bestimmt weitere charakteristische Beschreibungsmerkmale für Sie (z. B. ambitioniert).

Nun zu Ihren 1- bzw. 2-Ankreuzungen: spontan, fortschrittlich. Hiermit werden Ihre preußischen Tugenden ergänzt und sozusagen negativ bestätigt.

Wichtig und damit Sinn des Ganzen: Finden Sie angemessene Adjektive und Oberbegriffe, die eine gute, zutreffende Beschreibung Ihrer Person, Persönlichkeit, Wesensart ermöglichen. Darauf kommt es an!

3. Was können Sie?

Nun geht es um die Klärung Ihrer beruflichen und außerberuflichen Fähigkeiten und Fertigkeiten:

- Welches sind Ihre wichtigsten Fähigkeiten für die Position, die Sie anstreben?
- Was können Sie richtig gut, wo liegen Ihre besonderen Stärken?
- Auf welchen Gebieten vermuten Sie fachliche und persönliche Defizite und warum?
- Durch welche besonderen Aktivitäten zeichnen Sie sich in Ihrer Freizeit aus?
- Auf welchen Gebieten möchten Sie sich verbessern oder stärker engagieren?

Unterscheiden Sie bei der Beantwortung dieser Fragen berufliche und außerberufliche Fähigkeiten.

Zu den beruflichen Fähigkeiten zählen beispielsweise Ausbildung, Spezialkenntnisse, Berufserfahrung, bisherige berufliche Aufgabengebiete, berufliche Kenntnisse und Interessen, darüber hinausgehende Weiterbildungsmaßnahmen, Projekte und bisherige Erfolge.

Zu den außerberuflichen Fähigkeiten zählen pädagogische Fähigkeiten, Sprachkenntnisse, soziale Kompetenz und soziales Engagement, politische Tätigkeiten, handwerkliches Talent, technisches Verständnis, künstlerisch-musische Begabung sowie sportliches Können.

Kleiner Exkurs: Eltern mit Kindern

Erstellen Sie eine Liste der Fähigkeiten, die Sie sich zusätzlich im Umgang mit Kindern oder auch mit Familienangehörigen erworben haben. Wer in der Hauptsache die Kinder großzieht – meistens Frauen –, hat meist durch den Familienalltag ein größeres Organisationstalent und eine hohe Sozialkompetenz entwickelt. All das sind Fähigkeiten, die im modernen Unternehmen zunehmend gefragt sind. Zumindest theoretisch … In der Praxis sieht es trotz Lobreden häufig anders aus: Als Frau müssen Sie sich mehr als Ihre männlichen Kollegen fragen, welches Engagement Sie im Augenblick für Ihre berufliche Laufbahn aufbringen wollen und können. Wie viel Zeit sind Sie bereit, in den nächsten fünf Jahren in Ihre Karriere bzw. in Ihr Privatleben, das heißt Partnerschaft, Familie und Freunde, zu investieren? Wenn Sie versuchen, in allen Bereichen perfekt zu sein, wird Sie das vielleicht überfordern und auf Dauer erschöpfen. Andererseits sind Sie gerade aufgrund Ihrer Fähigkeiten prädestiniert, in der Arbeitswelt etwas zu bewegen.

Ihre Stärken

Sie gewinnen am leichtesten einen Überblick über Ihre Möglichkeiten, wenn Sie Ihre beruflichen und außerberuflichen Fähigkeiten getrennt analysieren. Dennoch gehören beide Bereiche zusammen. Z. B. weist eine Vorliebe für Schachspielen auf Ihren logisch-analytischen Verstand hin und prädestiniert Sie für eine entsprechende Tätigkeit.

Wir haben für Sie wiederum eine Tabelle entworfen, die Sie bitte zuerst selbst ausfüllen und später eventuell anderen Personen vorlegen, damit diese Sie beurteilen. Auch diese Liste können Sie sich in abgewandelter Form von der CD-ROM ausdrucken.

Wie schätzen Sie sich ein? Kreuzen Sie bei jeder Eigenschaft an, wie ausgeprägt diese Ihrer Meinung nach bei Ihnen ist:

1 = sehr schwach ausgeprägt
2 = schwach ausgeprägt
3 = weniger ausgeprägt
4 = teils/teils
5 = ausgeprägt
6 = deutlich ausgeprägt
7 = sehr stark ausgeprägt

Merkmalsgruppe 1

Sensibilität	1	2	3	4	5	6	7
Zuhörfähigkeit	1	2	3	4	5	6	7
Kontaktfähigkeit	1	2	3	4	5	6	7
Aufgeschlossenheit	1	2	3	4	5	6	7
Teamorientierung	1	2	3	4	5	6	7
Kooperationsfähigkeit	1	2	3	4	5	6	7
Anpassungsfähigkeit	1	2	3	4	5	6	7
Kompromissbereitschaft	1	2	3	4	5	6	7
Diplomatie	1	2	3	4	5	6	7
Verhandlungsgeschick	1	2	3	4	5	6	7
Integrationsvermögen	1	2	3	4	5	6	7
Überzeugungspotenzial	1	2	3	4	5	6	7
Begeisterungsfähigkeit	1	2	3	4	5	6	7
Durchsetzungsfähigkeit	1	2	3	4	5	6	7
Motivationsfähigkeit	1	2	3	4	5	6	7
sprachliches Ausdrucksvermögen	1	2	3	4	5	6	7
schriftliches Ausdrucksvermögen	1	2	3	4	5	6	7
rhetorische Fähigkeiten	1	2	3	4	5	6	7
Teamfähigkeit	1	2	3	4	5	6	7
Anpassungsbereitschaft	1	2	3	4	5	6	7
soziale Kompetenz	1	2	3	4	5	6	7
Kommunikationsfähigkeit	1	2	3	4	5	6	7

Merkmalsgruppe 2

	1	2	3	4	5	6	7
Zielstrebigkeit	1	2	3	4	5	6	7
Selbstbewusstsein	1	2	3	4	5	6	7
Verantwortungs-bewusstsein	1	2	3	4	5	6	7
Kritikfähigkeit	1	2	3	4	5	6	7
Selbstbeherrschung	1	2	3	4	5	6	7
Zuverlässigkeit	1	2	3	4	5	6	7
Toleranzfähigkeit	1	2	3	4	5	6	7
Unerschrockenheit	1	2	3	4	5	6	7

Merkmalsgruppe 3

	1	2	3	4	5	6	7
Risikobereitschaft	1	2	3	4	5	6	7
Entscheidungsfähigkeit	1	2	3	4	5	6	7
Sicherheitsdenken	1	2	3	4	5	6	7
Delegationsbereitschaft	1	2	3	4	5	6	7
Belastbarkeit	1	2	3	4	5	6	7
Stresstoleranz	1	2	3	4	5	6	7
Lebensfreude	1	2	3	4	5	6	7
Flexibilität	1	2	3	4	5	6	7
Repräsentationsvermögen	1	2	3	4	5	6	7

Merkmalsgruppe 4

	1	2	3	4	5	6	7
Arbeitsmotivation/-wille	1	2	3	4	5	6	7
Tatkraft	1	2	3	4	5	6	7
Führungsmotivation/-wille/-fähigkeit	1	2	3	4	5	6	7
Eigeninitiative	1	2	3	4	5	6	7
Autonomie	1	2	3	4	5	6	7
Durchsetzungsfähigkeit	1	2	3	4	5	6	7
Selbstvertrauen	1	2	3	4	5	6	7
Ehrgeiz	1	2	3	4	5	6	7
Zielstrebigkeit	1	2	3	4	5	6	7
Durchhaltevermögen	1	2	3	4	5	6	7
Frustrationstoleranz	1	2	3	4	5	6	7
Erfolgsorientierung	1	2	3	4	5	6	7
Vitalität	1	2	3	4	5	6	7
Leistungsbereitschaft	1	2	3	4	5	6	7
Idealismus	1	2	3	4	5	6	7
Identifikationsbereit-schaft mit dem Unternehmen/der Institution	1	2	3	4	5	6	7
Kommunikationsfähigkeit	1	2	3	4	5	6	7

Merkmalsgruppe 5

	1	2	3	4	5	6	7
Autonomie	1	2	3	4	5	6	7
Selbstständigkeit	1	2	3	4	5	6	7
Verantwortungs-bewusstsein	1	2	3	4	5	6	7
Unabhängigkeit	1	2	3	4	5	6	7
Zuverlässigkeit	1	2	3	4	5	6	7
Selbstdisziplin	1	2	3	4	5	6	7
Stresstoleranz	1	2	3	4	5	6	7
Ausdauer	1	2	3	4	5	6	7
Belastbarkeit	1	2	3	4	5	6	7
Geduld	1	2	3	4	5	6	7
Pflichtbewusstsein	1	2	3	4	5	6	7
Loyalität	1	2	3	4	5	6	7

Merkmalsgruppe 6

	1	2	3	4	5	6	7
analytisches Denken	1	2	3	4	5	6	7
konzeptionelles Planen	1	2	3	4	5	6	7
planvolles Vorgehen	1	2	3	4	5	6	7
kombinatorisches Denken	1	2	3	4	5	6	7
effiziente Arbeitsorga-nisation	1	2	3	4	5	6	7
Entscheidungsvermögen	1	2	3	4	5	6	7

Merkmalsgruppe 7

	1	2	3	4	5	6	7
Kosten-Nutzen-Bewusstsein	1	2	3	4	5	6	7
unternehmerisches Denken	1	2	3	4	5	6	7
systematische Arbeitsorganisation	1	2	3	4	5	6	7
Zieldefinitionsfähigkeit	1	2	3	4	5	6	7
Arbeitseffizienz	1	2	3	4	5	6	7
gesunder Materialismus	1	2	3	4	5	6	7
physische Fitness	1	2	3	4	5	6	7
gesundheitliches Wohlbefinden	1	2	3	4	5	6	7
psychische Konstitution	1	2	3	4	5	6	7
Selbstkontrollfähigkeiten	1	2	3	4	5	6	7

Hier haben wir bereits Gruppen gebildet. Bei der adjektivischen Selbstbeschreibung war dies Ihre Aufgabe. Schauen Sie auf der nächsten Seite, wie Ihre Selbsteinschätzung für wichtige Merkmalsfähigkeiten ist.

Wichtig ist nicht nur, dass Sie etwas können, sondern dass Sie das auch kommunizieren – echt rüberbringen – können.

Auswertung

Zählen Sie nun bitte zusammen und tragen Sie unten ein, wie oft Sie 7 und 1 in den Merkmalsgruppen angekreuzt haben. Sollten Sie diese Extrempositionen vermieden, also weniger als fünfmal angekreuzt haben, verwenden Sie stattdessen 6 und 2.

Gruppe 1: Persönlichkeit, Kommunikationsfähigkeit und soziale Kompetenz _____

Gruppe 2: Selbstständigkeit _____

Gruppe 3: Entscheidungsverhalten _____

Gruppe 4: Leistungsmotivation _____

Gruppe 5: Selbstkontrollfähigkeit und Aktivitätspotenzial _____

Gruppe 6: systematisch-ziel-orientiertes Denken und Handeln _____

Gruppe 7: wichtige allgemeine Merkmale _____

Nachdem Sie die Liste bearbeitet und ausgewertet haben: Gibt es Merkmale, die Sie vermisst haben und um die Sie die Liste erweitern möchten? Würden diese neuen, von Ihnen beigesteuerten Eigenschaften eher die Bewertung 7 oder 1 bekommen?

Was fällt Ihnen zu einzelnen Merkmalen, was zu den Merkmalsgruppen insgesamt ein? Wo liegen Ihre Stärken, wo Ihre Schwächen? Welche Verkaufsargumentation lässt sich aus Ihren positiven Fähigkeiten für Ihren Kunden, den potenziellen Arbeitgeber, formulieren? Mit welchen Defiziten müssen Sie sich ernsthaft auseinandersetzen, wenn Sie Ihre Dienstleistung erfolgreich anbieten wollen? Welche Schwächen können Sie getrost vernachlässigen?

In einem weiteren Schritt sollten Sie mit einem andersfarbigen Stift in der eben bearbeiteten Liste jeweils diejenigen Qualifikationsmerkmale markieren, von denen Sie glauben, dass sie von Arbeitgebern Ihres Wunschbereichs erwartet und für wichtig gehalten werden. Der Vergleich dieser beiden Profile (Selbstbild und imaginäres Idealbild) wird Sie hoffentlich wiederum zum Nachdenken anregen.

Nach dieser Übung sind Sie sicher in der Lage, etwa fünf positive, möglicherweise auch etwa drei bis fünf defizitäre Merkmale zu benennen, die Ihre Fähigkeiten, Ihr Können und Ihre Schwächen zutreffend beschreiben. Das Ziel dieser Vorbereitung ist klar: Sie sollten dem potenziellen neuen Arbeitgeber Ihre persönlichen und fachlichen Qualitäten so prägnant und eindrucksvoll wie möglich in einer zusammenfassenden Botschaft vermitteln können.

Diese Form der Eigenwerbung fällt uns oft nicht leicht. Das Erziehungsmotto »Eigenlob stinkt«, die uns oft auferlegte Zurückhaltung kulminieren jetzt im Vorstellungsgespräch häufig in Form eines mangelnden Selbstwertgefühls.

Wir alle kennen das Phänomen: Für eine fremde Sache oder andere Personen können wir uns viel besser engagieren, deren Interessen deutlich erfolgreicher vertreten als unsere eigenen Belange. So versagen nachweislich oftmals selbst erfolgreiche Top-Führungskräfte, wenn es darum geht, die eigenen Qualitäten und Leistungen in der Prüfungssituation Bewerbung auf den Punkt zu bringen und überzeugend darzustellen.

Sie kommen aber nicht darum herum, mithilfe dieses Buches eine neue Form der Selbstdarstellung zu erlernen. Für das Vorstellungsritual gelten nämlich spezielle Spielregeln und Kommunikationsformen. Gerade in dieser Situation ist es besonders notwendig, sich selbst gut zu »managen«, das heißt, sich erfolgreich zu vermarkten. Oder um es mit Goethe zu sagen: Nur die Lumpen sind bescheiden, Brave freuen sich der Tat.

4. Was tun Sie besonders gern?

Bei diesem Punkt geht es darum, welche Ihrer Fähigkeiten Sie gern einsetzen. Sie werden auf Dauer nicht glücklich, wenn Sie einen Job ausüben, den Sie zwar gut beherrschen, der Ihnen jedoch keine Freude bringt. Wenn Sie sich beruflich neu orientieren, sollten Sie stets Ihre Interessen und Neigungen berücksichtigen, sonst wird es Ihnen an Engagement und Enthusiasmus fehlen. Fragen Sie sich deshalb also bei allen Fähigkeiten und Eigenschaften, die Sie sich selbst zuschreiben, ob Sie diese auch gern anwenden. Sie erzielen gute Verhandlungserfolge, fühlen sich jedoch von der Situation gestresst und anschließend ausgepowert? Und Sie mögen es nicht, im Privatleben um jeden Preis zu feilschen?

Ein Zeichen dafür, dass Sie nicht auf Dauer diese Tätigkeit in Ihrem Job ausüben sollten. Umkreisen Sie daher wiederum mit einem Stift die Merkmale, an deren Ausübung Sie wirklich Spaß haben, und prüfen Sie, ob Übereinstimmungen mit dem gewünschten Jobprofil vorherrschen.

Checkliste
Fragen zur persönlichen Situation

- ○ Was haben Sie bisher in Ihrem Leben erreicht?
- ○ Was haben Sie bisher trotz guter Vorsätze nicht erreicht und warum?
- ○ Was missfällt Ihnen an Ihrer jetzigen persönlichen Situation?
- ○ Was möchten Sie an dieser am schnellsten ändern, und was kann noch warten?
- ○ Wie sieht Ihre Partner- bzw. familiäre Situation aus, und gibt es da größere Probleme?
- ○ Wer fördert bzw. behindert Sie in Ihrer persönlichen Entwicklung?
- ○ Welchen Einfluss auf Ihre persönlichen Zielvorstellungen und Entscheidungen haben Ihr/-e Partner/-in, Ihre Kinder, Freunde und andere Bezugspersonen?
- ○ Welche Ihrer persönlichen Eigenschaften und Fähigkeiten sind für Ihre Mitmenschen besonders wertvoll bzw. wichtig?
- ○ Welchen Einfluss hat Ihre angestrebte Berufstätigkeit vermutlich auf Ihr Privatleben, und umgekehrt: Welchen Einfluss hat Ihr Privatleben auf Ihren Beruf?
- ○ Welche persönlichen Gründe sprechen gegen einen Arbeitsplatz-, Branchen- und/oder Berufswechsel?
- ○ Welche persönlichen Gründe sprechen gegen einen Ortswechsel?
- ○ Welche persönlichen Schwierigkeiten sehen Sie in der Zukunft für sich?
- ○ Fühlen Sie sich einer deutlichen Veränderung des Arbeitsplatzes und des Berufs- und Lebensumfeldes gewachsen?

Checkliste
Fragen zur beruflichen Situation

- ○ Was haben Sie bisher beruflich/ausbildungsmäßig erreicht?
- ○ Was haben Sie bisher trotz Ihrer Vorsätze beruflich nicht erreicht und warum?
- ○ Was lässt bei Ihnen sowohl generell als auch konkret berufliche Zufriedenheit bzw. Unzufriedenheit entstehen?
- ○ Was missfällt Ihnen an Ihrer jetzigen beruflichen Situation?
- ○ Was möchten Sie an Ihrer jetzigen beruflichen Situation am schnellsten ändern, und was kann noch warten?
- ○ Welche Ihrer beruflichen Kenntnisse und Fähigkeiten sind für Ihren zukünftigen Arbeitgeber und Ihre Kollegen besonders wertvoll bzw. wichtig?
- ○ Fühlen Sie sich in beruflicher Hinsicht zurzeit eher über- oder unterfordert, und worin ist dies begründet?
- ○ Wie kommen Sie mit Ihren Vorgesetzten bzw. Kollegen aus?
- ○ Welche beruflichen Förderer und »Steine-in-den-Weg-Leger« haben Sie?
- ○ Und wer könnte das in Zukunft sein?
- ○ Wie sehen Ihre beruflichen Ziele aus, bezogen auf Position und Verdienst?
- ○ Welche Chancen für Entwicklung und Aufstieg haben Sie an Ihrem jetzigen Arbeitsplatz?
- ○ Wie sind die generellen Zukunftsaussichten an Ihrem Arbeitsplatz (in Ihrer Branche, in Ihrem Beruf)?
- ○ Welche beruflichen Schwierigkeiten sehen Sie in der Zukunft für sich?
- ○ Sind Sie mit den Leistungen (Bezahlung, Sozialleistungen, Extras etc.) Ihres jetzigen Arbeitgebers zufrieden?
- ○ Welchen Einfluss auf Ihre beruflichen Zielvorstellungen und Entscheidungen haben Ihr/-e Partner/-in, Ihre Kinder, Freunde und andere Bezugspersonen?
- ○ Welche Gründe sprechen für einen beruflich begründeten Ortswechsel? Sind Sie diesbezüglich flexibel?
- ○ Trauen Sie sich zu, eine völlig neue berufliche Aufgabe zu übernehmen?

5. Was wollen Sie?

Klare Ziele zu haben setzt enorme Kräfte in Ihrer Psyche frei, beflügelt Ihre Fantasie und hilft Ihnen durchzuhalten. Wenn Sie ein Ziel vor Augen haben, werden Sie sich automatisch in diese Richtung bewegen. Widmen Sie daher dieser Frage entsprechend viel Aufmerksamkeit und Zeit und beantworten Sie diese wieder getrennt nach persönlichem und beruflichem Bereich.

Versuchen Sie, aus der schriftlichen Beantwortung jeder einzelnen Frage Schlüsselwörter zu entwickeln, die Ihr Ziel kurz und prägnant beschreiben. Abstrahieren, verkürzen und vereinfachen Sie gegebenenfalls, und bringen Sie die für Sie ganz persönlich wichtigen Dinge auf den Punkt.

Erstellen Sie eine Rangfolge Ihrer Zielvorstellungen. Sie ermöglicht Ihnen, Prioritäten zu erkennen und Schwerpunkte zu bilden. Diese persönliche und berufliche Situationsanalyse verschafft Ihnen Klarheit und hilft bei der Abwägung von Gründen für oder gegen einen Arbeitsplatz.

Wichtig dabei ist die neu gewonnene Ausdrucksfähigkeit bezüglich der Frage: »Was will ich, was ist wichtig für mich?«

6. Was ist Ihnen möglich?

Vom Tellerwäscher zum Millionär, vom Schauspieler zum Präsidenten – nichts erscheint unmöglich. Wer gegen seine Wünsche und Vorstellungen vorschnell die Schere im Kopf ansetzt, erreicht weniger, als für ihn möglich wäre. Wer andererseits mit seinen Träumen und Erwartungen zu hoch hinauswill, wird sich meist in seinen Wunschvorstellungen verstricken. Versuchen Sie, sich zwischen den Extremen zu bewegen.

Der Motor unseres Tuns ist unter anderem das »liebe« Geld. Bringen Sie in Erfahrung, was Ihre Arbeitsleistung wert ist und was Arbeitgeber gemäß der aktuellen Marktlage zu zahlen bereit sind. Wer den Wert seiner Arbeitskraft kennt, ihn realistisch einschätzen und vortragen kann, sammelt Pluspunkte.

Jeder Mensch neigt dazu, in einer persönlichen und beruflichen Übergangs- bzw. Krisensituation seinen Handlungsspielraum und seine Gestaltungsmöglichkeiten zu unterschätzen. Wir selbst hemmen uns in einer solchen Situation unnötigerweise in unseren Aktivitäten. Dabei geht es um so Wichtiges wie die Verwirklichung der individuellen beruflichen Identität.

Bringen Sie die Erkenntnisse aus den vorangegangenen Situationsanalysen auf den Punkt. Nehmen Sie nicht nur Ihren eigenen Realitätssinn zum Maßstab, sondern beziehen Sie auch andere Personen (Lebenspartner, Freunde, Bekannte, Fachberater z. B. von der Arbeitsagentur) in Ihre Überlegungen ein. Der Blick von außen kann sehr hilfreich sein. Greifen Sie auch auf das Fantasiepotenzial Ihrer Mitmenschen zurück.

Erfolgsfaktoren

In der Arbeitswelt gibt es zentrale Erfolgsfaktoren, die Sie kennen müssen, um darüber im Gespräch von sich aus berichten zu können.

Machen Sie sich bewusst, dass sich Erfolg immer aus einzelnen Bausteinen zusammensetzt. Aus unserer Beratungstätigkeit wissen wir, dass es diese Kriterien sind, die beruflichen wie persönlichen Erfolg ausmachen und die Ihr Selbstwertgefühl stärken werden (in Anlehnung an Robert J. Sternberg: *Erfolgsintelligenz. Warum wir mehr brauchen als EQ und IQ,* München 1998):

1. Fördern Sie aktiv Ihre Kommunikations-, Kontakt- und Beziehungsfähigkeit.
2. Entwickeln Sie Ihre Persönlichkeit, stärken Sie Ihre emotionale Stabilität.
3. Vertiefen Sie Ihre Kompetenzen sowie Ihren Glauben an die eigenen Fähigkeiten und machen Sie das Beste daraus.
4. Haben Sie keine Angst vor Fehlschlägen und lernen Sie, sich selbst zu motivieren.
5. Lassen Sie sich von einem ergebnisorientierten Handeln leiten und üben Sie das Umsetzen von Ideen in Taten.
6. Entwickeln Sie ein Gespür, zwischen wichtigen und unwichtigen Dingen unterscheiden zu können.
7. Ergreifen Sie selbst die Initiative, schieben Sie Dinge nicht auf die lange Bank und erledigen Sie angefangene Arbeiten.
8. Stärken Sie Ihre Fähigkeit, eigene Impulse kontrollieren zu können.
9. Konzentrieren Sie sich auf Ihre eigenen Ziele und beweisen Sie dabei Ausdauer, Durchhaltevermögen und Gelassenheit.
10. Akzeptieren Sie berechtigte Kritik und bedauern Sie sich nicht allzu oft selbst.
11. Bewahren Sie weitestgehend Ihre Unabhängigkeit.

12. Lernen Sie, persönliche Schwierigkeiten schnellstmöglich zu überwinden.
13. Finden Sie für sich das richtige Maß zwischen Überbelastung und Unterforderung.
14. Entwickeln Sie Geduld beim Warten auf Belohnungen.
15. Praktizieren Sie eine möglichst ausgewogene analytische, kreative und praktische Denkweise.

Mehr dazu finden Sie auf der beiliegenden CD-ROM.

Entscheidend sind also die Faktoren:

• Kompetenz
• Leistungsmotivation
• Persönlichkeit

Und daneben:

• Kontakt- und Kommunikationsfähigkeit
• Konzentration und Beziehungsfähigkeit
• Ausdauer, Geduld und Gelassenheit

… sowie Mut, Engagement und aber sicherlich auch das berühmte Quäntchen Glück.

Selbstmarketing

Was Sie jetzt noch brauchen, ist ein fundiertes Wissen in Sachen Selbstmarketing. Je sorgfältiger Sie Ihr Vorgehen planen, desto stabiler wird Ihr Selbstbewusstsein, und umso realistischer wird Ihr beruflicher Erfolg.

Machen Sie sich immer wieder bewusst: Auf dem heutigen Arbeitsmarkt sind Sie nicht mehr klassischer Arbeitnehmer auf der Suche nach einem klassischen Arbeitgeber, sondern Unternehmer – ein modernes Ein-Mann-/Eine-Frau-Dienstleistungsunternehmen. Umso wichtiger für Sie, unternehmerisch zu denken und zu handeln.

Ihre Kunden, die Einkäufer Ihres Know-hows, verhalten sich nach den Marktgesetzen. Also entscheidet über Ihren Bewerbungserfolg vor allem ein gutes Selbstmarketing. Die drei wichtigsten Prinzipien sind dabei:

1. Konzentration ist besser als Verzettelung.
2. Es geht um das Herausfinden des wirkungsvollsten Ansatzpunktes.
3. Das Erkennen und Bedienen eines Engpasses oder einer Marktlücke.

Das nennt man die Engpasskonzentrierte Strategie (EKS), entwickelt von Wolfgang Mewes (in: Kerstin Friedrich, Fredmund Malik und Lothar J. Seiwert, *Das große 1x1 der Erfolgsstrategie,* Offenbach am Main 2009).

Wenn Sie Ihre Rolle als »Unternehmer in eigener Sache« ernst nehmen, müssen Sie sich damit vertraut machen, wie und was Ihr Kunde denkt und will. Das bedeutet: Stärken Sie Ihre kommunikativen Fähigkeiten (auch im Sinne eines positiven Kontaktverhaltens und einer stabilen Beziehungsfähigkeit). Wählen Sie aus, konzentrieren Sie sich auf Ihre Stärken und entwickeln Sie Ihre Kompetenzen.

Mehr zum Thema Marketing in eigener Sache finden Sie auf der CD-ROM sowie im Internet unter *www.berufsstrategie-plus.de.*

WICHTIG: AKZENTVERSCHIEBUNG

Fassen wir noch einmal zusammen: Kompetenz, Leistungsmotivation und Persönlichkeit sind also die Weichensteller, um den angebotenen Arbeitsplatz zu bekommen. Als Sie sich schriftlich beworben haben, sah das Verhältnis dieser drei Auswahlkriterien zueinander etwa so aus:

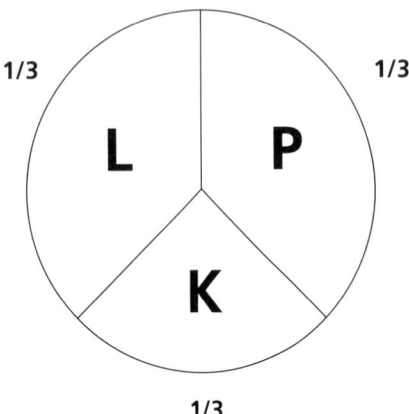

1/3 1/3

L   P

K

1/3

Nun würde uns natürlich interessieren, wie Sie persönlich in Ihren schriftlichen Bewerbungsunterlagen diese drei Themenbereiche abgedeckt haben. Bitte vervollständigen Sie die folgenden Satzanfänge:

Übung

Meine Kompetenz sah man an:

_____

_____

_____

Meine Leistungsmotivation sah man an:

_____

_____

_____

Etwas über meine Persönlichkeit habe ich vermittelt durch:

_____

_____

_____

DAS BEWERBERHAUS

Um die Akzentverschiebung im Vorstellungsgespräch noch anschaulicher zu gestalten, möchten wir Ihnen die folgende kleine Bildergeschichte präsentieren:

Sie sehen: Das Haus steht, vom Keller bis zum Dach. Alle Bestandteile sind wichtig: das Fundament und der Keller (Kompetenz) als solide, Halt gebende Basis, der Lebenswohnbereich

(Leistungsmotivation) als Schnittstelle, ohne die die Kompetenz und die Persönlichkeit nicht im Beruf zum Tragen kommen können, aber auch das Dachgeschoss (Persönlichkeit, hier

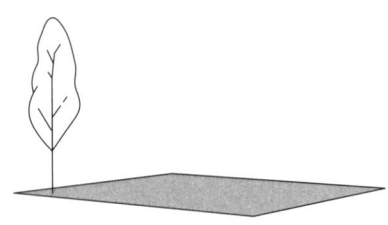

1

Sie besitzen ein Grundstück.

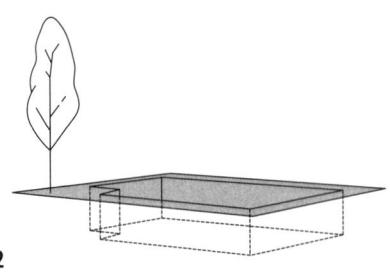

2

Eine Bodenplatte wird gegossen, ein Fundament entsteht, dann wird gemauert und eine Decke eingezogen. Der Keller ist fertig.

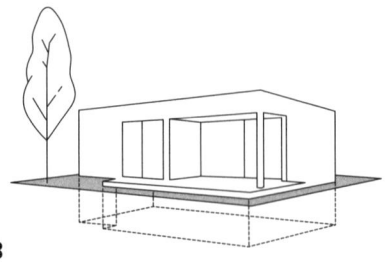

3

Die Bauarbeiter bauen jetzt Ihren Wohnbereich aus.

Unsere Vorschläge zur Vervollständigung der drei Sätze würden lauten:

Ihre Kompetenz sah man an den Aus- und Fortbildungsabschlüssen, den einzelnen Berufsstationen, der positiven Entwicklung Ihrer beruflichen Laufbahn, den Aufgaben und der Verantwortung, die Sie dabei wahrgenommen haben, Ihren Arbeitszeugnissen und dieser Arbeitsprobe, den schriftlichen Bewerbungsunterlagen.

Ihre Leistungsmotivation kam durch die positive berufliche Entwicklung (s. o.) zum Ausdruck, außerdem durch Weiterbildungsaktivitäten und Zusatzqualifikationen (z. B. Fremdsprachen, besondere Kenntnisse etc.), Ihre Verweildauer pro Arbeitsplatz, Arbeitszeugnisse und die Mühe, die Sie sich mit den Bewerbungsunterlagen gemacht haben (z. B., dass sie fehlerfrei und überzeugend strukturiert waren).

Ihre Persönlichkeit – so schätzen das jedenfalls die Betrachter und Auswähler ein – haben Sie vermittelt durch Ihr Foto, Aussagen zu Interessen, Engagement und gegebenenfalls Hobbys, Ihre Unterschrift und durch den Gesamteindruck, den Ihre Bewerbungsunterlagen vermittelt haben (Rosarotes Schreibpapier in einer violetten Bewerbungsmappe? Oder in Ihrer E-Mail-Bewerbung froschgrüne Schrift auf hellblauem Hintergrund? – Hoffentlich nicht!).

Im Vorstellungsgespräch verschieben sich allerdings die Anteile der drei Auswahlkriterien. Was meinen Sie? Wie sieht deren Verhältnis zueinander nun aus? Malen Sie bitte die drei Segmente KLP in den unten stehenden leeren Kreis ein.

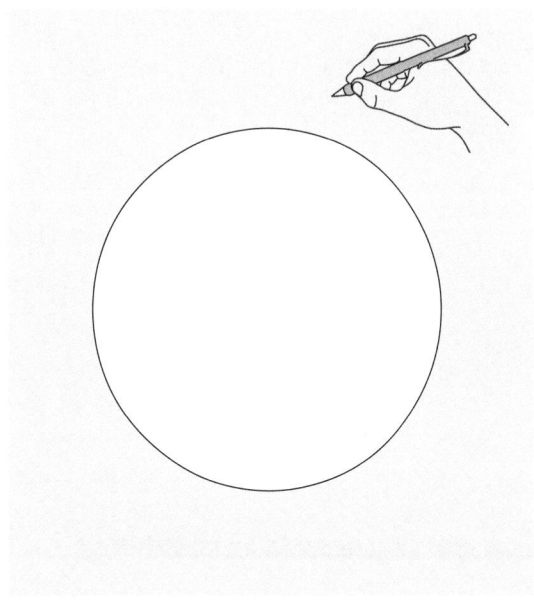

Wenn Sie umblättern, finden Sie unser Lösungsangebot für die Gewichtung der drei Auswahlkriterien KLP.

---

gezeichnet als »Dachstübchen«). Das Dach schützt das Haus, denn wenn es hier reinregnen würde, wäre schnell der Lebenswohnbereich (L) bis in den Keller (K) hinein ruiniert.

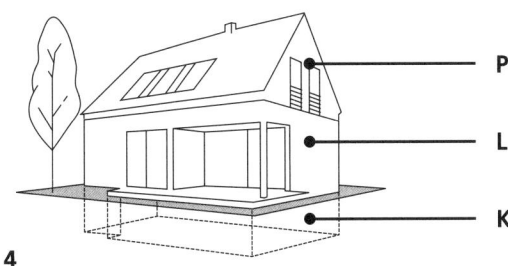

P (»Dachstübchen«/ Persönlichkeit)

L (Lebenswohnbereich/ Leistungsmotivation)

K (Keller/Kompetenz)

4

Zuletzt kommt das Dachgeschoss, schließlich darf es ja nicht hereinregnen.

Urteilen Sie nun selbst: Was ist im Vorstellungsgespräch am wichtigsten – das Dach, der Keller oder doch der Lebenswohnbereich? Natürlich haben Sie recht, wenn Sie sagen,

alle drei sind wichtig und haben ihre besondere Funktion. Das wird ja auch deutlich bei der Gewichtung in den schriftlichen Bewerbungsunterlagen. Außerdem müssen die drei Bereiche gut zusammenpassen.

Und doch verschieben sich im Vorstellungsgespräch die Proportionen und damit das Augenmerk der Auswähler, und zwar folgendermaßen:

Die Bedeutung der drei Schlüsselkriterien verschiebt sich im Vorstellungsgespräch etwa wie folgt – nur die Buchstaben KLP fehlen hier noch. Ordnen Sie bitte die drei Buchstaben den jetzt deutlich verschieden großen Feldern zu:

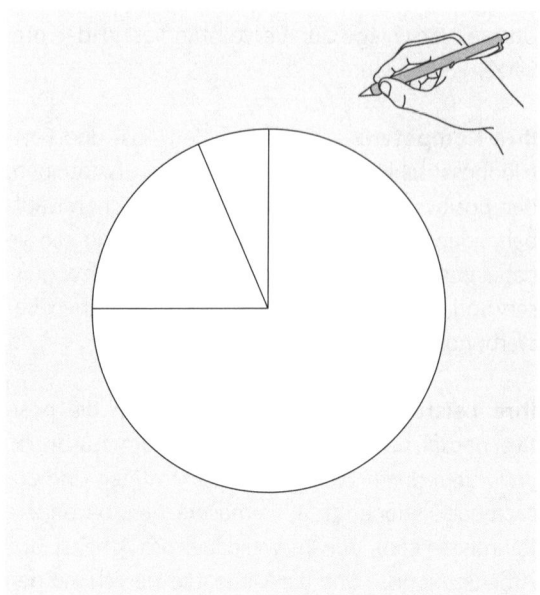

ZEHN FRAGEN, DIE IHR LEBEN VERÄNDERN KÖNNTEN *

Mithilfe der folgenden zehn Fragen bringen wir unsere Seminarteilnehmer in der Beratung fast immer zu einem neuen Bewusstsein, zu einer Erweiterung ihrer Sichtweise und zu wichtigen Erkenntnissen. Nach den ersten fünf Fragen sollten Sie sich eine deutliche Pause gönnen, nach der zehnten könnten Sie den starken Wunsch verspüren, Ihr Leben zu verändern.

1. Was würden Sie tun, wenn Sie nur noch zwölf Monate Lebenszeit vor sich hätten,
- aber bis zum Ende völlig gesund, schmerzfrei, also im Vollbesitz Ihrer physischen und geistigen Kräfte wären,
- und wenn Sie schon alle Plätze dieser Welt, die für Sie interessant sind, gesehen

- und auch alle Verwandten und Freunde über Ihr Schicksal informiert
- und sich mit den für Sie wichtigen Personen ausgesprochen hätten?

2. Was würden Sie tun, wenn Sie zehn Millionen Euro ausgeben könnten
- und schon alle persönlichen Finanzfragen geklärt hätten,
- Ihrer Familie und Ihren Freunden bereits genug gegeben hätten,
- ebenso für wohltätige Zwecke schon reichlich gespendet hätten
- und bei bester persönlicher Gesundheit wären?

3. Was würden Sie tun, wenn Sie wüssten, es könnte bei Ihnen nichts schiefgehen,
- alles, was Sie machen und anpacken, gelingt Ihnen?
- Lassen Sie Ihrer Fantasie freien Lauf,

- unabhängig davon, wer Sie heute sind und in welcher Situation Sie leben.

4. Welche Person würden Sie gerne sein wollen, wenn Sie es sich aussuchen könnten?
- Egal aus welchem Bereich auch immer, Kunst, Kultur, Politik, Geschichte, Literatur,
- egal ob diese Person männlich oder weiblich ist,
- noch lebt oder bereits vor langer Zeit gelebt hat,
- unabhängig davon, ob sie überhaupt jemals real existiert hat oder nicht,
- also auch wenn sie nur ein fiktiver Charakter ist (etwa Micky Maus).

* Wir greifen hier auf Anregungen von Max Eggert, einem englischen Psychologen und Karriereberater, sowie von David Maister, einem amerikanischen Arbeitsforscher, zurück. Quellen: Max Eggert, *The Perfect Career*, London 1994, und David Maister, zitiert nach Richard Nelson Bolles, *Job Hunting*, München 1970.

Sind Sie sicher? Hatten Sie die Veränderungen der Proportionen zuvor richtig eingeschätzt? Die korrekte Zuordnung der drei Auswahlkriterien, der entscheidenden Weichensteller KLP finden Sie, wenn Sie umblättern, auf S. 30 oben.

Verdeutlichen Sie sich: Sie sind Unternehmer/-in. Egal ob es um einen Neueinstieg, Wechsel, Auf- oder Wiedereinstieg geht. Auf dem Arbeitsmarkt bieten Sie Ihre Arbeitskraft an, Ihre Fähigkeiten, Probleme zu lösen bzw. mitzuhelfen, diese besser in den Griff zu bekommen.

Sie sind dabei ein/-e Unternehmer/-in, die für Ihr Know-how (Problemlösungserfahrung) Kunden sucht. Das sind Arbeitsplatzanbieter und Probleminhaber.

Das sind die wichtigsten Ziele bei Ihrem Bewerbungsvorhaben: die drei Essentials Kompetenz, Leistungsmotivation und Persönlichkeit während des gesamten Bewerbungsverfahrens als Signale so prägnant »auszusenden«, dass sie beim potenziellen Kunden/Auftraggeber (»Probleminhaber«) »ankommen«. Das gilt für die Erstellung der schriftlichen Unterlagen ebenso wie für das persönliche Auftreten im Vorstellungsgespräch.

5. Wenn Sie ein Tier oder ein Gegenstand sein könnten, was wären Sie dann am liebsten und warum?

Lassen Sie Ihrer Fantasie freien Lauf.

6. Was erwarten Sie von Ihrem Leben?

- Sie können nicht wissen, was Sie von Ihrem Berufsleben erwarten,
- wenn Ihnen nicht klar ist, was Sie eigentlich von Ihrem Leben erwarten.

7. Was bedeutet für Sie, Erfolg zu haben?

Suchen Sie sich keine Arbeitsaufgaben, keinen Arbeitsplatz, bevor Sie nicht wirklich darüber nachgedacht haben, was Erfolg für Sie persönlich bedeutet.

8. Was möchten Sie im Leben allgemein, für sich privat und beruflich erreichen?

Bestimmen Sie zuerst, was Sie im Leben beruflich wie privat erreichen wollen, und machen Sie sich erst dann auf den Weg zu Ihren Zielen.

9. Wem möchten Sie imponieren, wen durch Ihre persönlichen Eigenschaften und beruflichen Leistungen beeindrucken?

Die meisten Menschen sind permanent bemüht, andere Menschen zu beeindrucken. Finden Sie heraus, wen Sie auf welche Weise beeindrucken wollen und warum. Man kann nicht alle Menschen gleich beeindrucken. Manche sind durch Geld, Status, Intellekt, Charakter, Fertigkeiten etc. zu überzeugen. Weshalb wollen Sie bewundert werden und von wem? Wir alle wünschen uns Beachtung und Wertschätzung. Die Frage ist nur, in wessen Augen und auf welche Weise.

10. Was ist Ihr eigentlicher Plan, Ihr geheimer Wunsch, Ihr Traumziel: reich, bewundert, berühmt oder eher mächtig und einflussreich zu werden?

Entscheiden Sie sich. Keiner spricht gerne offen von seinen Wünschen, beispielsweise »stinkreich« zu werden, immer im Mittelpunkt des Interesses zu stehen, von allen bewundert zu werden oder Macht ausüben zu können. Überwinden Sie sich und gestehen Sie sich schonungslos ein, was Sie gegenüber anderen nicht so gerne zugeben würden. Es hilft Ihnen herauszufinden, worum es Ihnen wirklich geht.

Man kann schnell einer (Selbst-)Täuschung anheimfallen, wenn es um die Frage geht: Was erwarte ich vom Leben? Denken Sie besser zweimal darüber nach. Viele Leute um Sie herum sagen Ihnen, was Sie vom Leben erwarten sollten: Ihre Eltern, Lehrer, älteren Geschwister, Freunde. Sie müssen die Ratschläge anderer Menschen für sich nicht akzeptieren. Gehen Sie mutig Ihren eigenen Weg. Setzen Sie sich mit diesen Fragen auseinander. Es lohnt sich, länger darüber nachzudenken.

Hier unser Lösungsangebot:

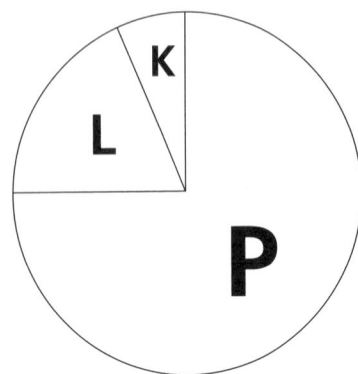

So ungefähr werden von den Arbeitsplatzanbietern in einem Vorstellungsgespräch die drei Teilbereiche gewichtet. Kompetenz und Leistungsmotivation zusammen machen lediglich ein Viertel des Eindrucks aus, den Sie Ihrem Gegenüber beim ersten persönlichen Zusammentreffen vermitteln.

Ihre Kompetenz ist jetzt das Auswahlkriterium mit der geringsten Bedeutung. Im Vorfeld der Einladung zum Vorstellungsgespräch hat man sich genug Gedanken darüber gemacht und die fachliche Eignung als Basisvoraussetzung geprüft. Dafür gab es auch in Ihren Bewerbungsunterlagen genug schriftliche Beweise.

Jetzt geht es mehr darum herauszufinden, ob Sie »Biss« haben, ob man Ihnen zutrauen kann, dass Sie etwas erfolgreich bewegen. Ihre Motive für den Arbeitsplatzwechsel und Ihre Antriebskräfte ganz allgemein stehen auf dem kritischen Prüfstand.

Wer also zum Vorstellungsgesprächstermin unpünktlich eintrifft, sich in den Sessel fläzt, alle Viere von sich streckt, sehr leise und langsam spricht und bei den Fragen, die er als Bewerber auch stellen darf und sollte, nur auf die zu gewährenden Urlaubszeiten und die Pausenregelung zu sprechen kommt, darf sich nicht wundern, wenn diese Begegnung einmalig bleibt. Der Ablehnungsgrund lautet in diesem Fall: nicht erkennbare Leistungsmotivation.

Nicht dass Sie jetzt denken, fachliche Hintergründe spielten im Vorstellungsgespräch überhaupt keine Rolle mehr. Es können auch zu diesem Thema Fragen kommen. Von überragender Bedeutung jedoch ist der persönliche Eindruck, den Sie vermitteln bzw. möglichst gezielt erzeugen sollten.

Hierbei handelt es sich sogar um eine Art Bringschuld. Sie müssen sich selbst aktiv darum bemühen, Ihrem Gegenüber zu verdeutlichen, wer und vor allem wie Sie sind, das heißt, aus welchem Holz Sie geschnitzt sind und wie Sie »funktionieren«. Man hat Sie ja schließlich auch deswegen eingeladen, um sich ein Bild von Ihnen zu machen.

Was sich hinter dem entscheidenden Weichensteller Persönlichkeit verbirgt, haben wir Ihnen bereits erklärt (s. S. 14 ff.). Seien Sie versichert: Den Hauptanteil an der Entscheidung, ob Sie zu einer zweiten Vorstellungsgesprächsrunde eingeladen werden und im Anschluss daran den Job angeboten bekommen, macht der persönliche Eindruck aus, den Sie hinterlassen. Auf den Punkt gebracht: Erlebt man Sie als sympathisch, vertrauenswürdig, dann ist man auch bereit, Ihnen etwas zuzutrauen.

Ihr Mitbringsel

»Sie gehen doch auch nicht zu einem Geburtstag, zu dem Sie eingeladen sind, ohne etwas mitzubringen … ein Geschenk. Das muss doch sein! Und nun haben Sie eine Einladung zum Vorstellungsgespräch. Also: Was bringen Sie denn Ihrem Einlader mit?«, frage ich in der Beratung meinen erstaunt dreinblickenden jungen Kandidaten, einen Juristen, der gerade sein  *zweites Examen mit Prädikat bestanden hat und sich trotzdem furchtbar sorgt, wie er die anstehende Vorstellungsgesprächsprüfung überlebt.*

»Was ich mitbringe? Wie meinen Sie das?«, fragt er. »Ich kann doch nicht Blumen oder eine Flasche Wein …«
»Sicher nicht! Aber wer mit leerem Kopf zu so einem Gespräch geht, ist selber schuld. Will sagen: Was ist Ihre Botschaft? Was wollen Sie von sich vermitteln …«
Der Kandidat staunt nicht schlecht und beginnt zu überlegen.

Einstimmung

VORBEREITUNG UND ROLLENBEWUSSTSEIN

Ihr Lebenslauf, präziser weil besser und zutreffender: Ihr beruflicher Werdegang ist das, was den Personalentscheider, den Jobanbieter wirklich interessiert. Ihre berufliche Vita soll Auskunft darüber geben, was Sie aktuell leisten und wie es dazu gekommen ist. Damit will der Entscheider sicherer einschätzen, ob er Ihnen die zu besetzende Position, die neuen Aufgaben zutrauen kann. Die erste Entscheidung dazu ist hoffentlich schon gefallen, Sie sind eingeladen worden.

Die mentale Vorbereitung

Dazu gehört vor allem, dass Sie sich nicht länger als einfachen Arbeitnehmer verstehen. Sie sind Unternehmer, Unternehmerin. Sie bieten Ihre Arbeitskraft an, Ihr Know-how. Ihre Problemlösungskompetenz ist es, was Sie jetzt zur Verfügung stellen wollen. Der Arbeitgeber oder viel besser Auftraggeber hat ein bestimmtes Problem, benötigt Unterstützung bei der Bewältigung dieses Problems. Sie sind Unternehmer/-in (ein Spezialist in der Lösung von Problemen wie beispielsweise Ordnung schaffen, Bedienen, Schreiben, Telefonieren, Recherchieren, Dozieren etc.) und gehen jetzt von sich aus auf Kundensuche. Also: Wer hat ein Problem, das Sie lösen können? Wo finden Sie Kunden, die dringend Ihre Hilfe brauchen?

Aber wie sieht das eigentlich aus, was Sie anzubieten haben? Wovon sprechen wir? Antwort: Von Ihren Kenntnissen, Ihren Erfolgen und Ihrer Leistungsbereitschaft, aber letztendlich auch davon, dass Sie ein sympathischer, vertrauenswürdiger Mensch sind und deshalb neuer Mitarbeiter werden sollten!

Solche Überlegungen zeichnen Sie schon jetzt positiv aus! Damit sind Sie auf dem richtigen Weg. Sie haben das Bewusstsein, etwas Besonderes anbieten zu können, und wahrscheinlich bereits eine Vorstellung von Ihrem Kunden (Klienten, Abnehmer, Arbeitsplatzanbieter etc.)

Jede Bewerbung bedarf einer geistigen Einstimmung und Vorbereitung, die den Glauben festigt, das gesetzte Ziel zu erreichen. Wie sieht es also mit Ihrer Einstellung aus? Glauben Sie uns: Diese ist von grundlegender Bedeutung. Angenommen, ein Bewerber geht voller Zweifel darüber, ob er wirklich die angebotene Position haben möchte, zum Vorstellungsgespräch. Ihn plagt Unsicherheit bezüglich seiner Kompetenz für die neuen Aufgaben, den neuen Wirkungskreis. Die Wahrscheinlichkeit, dass dieser Bewerber ein Jobangebot bekommt, ist sehr gering. Denn: Seine nicht wirklich vorhandene Motivation und seine Misserfolgserwartung werden auf die eine oder andere Art im Laufe der Begegnung unangenehm auffallen.

Falsch wäre jetzt der Umkehrschluss, der Bewerber bekäme ein Angebot allein deshalb, weil er fest daran glaubt, der Richtige zu sein und die maximale Kompetenz mitzubringen. Womöglich erklärt unser Beispielbewerber seinen Gesprächspartnern gleich zu Anfang, dass es keinen Zweifel daran geben könne, er sei der einzig richtige Kandidat. Ebenfalls ein sicherer Weg, sich alle Chancen auf einen Einstieg zu verbauen.

Und trotzdem: Sie als Bewerber müssen von sich, von Ihren Qualitäten und Qualifikationsmerkmalen überzeugt sein. Wenn nicht Sie, wer dann?! Was aber ist es genau, wovon Sie überzeugt sind? Was ist denn Ihr USP (Unique Selling Proposition, Ihr Alleinstellungsmerkmal), wie stellen Sie sich dar? In welcher Rolle wollen Sie auftreten und überzeugen?

Eine Bewerbung ist immer auch Überzeugungsarbeit. Wer überzeugen will, braucht Kraft – Überzeugungskraft. Diese schöpfen Sie primär aus sich selbst, aber auch aus Ihrer Umwelt. Glauben Ihre Mitmenschen an Sie, an Ihre Fähigkeiten, oder wird Ihnen vermittelt, Sie seien nicht genügend qualifiziert und daher ungeeignet? Ermitteln Sie die »Krafträuber«, die nicht an Sie glauben, und versuchen Sie, sich von diesen zu distanzieren. Überlegen Sie ferner, wer Sie bei Ihrem künftigen Vorhaben unterstützen und motivieren kann. Auf wen können Sie für die Gewinnung zusätzlicher »Überzeugungskraft« zurückgreifen?

Rollenbewusstsein

Schwierige Frage: Als was wollen Sie auftreten, wie wollen Sie rüberkommen? Als strahlender Held (jung Siegfried), als böser Zauberer (Rumpelstilzchen), als Frau Holle, der Froschkönig, … oder liegt Ihnen mehr die Rolle des Captain Kirk vom Raumschiff Enterprise? Kurzum: Sehen Sie sich eher als freundlich begleitender Moderator, forscher, weil schneller »An- und Aufgreifer«, als reflektierter, bedächtiger Philosoph, als vorsichtiger, kostenbewusster Oberbuchhalter usw.

Es lohnt sich, darüber nachzudenken und sich klar zu werden (auch ein bisschen festzulegen), wie und in welcher Rolle Sie bei Ihrem Vorstellungsgespräch auftreten wollen und vor allem wie Ihr Gegenüber Sie erleben soll. Gedanken in diese Richtung helfen Ihnen bei der Vorbereitung und beim Vermitteln eines hoffentlich positiven, nachhaltigen Eindruckes.

Und glauben Sie uns: Wir haben einige Tausend Kandidaten erfolgreich auf ihr Vorstellungsgespräch vorbereitet. Auf die Frage »Wie wollen Sie auftreten?« spiegelte sich in den Gesichtern immer allergrößtes Erstaunen. »Wie meinen Sie das?« Nun, wenn Sie sich darauf verständigen, als Rambo aufzutreten, verhalten Sie sich doch sicher anders, als wenn Sie das Rotkäppchen geben möchten … Sicher, beides sind keine Rollenempfehlungen für eine Vorstellungsgesprächsbegegnung, jedoch macht es Sinn, darüber nachzudenken und sich zu überlegen, wie Sie Ihren Einladern glaubwürdig versichern können, so und so und nicht anders zu sein.

Hören wir da jemanden sagen: Man solle sich doch aber besser ganz natürlich verhalten, so wie man wirklich auch sei … Diese eher unreflektierte Antwort können Sie in Empfehlungen immer wieder nachlesen. Verzeihung, aber wie sind Sie denn nun wirklich … z. B. in Ihrer Badewanne zu Hause, oder in einem Gespräch mit dem Vermieter einer Wohnung, die Sie und Ihre Freunde gerne als WG mieten möchten, oder wenn Sie in einer Verkehrskontrolle angehalten werden und man Sie (weil am Steuer) fragt, ob Sie wissen, wie schnell Sie gefahren sind, Sie aber gerade zuvor ein kleines Bier getrunken haben (vor etwa 10 Minuten, aber nur eines und 0,2) oder am Grab Ihrer geliebten Großmutter, die jetzt mit 90 Jahren verstorben ist … oder auf der Hochzeit Ihres Freundes, der eine bezaubernde Frau heiratet, die Ihnen leider damals, als Sie sie das erste Mal gesehen haben, einen Korb gegeben hat …

Ja, Sie sind immer Sie! Aber in einer Rolle, und Sie verhalten sich der Situation entsprechend angemessen, manchmal auch angepasst. Und genau das ist es, was jetzt von Ihnen erwartet wird. Deshalb lohnt es sich darüber nachzudenken, wie Sie auftreten, wie Sie erlebt werden möchten.

GOOGELN SIE DOCH MAL …

… Ihren zukünftigen Arbeitgeber, Chef und die Kollegen …

Das wussten oder ahnten Sie: Bald jeder zweite Personalentscheider googelt zunächst die ihn interessierenden Bewerber, um dann zu entscheiden: Vorabtelefonat und / oder Einladung zum ersten Kennenlerngespräch. Warum googeln Sie nicht auch mal Ihre potenziellen Gesprächspartner, bevor Sie sich bewerben bzw. auf ein Vorstellungsgespräch einlassen?

Bester Ausgangspunkt dafür sind die Internetseiten des Sie interessierenden bzw. auch schon einladenden Unternehmens. Insbesondere Großunternehmen bieten reichhaltiges Material mit Namen ihrer Hauptverantwortlichen, haben aber auch Mitarbeiterinterviews und Blogs auf ihren Seiten, die Ihnen einen Eindruck vermitteln sollen, so sind wir hier, so ist unser Unternehmen. Sie gelangen immer an Namen, mit denen Sie anschließend gezielt auf die Suche gehen können, um im Internet weitere Infos und Kontaktchancen an Land zu ziehen. LinkedIn, XING, Twitter und sogar Facebook liefern Ihnen bestimmt interessante Einblicke und Anknüpfungspunkte.

Wie sympathisch erscheinen Ihnen die so identifizierten potenziellen neuen Vorgesetzten und Kollegen? Überlegen Sie, ob sich eine Kontaktaufnahme lohnt, und finden Sie zunächst einen unverfänglichen Anknüpfungsgrund. Kommen Sie in Kontakt und Austausch, lässt dieser sich auch ausbauen. So bekommen Sie Fragen beantwortet und Hintergrundinfos, die Ihnen für das Vorstellungsgespräch sehr nützlich sein können. Auch mithilfe von Dritten, Freunden von … und Ex-Mitarbeitern gelangen Sie an die richtigen Gesprächspartner und Informanten.

Ganz wichtige Vorbereitungsquellen sind neben Google und Yahoo die Onlinearchive der Wirtschaftsredaktionen. Mit ein paar mehr Infos, die sich im Vorstellungsgespräch leicht einstreuen lassen (einfachste Variante: »In meiner Vorbereitung auf … habe ich gelesen …«), punkten Sie durch Hintergrundwissen, können aber vielleicht auch selbst besser die Gesamtlage und Branchenverfassung einschätzen und für sich entscheiden: zukunftstauglich oder nicht. Noch spannendere Rechercheergebnisse versprechen gezielte Besuche auf den einschlägigen Arbeitgeber-Bewertungsportalen kununu, bizzWatch oder jobvoting. Hier lesen Sie, was und wie (Ex-)Mitarbeiter ihre (Ex-)Arbeitgeber beurteilen, und bekommen einigen Stoff zum Nachdenken.

… und auch sich selbst

Natürlich läuft ein erstes Web-Screening auf der Seite der Personaler. Und deshalb wird Ihr guter Ruf im Netz als ein Auswahlaspekt immer wichtiger. In großen Unternehmen wie z. B. der Axel Springer AG verfügen die Verantwortlichen im Human Resources über eigene Facebook-Profile, die für sie ein Instrument der Kandidatenrecherche sind. Sie sollten bei Ihren Inhalten in sozialen Netzwerken daher darauf achten, dass dort keine anstößigen und peinlichen Bilder und Texte, Kommentare oder Gruppen auftauchen. Wenn Sie Ihre Daten ohnehin nur mit Ihren Freunden teilen, dann sind Sie erst einmal sicher vor einem unliebsamen Zugriff durch Fremde. Sie sollten deshalb genau beachten, wie die Sicherheitseinstellungen bei den von Ihnen verwendeten Netzwerken funktionieren. Sie haben es so selbst in der Hand, was ein Personaler über Sie vorab erfährt.

Achten Sie während eines Bewerbungsprozesses auf Anfragen von Leuten, die Sie nicht kennen. Es könnte dahinter der Versuch eines HR-Mitarbeiters stecken, Informationen über Sie zu erhalten. Insbesondere junge Bewerber, die häufig etwas leichtfertig mit ihren Daten im Netz umgehen, müssen hier aufpassen und Kontaktanfragen genau prüfen. Ein Personalentscheider kann sich dann schnell als eine Art trojanisches Pferd entpuppen. Googeln Sie sich regelmäßig (und recherchieren Sie alternativ auch in anderen Suchmaschinen wie Bing oder Yasni). Dann haben Sie einen Überblick, was über Sie im Internet kursiert. Schauen Sie sich auch regelmäßig die Daten und Fakten in den von Ihnen verwendeten Social-Media-Netzwerken an. Sie können so recht gut steuern, was über Sie zu finden ist.

Sollten Sie doch etwas Unpassendes über sich entdecken, haben Sie folgende Möglichkeiten: Sie können durch eigenes Entfernen von Inhalten auf Ihren sozialen Profilen für Abhilfe schaffen. Oder Sie bitten einen Dienst wie Google darum, die Einträge zu löschen oder Ihnen zu helfen, den Verantwortlichen zum Löschen zu bewegen. Foren analog zu Bewertungsportalen wie kununu, in denen gezielt über (Ex-)Kollegen gelästert wird oder die Noten für deren Arbeit verteilen, gibt es glücklicherweise (noch) nicht. Wenn Sie jedoch ehrverletzende oder sogar strafrechtlich relevante Inhalte finden, empfiehlt sich der Gang zum Anwalt. Es gibt inzwischen speziell für das Reputationsmanagement im Netz spezialisierte Agenturen; diese Anbieter sind aber wegen der meist hohen Kosten eher attraktiv für Unternehmen und weniger für Einzelpersonen. Falls Sie zu einem ersten Gespräch eingeladen werden, Ihre »virtuelle Weste« nicht ganz blütenrein ist und der Personaler Sie darauf anspricht, ist ein offensiver Umgang die beste Verteidigung. Überlegen Sie sich vorher, was Sie auf solche Fragen antworten können, um dem Ganzen etwas den Wind aus den Segeln zu nehmen.

Es ist also für Bewerber schon heute wichtig und wird künftig noch wichtiger sein, ein strategisches Reputationsmanagement zu betreiben. Kein Job-Kandidat kann es sich mehr leisten, dass man negative Einträge und Kommentare oder anderes rufschädigendes Material über ihn im Netz findet: Die Aussichten auf die ersehnte Stelle bzw. zunächst eine Einladung zum Vorstellungsgespräch sinken erheblich. Sie können bei positiven Fundstücken aber auch deutlich steigen. Hierzu empfehlen wir Ihnen unser Buch *Die überzeugende Selbstpräsentation im WWW.*

SPIELREGELN DES VORSTELLUNGSGESPRÄCHS

Was meinen Sie: Mit welcher Überschrift oder welchem Oberbegriff könnte man Vorstellungsgespräche angemessen versehen bzw. beschreiben? Oder anders gefragt: In welche Kategorie von Lebensereignissen gehören Vorstellungsgespräche? Überlegen Sie mal, bevor Sie weiterlesen …

Dass es sich hier nicht um eine Art lustigen »Betriebsausflug« handelt und dass wohl auch die Bezeichnung »Rendezvous«, selbst das neutrale »Begegnung« nicht so ganz treffend gewählt wären, leuchtet Ihnen sofort ein. Aber sind Sie auf die folgenden Oberbegriffe oder Überschriften gekommen: »Prüfung«, und noch weiter, aber ebenfalls zutreffend: »Ritual«, möglicherweise auch durch das vorgesetzte Wort »Auswahl-« ergänzt?

Jede Vorstellungsgesprächssituation hat etwas von einer klassischen Prüfung und ist eine Art Ritual. Es soll der Auswahl des angeblich für den freien Arbeitsplatz, für die zu besetzende Position am besten geeigneten Bewerbers dienen.

Lampenfieber vor der »Vorstellung«

Und weil Prüfungen in der Regel, wenn man sich ihnen als Prüfling stellen muss, nicht ganz so angenehm sind, verspüren schätzungsweise neun von zehn Kandidaten große Anspannung und Aufgeregtheit, nicht selten verbunden mit gravierenden Sorgen bis hin zu purer Angst. Ein bis zwei dieser Kandidaten erleben sogar so massive Angst- und Panikattacken, dass sie kaum in der Lage sind, ordentlich Auskunft über sich selbst zu geben.

Diese psychischen Belastungen mit all ihren negativen Begleiterscheinungen und Konsequenzen sind nicht nur für die unmittelbar Betroffenen eine Qual, auch ihre Umwelt leidet darunter. Und selbst die Prüfer (Auswähler auf betrieblicher Seite) werden ihrer Mission (schlichter ausgedrückt: Aufgabe), den

Bestgeeigneten auszuwählen, nicht gerecht, weil bedingt durch diese (Stress-)Umstände eine Beurteilung beinahe unmöglich, zumindest jedoch deutlich verzerrt ist. Die aufgezählten Phänomene treffen aber auch auf die meisten anderen Bewerber zu, wenngleich in viel schwächerer Form.

Die Prüfungsangst bekämpfen

Verschiedene Ansatzpunkte sind denkbar, angefangen bei einer Rückschau, was Sie alles in Vorstellungsgesprächen an Positivem, aber auch Negativem erlebt haben, über bereits zurückliegende Prüfungserlebnisse ganz allgemein bis hin zur Stabilität Ihres Selbstbewusstseins, Ihres Selbstwertgefühls und daraus abgeleitet Ihres Selbstvertrauens. Es gibt viele Möglichkeiten, sich der Prüfungsangst wirkungsvoll zu nähern und sie in den Griff zu bekommen.

Sollten Sie unter schweren Prüfungsängsten leiden, so empfehlen wir Ihnen, einen Psychologen oder eine Beratungsstelle aufzusuchen und dieses Problem ausführlich zu besprechen. Eine gewisse Aufregung, ein spürbares Lampenfieber ist jedoch ziemlich normal und weitverbreitet. Wir warnen ausdrücklich davor, dieses mit »Beruhigungspillen« bekämpfen zu wollen.

Eine gute Vorbereitung ist das A und O

Was Ihnen vor allem weiterhilft, sind Hintergrundinformationen, worum es im Vorstellungsgespräch geht, was wirklich zählt. Und selbstverständlich: die Fragen, die auf Sie zukommen können. Wenn Sie diese alle kennen würden und die Chance hätten, sich mit entsprechenden Antworten darauf vorzubereiten – was sollte Ihnen dann noch Schlimmes passieren können?

Hier gleich eine Frage an Sie: Was schätzen Sie – wie viele Fragen gibt es eigentlich, die für ein Vorstellungsgespräch, in dem Sie die geladene Kandidatin oder der Kandidat sind, infrage kommen? Also: Wie groß ist der Fragenpool, aus dem heraus man Ihnen Fragen stellen könnte, unabhängig von der Länge der Zeit, die man mit Ihnen verbringen wird? Bitte kreuzen Sie an:

MERKBLOCK

Wissen ist Macht, und Übung macht bekanntlich den Meister.
Je besser Sie sich auf die Prüfungssituation Vorstellungsgespräch vorbereiten, umso gelassener können Sie auf heikle und schwierige Fragen reagieren.

O ∞ (unendlich viele)
O 1 Million
O 1.000
O 100
O 10

Vielleicht sind Sie erstaunt, vielleicht wussten Sie es aber auch intuitiv: Es sind gar nicht so viele Fragen, nämlich um die 100, und wir stellen Ihnen alle wichtigen hier in diesem Buch ab S. 76 ausführlich vor. So können Sie sich wirklich gut vorbereiten und sind im Vorstellungsgespräch kaum mehr zu überraschen.

Wenn Sie sich dabei verdeutlichen, dass Sie besonders die Antworten auf die – sagen wir, etwa zwölf – wichtigsten Fragen mithilfe dieser Trainingsmappe intensiv vorbereiten können, ist Ihr Erfolg so gut wie vorprogrammiert. Worauf warten Sie? Lassen Sie uns anfangen!

Eigene Fragen im Vorstellungsgespräch

»Viel Glück beim Vorstellungsgespräch«, wünschte Daniela ihrem zuversichtlichen Freund Frank. »Hast du dich auch gut vorbereitet? Hast du dir auch eigene Fragen überlegt?«, wollte sie noch wissen. »Du meinst, abseits von der Gehaltsfrage?«, der gelernte Industriemechaniker zeigte sich verwundert. Nein, weitere eigene Fragen hatte sich Frank nicht überlegt. »Was könnten denn das für Fragen sein?«, fragte er seine Freundin. »Z. B. die ersten Aufgaben, die Art der Erfolgskontrolle, also was man genau von dir erwartet.« Frank dachte kurz über diese Anregungen nach und stimmte seiner Freundin zu. Er nahm etwas Schreibzeug und notierte sich noch weitere Fragen. So interessierte ihn natürlich auch noch der genaue Einsatzort und welche Möglichkeiten zur Weiterbildung es in der Firma geben würde.
Vom Vorstellungsgespräch zurück kam Frank dann mit einem sprichwörtlichen lachenden und weinenden Auge. »Daniela, leider habe ich noch keinen neuen Job. Ich habe mich bewusst gegen diese Stelle entschieden. Dank meiner eigenen Fragen zur weiteren Jobperspektive, dank dieser konkreten Nachfragen habe ich genau gemerkt, dass ich hier am falschen Ort sein würde ...«

RICHTIG ARGUMENTIEREN – BESSER ÜBERZEUGEN

Das Vorstellungsgespräch ist für Sie die besondere Herausforderung, sich selbst und Ihr Leistungsangebot Ihrem Gegenüber überzeugend darzustellen, ja sogar, dafür zu werben. Was sind Ihre Argumente (Verkaufsbotschaften, Ich-Aussagen), warum sollen sich die Arbeitsplatzanbieter für Sie als den besten Kandidaten entscheiden? Womit wollen Sie die Entscheider überzeugen?

Übung
Bitte notieren Sie innerhalb der nächsten drei Minuten hier (oder auf einem Stück Papier) Ihre Argumente:

_____

_____

_____

_____

_____

Fragen Sie sich selbstkritisch:

- Sind Sie mit Ihren eben kurz skizzierten Argumenten wirklich zufrieden?
- Haben Sie genügend Argumente, sind diese wichtig?
- Werden Ihre Argumente Ihre Zuhörer wirklich positiv für Sie einnehmen?

Wie leicht oder schwer fiel es Ihnen, hier Argumente in eigener Bewerbungssache auf das Papier zu bringen? Haben Sie mehr als fünf Argumente?

1. Schritt

Jetzt bringen Sie bitte Ihre Argumente in eine Rangfolge nach der Wichtigkeit und Bedeutung. Bilden Sie etwa drei (zunächst einmal) gleich große Gruppen: die erste Gruppe mit den besonders wichtigen Hauptargumenten, dann ein bedeutsames Mittelfeld, und als dritte Gruppe alle restlichen Argumente, die für Sie als den richtigen Kandidaten sprechen.

2. Schritt

Ordnen Sie Ihre Argumente den bei der Bewerbung so wichtigen Kriterien Kompetenz (K), Leistungsmotivation (L) und Persönlichkeit (P) zu. Worum

es dabei geht, haben Sie bereits gelesen. Es kann durchaus vorkommen, dass ein Argument mehrere Aspekte umfasst.

Nehmen wir an, Ausdauer und Durchhaltevermögen sind wichtige Argumente für Sie als Bewerber. Das betrifft nun in erster Linie Ihre Leistungsmotivation, aber auch ein bisschen Ihre Persönlichkeit – je nachdem wie Sie es verstehen und den anderen vermitteln können.

Noch ein Beispiel: Entscheidungsfreude und Mut sprechen als Argumente für Sie. Hier können neben der Persönlichkeit auch Kompetenz und Leistungsmotivation betroffen sein. Sie allein bestimmen, wie Sie die Buchstaben (KLP) zuordnen. Dabei spielt die Rangfolge durch die eben beschriebenen drei Gruppen (Hauptargumente, Mittelfeld, Rest) auch eine bedeutsame Rolle.

1. Beispiel

Zur Verdeutlichung stellen wir uns eine Sekretärin vor: Charlotte Rembrandt, 50 Jahre alt, verheiratet, zwei erwachsene Söhne, seit einem Jahr ohne Job. Sie ist zum Vorstellungsgespräch in einem kleinen Malerbetrieb (ein Meister und drei Gesellen) eingeladen. Die Bewerberin wird im Auswahlgespräch

---

INFORMATIONSRECHERCHE ZU AUFGABE – POSITION – ANBIETER – UMFELD

Wer zu seinem potenziellen Arbeitgeber nur mit der Adresse im Kopf geht, handelt »kopflos«. Eine gründliche Vorbereitung auf den Arbeitsplatzanbieter und sein Umfeld ist absolut notwendig. Wahrscheinlich haben Sie dies bereits in der Vorbereitung auf Ihre schriftlichen Bewerbungsunterlagen berücksichtigt. Erste Informationen über das Unternehmen konnten Sie bereits der Stellenanzeige entnehmen, der Art und Weise, wie der Kontakt mit Ihnen als Bewerber angebahnt wurde, sowie dem Einladungsschreiben und den eventuell beigefügten Informationspapieren.

Angenommen, Sie bewerben sich bei BMW in München, sollten Sie folgendes Basiswissen haben:

- Hauptsitz
- Branchen
- wichtige Tochterunternehmen und Beteiligungen
- Niederlassungen im In- und Ausland
- Produktpalette
- Zahl der Mitarbeiter im In- und Ausland
- Umsatz und Gewinn
- Geschäftsleitung
- Position auf dem nationalen und internationalen Markt (Marktanteile)
- Mitbewerber auf dem in- und ausländischen Markt

- wirtschaftliche Entwicklung der letzten fünf Jahre
- aktueller Aktienkurs
- zukünftige Entwicklungschancen
- Firmengeschichte

Neben diesen allgemeineren Informationen benötigen Sie Spezialwissen über den Unternehmenszweig und die Abteilung, für die Sie sich beworben haben. Eine Bewerbung um eine Position im Bereich Automobilentwicklung, Datenverarbeitung oder Finanzmanagement erfordert natürlich eine jeweils unterschiedliche gezielte Einarbeitung. Generell geht es dabei um:

gefragt, welche Argumente für sie als Kandidatin sprechen. Sie nennt als Antwort folgende Argumente:

- »Ich bin hoch motiviert, fleißig und zuverlässig.«
- »Ich habe langjährige Erfahrung in Büroorganisation vorzuweisen.«
- »Ich habe sehr gute PC-Kenntnisse.«

Was meinen Sie: Werden diese Argumente den Malermeister überzeugen?

Antwort: Sicherlich nicht. Begründung: Auch die Kandidaten vor und nach unserer Bewerberin haben sich als pünktlich, zuverlässig und gewissenhaft, mit viel Büroerfahrung empfohlen.

Schade, denn Charlotte hat eigentlich etwas Besonderes zu bieten: Sie kann sich enorm engagieren, ist sehr selbstständiges, eigenverantwortliches Arbeiten gewohnt – ihr letzter Chef hat ihr das gesamte Büro des Malereibetriebes mit 10 Gesellen und 4 Azubis inklusive der Buchhaltung überlassen können – und sie war über zwölf Jahre bei ihm, bis er aus Krankheitsgründen den Betrieb schließen musste. Hinzu kommt, dass Charlotte flexibel ist, was die Arbeitszeit anbetrifft. Sie wäre sogar bereit nur 4 Tage à 6 Stunden zu arbeiten, jederzeit aber auch mehr,

wenn es die Geschäftslage erfordert. Und: Ihr neuer Chef würde von der Arbeitsagentur einen großzügigen Lohnkostenzuschuss für einen längeren Zeitraum bekommen (denn Charlotte ist 50).

Charlotte ist eine gestandene Persönlichkeit, die Kinder sind bereits erwachsen und erfordern keinen Betreuungsaufwand. Ihr Mann arbeitet ebenfalls, und so ist für sie die Arbeit von besonderer Bedeutung. Das alles hat sie im Vorstellungsgespräch aber nicht gesagt. Wirklich schade!

Schauen wir uns nochmals Charlottes Argumente an und ordnen sie den drei Schlüsselbegriffen **K**ompetenz, **L**eistungsmotivation und **P**ersönlichkeit zu:

1. hoch motiviert, fleißig und wirklich zuverlässig (L, P)
2. langjährige Erfahrung in Büroorganisation (K)
3. sehr gute PC-Kenntnisse (K)

Zwei Argumente betreffen klar die Kompetenz, eines die Leistungsmotivation und nur eines ein bisschen auch die Persönlichkeit.

- Aufgabengebiet und Umfeld des angestrebten Arbeitsplatzes
- Arbeitsmarktsituation (Stimmung, Gewinner, Verlierer, Zusammenhänge) und neuere Entwicklungen
- wichtige Eckdaten zur Position des Unternehmens oder der Institution – wer tut was, wie lange, mit welchem Erfolg?

Hintergrundinformationen zu Ihrem potenziellen Arbeitgeber erhalten Sie im Internet oder direkt beim Unternehmen (bei dessen Pressestelle, falls vorhanden). Darüber hinaus sind Industrie- und Handelskammern, Fachzeitschriften und Nachschlagewerke hilfreich. Aber auch Personen, die bereits in dem Beruf, der Branche, Firma oder Institution arbeiten, können Ihnen

wichtige Insiderinformationen geben. Berücksichtigen sollten Sie auch Folgendes: Bewerben Sie sich …

- in der Privatwirtschaft oder im öffentlichen Dienst?
- aus (vermeintlich) gesicherter Position heraus (idealtypisch)?
- aus erkennbar unsicherer Position heraus, zum Beispiel unter Druck, weil bereits gekündigt?

Ein wichtiges Kriterium ist auch die Unternehmensgröße Ihres möglichen Arbeitgebers. Der mittelständische Betrieb mit unter 100 Mitarbeitern, der einen berufserfahrenen leitenden Ingenieur für Belüftungstechnik sucht, geht in der Regel anders mit Bewerbern um als der Lebensmit-

tel-Großkonzern, der im mittleren Management (unterste Stufe) einen jüngeren Food-Produktmanager mit etwa zwei Jahren Berufserfahrung sucht.

Die Argumente sind mager (zu wenige) und vermitteln kein besonders vorteilhaftes Bild, denn Sie wissen bereits (s. S. 14 ff.), dass im Vorstellungsgespräch besonders der persönliche Eindruck, den man von der Wesensart des Bewerbers bekommt, um einiges wichtiger ist als Kompetenz und Leistungsmotivation.

Mit anderen Worten: Will Charlotte im Vorstellungsgespräch überzeugen, braucht sie deutlich mehr und auch bessere Argumente (Botschaften/Ich-Aussagen). Aus den Ihnen vorhin zur Verfügung gestellten Informationen, die besser für eine Entscheidung zugunsten von Charlotte sprächen, sollen Sie eine Auswahl treffen und diese hier aufschreiben:

Zur Auflösung: Gut wären 5 bis 7 Argumente, die Rangfolge entspricht genau der im Text angegebenen Reihenfolge bis auf den letzten Absatz. Ihr Alter, die erwachsenen Kinder und ihr arbeitender Mann sind keine besonders guten Argumente. Ausnahme: der mögliche Zuschuss der Arbeitsagentur aufgrund ihres Alters und der einjährigen Arbeitslosigkeit. Sehen Sie sich auch S. 41 an, Beispiel für Kommunikationsziel, Botschaften und Argumente.

2. Beispiel

Wenden wir uns einem anderen Beispielbewerber zu, einem Automobilverkäufer. Hier die erste Liste seiner (immerhin!) zehn spontan aufgeführten Argumente:

- Ich besitze langjährige Erfahrung im Automobil-Verkaufsgeschäft.
- Ich habe spezielle Kenntnisse der neuen Modellreihe.
- Ich verfüge über eine gute Portion Ehrgeiz.
- Ich habe Überzeugungskraft.
- Ich komme gut an bei den meisten Kunden.
- Ich bin sehr flexibel, was die Arbeitszeit anbetrifft.
- Meine Umgangsformen sind gut.
- Ich bin hoch motiviert.
- Ich bin sehr kommunikativ.
- Ich mache gerne, was ich mache.

Bringen wir diese Argumente noch etwas prägnanter auf den Punkt und in eine erste Rangfolge (Hauptargumente, Mittelfeld, Rest), könnte diese Liste bereits so aussehen:

Hauptargumente

1. Ich verfüge über eine gute Überzeugungskraft, weil ich weiß, was ich verkaufe.
2. Ich besitze langjährige Erfahrung im Automobil-Verkaufsgeschäft.
3. Ich bin hoch motiviert, besitze eine gute Portion Ehrgeiz und arbeite gerne.

Mittelfeld

4. Ich habe spezielle Kenntnisse der neuen Modellreihe.
5. Ich bin ein sehr kommunikativer Mensch.
6. Die meisten Kunden fassen sehr schnell Vertrauen zu mir, mögen mich.

Rest

7. Meine Umgangsformen sind gut, ich weiß, worauf es ankommt.
8. Ich bin sehr flexibel und kompromissbereit, was die Arbeitszeiten betrifft.

Wir lernen: Der Kandidat hat schon einmal deutlich mehr Argumente als Charlotte aus dem ersten Beispiel. Gut so! Aus 10 Argumenten sind jetzt erst einmal 8 geworden. Diese sind schon etwas prägnanter getextet. Seine Persönlichkeit betont unser Autoverkäufer zwar schon etwas stärker, im Vordergrund steht aber immer noch seine hohe Kompetenz. Mit dem Argument der Erfahrung (Kompetenz) werden jedoch wohl alle Bewerber versuchen, für sich Punkte zu sammeln. Bei aller Wichtigkeit von Können und Erfahrung – das hat ja bereits zur Auswahl und Einladung geführt – jetzt sollten vor allem Persönlichkeit und Leistung stärker im Vordergrund stehen (was man nicht so einfach mit: »Ich bin ein liebenswerter Mensch und auch sehr fleißig!« texten kann).

Im nächsten Schritt (gleich hier unten) sehen wir neben der neuen Rangfolge schon eine etwas andere Zusammenstellung, ja einen Ausbau, der die wichtigsten Argumente noch stärker konzentriert und Aussagen sinnvoll verbindet. Gleichzeitig erzielt unser Autoverkäufer eine beeindruckende Verdichtung (von 8 auf 6 Haupt-Aussagen). Hinzukommt die neue Drittelung in Hauptargumente 1–3, das Mittelfeld mit immer noch zwei wichtigen Selbsteinschätzungen und der Rest mit nur einer, aber trotzdem doch sehr interessanten Aussage. Jetzt geht es um die Zuordnung der Weichensteller **K, L** und **P** (oder **k, l, p** als halbe Punkte) zu den vorgetragenen Argumenten:

Hauptargumente

1. *Ich verfüge über eine gute Überzeugungskraft, weil ich weiß und liebe, was ich verkaufe.* **P, L, k**
2. *Ich bin hoch motiviert und besitze eine gute Portion Ehrgeiz.* **L, L, p**
3. *Ich bin ein sehr kommunikativer Mensch, zu dem die allermeisten Kunden sehr schnell Vertrauen fassen, von dem sie sich gerne beraten lassen und den sie leiden mögen.* **P, P, P, k**

Mittelfeld

4. *Ich besitze nicht nur langjährige Erfahrung im Automobil-Verkaufsgeschäft, sondern verfüge auch über spezielle Kenntnisse der neuen Modellreihe.* **K, k**
5. *Meine Umgangsformen sind gut, denn ich weiß, worauf es im Geschäftsleben ankommt.* **P, L**

Rest

6. *Ich bin sehr flexibel und auch kompromissbereit, was meine Arbeitszeiten anbetrifft.* **L, P**

Persönlichkeit und Leistungsmotivation sind nun aufgrund der verbesserten Formulierung und Rangfolge der Argumente deutlich in ihrem Aussagewert gestärkt (nennen Sie es Verkaufsargumente, oder -Botschaften). Können Sie die Verbesserung, die Stärkung der Überzeugungskraft, die dieser Version zugrunde liegt, nachvollziehen? Aus den einfachen, ja schlichten zehn Selbstaussagen sind jetzt wirklich starke und überzeugende Verkaufsbotschaften (Argumente) geworden.

Beachten Sie bei der Verkaufsbotschaft:

1. Sammeln Sie möglichst viele Argumente.
2. Vernachlässigen Sie keinen der Bereiche K, L und P, die Rangfolge jedoch ist genau umgekehrt, am stärksten gewichtet sollte P sein, dann mit deutlichem Abstand L und K.
3. Ihre Persönlichkeit (Wesensart) entscheidet im Zweifel immer darüber, ob Sie den Job bekommen. Kann man Ihnen vertrauen und somit auch etwas zutrauen?

Wenden Sie sich nun wieder Ihrer eigenen Argumentationsliste zu. Feilen Sie daran, nehmen Sie eventuell eine andere Gewichtung vor und überlegen Sie sich quantitative und qualitative Verbesserungen.

Damit Ihre Botschaften auch gut ankommen, müssen Sie diese unbedingt belegen können. Unser Automobilverkäufer z. B. sollte uns durch Berichte und Beispiele aus seiner Arbeitswelt überzeugendes Erzählmaterial liefern. Dazu mehr im nächsten Abschnitt.

Die nun folgenden Überlegungen werden Ihnen weiterhelfen:

BOTSCHAFTEN ENTWICKELN UND VERMITTELN

Im Vorstellungsgespräch wollen Sie Ihr Gegenüber von sich überzeugen. Wie gelingt Ihnen dies, wie genau gehen Sie vor, wenn Sie eine Entscheidung anderer Personen für sich beeinflussen wollen? Aus der Welt der Werbung kennen wir eine besondere Vorgehensweise, die leicht modifiziert Ihr Bewerbungsvorhaben positiv unterstützen kann.

Drei aufeinander abgestimmte Schritte sind zu beachten, wenn das Vorstellungsgespräch zu Ihren Gunsten verlaufen soll:

1. Was wollen Sie Ihrem Gegenüber, dem Personalauswähler kommunizieren? Was ist Ihr Anliegen, Ihr Ziel?

Wir sprechen vom **Kommunikationsziel**. Dies ist der wichtigste und schwierigste Baustein, der die längste Bearbeitungszeit in Anspruch nehmen wird.

2. Wie formulieren Sie aus den sorgfältigen Überlegungen zu Ihrem Kommunikationsziel verständliche, schnell begreifbare, überzeugende **Botschaften**?

Hier kommt es besonders auf Ihre Fähigkeit an, etwas auf den Punkt zu bringen.

3. Wie untermauern Sie diese sorgfältig ausgewählten und präzise formulierten Botschaften, welche **Argumente** haben Sie, um die Glaubwürdigkeit und Überzeugungskraft Ihrer Botschaften ebenso zu stärken wie deren Erinnerungsgehalt?

Kommunikationsziel

Setzen Sie sich zunächst mit der Frage auseinander, was Sie Ihrem potenziellen Arbeitgeber von sich vermitteln wollen. Den meisten Bewerbern fällt spontan ein: »Ich will den Job!«

Dieses Kommunikationsziel haben auch alle anderen Mitbewerber. Doch allein die Tatsache, dass Sie den angebotenen Job haben wollen, ist für die am Auswahlprozess Beteiligten kein Grund, sich für Ihre Person zu entscheiden.

Mit dieser Frage weiter beschäftigt, neigen viele Bewerber dazu zu argumentieren, sie seien der Beste für die zu besetzende Position. Insgesamt eine ziemlich schwache Argumentation, die auch von vielen Mitbewerbern genutzt wird. Daher stellt sich die Frage: Wie kann man es besser machen?

Sie haben die schwierige Aufgabe, ein Kommunikationsziel zu entwickeln und sich genau zu überlegen, …

- was für ein Mensch Sie sind,
- was für besondere Fähigkeiten Sie haben,
- was Sie damit bewirken wollen.

Also wieder die Fragen nach Kompetenz, Leistungsmotivation und Persönlichkeit.

So könnte nach reiflicher Überlegung Ihr definiertes Kommunikationsziel aussehen:

Mein Kommunikationsziel ist es, …

… meinen Zuhörern und damit den Personalentscheidern zu vermitteln, dass ich ein Mensch bin, der über außergewöhnliche kommunikative Begabungen verfügt. Darunter ist zu verstehen: Ich bin sehr gut in der Kontaktaufnahme zu anderen, kann mich schnell und gewandt ausdrücken und ohne große Hemmungen mit jedem Menschen leicht ins Gespräch kommen. Andere vertrauen mir auffällig schnell. Ich wirke auf viele Personen ermutigend und bin ein sehr guter und aufmerksamer Zuhörer. Trotz meiner Freude an Unterhaltungen und auch an gezielten Gesprächen bin ich jemand, der sehr diskret sein kann und bei dem ein Geheimnis absolut sicher aufgehoben ist.

Auf den Punkt gebracht:
Ich bin ein kommunikativer, kontaktfreudiger, aber auch vertrauenswürdiger Mensch.

Botschaften

Jetzt zu Ihrer zweiten Aufgabe. Sie entwickeln aus Ihren Zielvorstellungen klare und schnell zu verstehende Botschaften. In unserem Beispiel wären das folgende:

Meine drei wichtigsten Botschaften lauten:
1. *Ich bin ein kommunikativ begabter Mensch, der mit anderen jederzeit ins Gespräch kommen kann.*
2. *Ich gewinne schnell das Vertrauen anderer Menschen.*
3. *Ich bin ein guter und aufmerksamer Zuhörer.*

Argumente

Nun fehlt noch der dritte Schritt in dieser Vorbereitung, die wohlüberlegten Argumente. »Die Botschaft hör ich wohl, allein mir fehlt der Glaube« – so lautet ein bekanntes Goethe-Zitat. Deshalb ist es beim dritten Schritt besonders wichtig, die Argumente zu finden, die Ihre Botschaften glaubwürdig untermauern.

Mit welcher Anekdote, durch welche Detailbeschreibungen können Sie Ihrem Gegenüber verdeutlichen, dass Ihre in den Botschaften enthaltenen Aussagen glaubwürdig sind?

Welche Situationen oder Begebenheiten in Ihrem (Berufs-)Leben verdeutlichen, was Ihre Botschaften als Kurzformeln transportieren sollen? Wenn Sie hier den richtigen Erzählstoff beisammenhaben, stehen Ihre Argumente und unterstreichen die Glaubwürdigkeit Ihrer ausgewählten Botschaften.

Kommunikationsziel, Botschaften und Argumentation ergeben in einem idealen Dreiklang die Entscheidungsgrundlage, auf der sich ein Arbeitsplatzanbieter für Sie als den richtigen Kandidaten entscheiden kann.

1. Beispiel

Sie erinnern sich an Charlotte Rembrandt, unsere 50-jährige Sekretärin. Sie hat sich als Kommunikationsziel und daraus für ihre Gesprächspartner an Botschaften und Argumenten Folgendes erarbeitet:

Kommunikationsziel
Ich will mein Gegenüber davon überzeugen, dass ich eine besonders verantwortungsbewusste, aber auch sehr selbstständig arbeitende Fachkraft bin, die über gute organisatorische und kommunikative Fähigkeiten verfügt und flexibel und preiswert ist.

Botschaften
Daraus wurden diese vier Hauptaussagen entwickelt:

1. Ich biete Ihnen ein stark ausgeprägtes eigenverantwortliches und sehr selbstständiges Arbeiten und Handeln.
2. Ich verfüge über ein großes Kommunikations- und Organisationstalent.

3. Ich besitze eine sehr schnelle Auffassungsgabe und kann verantwortungsbewusst, aber auch schnell und mutig Entscheidungen treffen.
4. Ich bin in jeder Hinsicht flexibel, habe fundierte Branchenerfahrungen und Buchhaltungskenntnisse, und mein Arbeitgeber kann für mich von der Arbeitsagentur Fördermittel beantragen.

Argumentation
Hier folgen nun zu den vier Hauptaussagen Berichte, Erlebnisse und kleine Geschichten, »Beweise« also, die verdeutlichen, dass diese Botschaften nicht nur dahergesagt sind, sondern der Realität entsprechen.

Zu Botschaft 1: *Für meinen vorherigen Chef habe ich als einzige Sekretärin im Büro folgende Aufgaben übernommen und selbstverantwortlich durchgeführt (jetzt kommen die konkreten Arbeitsbereiche und Beispiele). Früher waren wir zu zweit, nach drei Jahren ging meine Kollegin, und ich habe ab 1998 das Büro allein geführt.*

Zu Botschaft 2: *Ich habe am Telefon mit Kunden und unseren Gesellen alle Probleme… (wieder Beispiele) meistens als Erste verhandelt. Dabei ging es um Termine, aber auch um Probleme mit Kunden wie…, wo ich ausgleichend und friedensstiftend, manchmal aber auch mit Nachdruck die Interessen aller möglichst unter einen Hut bekommen musste (usw.).*

Zu Botschaft 3: *In schwierigen Situationen musste oft schnell eine Entscheidung getroffen werden. Da war keine Zeit zu diskutieren. Hierzu hat mir mein Chef eine große Handlungsfreiheit eingeräumt, und er war immer sehr einverstanden mit meinen Entscheidungen. Sie können ihn dazu gern selbst befragen. Und Sie finden auch etwas dazu in meinem Arbeitszeugnis…*

Zu Botschaft 4: *Ich bin, was die Arbeitszeit betrifft, flexibel, könnte mir also auch eine Vier-Tage-Woche vorstellen und nur bei Bedarf mehr. Zusätzlich kann ich anbieten, die Buchhaltung mitzumachen, gerne auch ganz zu übernehmen. Und ich bin, bedingt durch einen Zuschuss, den Sie von der Arbeitsagentur bekommen können, eine preiswerte Arbeitskraft…*

2. Beispiel

Ein 45-jähriger Vertriebsleiter hat folgendes Kommunikationsziel und daraus abgeleitet diese Botschaften und Argumente für sich und seine Gesprächspartner:

Kommunikationsziel

Ich kann gezielt Einfluss auf meine Mitmenschen ausüben und Projekte initiieren sowie Dinge bewegen. Ich bin in der Lage, wichtige Ziele auszuwählen und sie auch erfolgreich zu realisieren. Das habe ich in der jüngsten Vergangenheit unter Beweis gestellt. Vom Handwerker bis zum Vorstandsvorsitzenden, ich kann mit allen gut aus- und ins Geschäft kommen, auf allen Ebenen, in drei Sprachen. Bei allen bin ich gut angesehen, weil ich direkt und offen bin und dadurch berechenbar und zuverlässig.

Botschaften

1. *Ich beherrsche mein Metier: Mein Werkzeug sind die Menschen, meine Mitarbeiter und meine Kunden. Ich habe »ein Händchen für Menschen«.*
2. *Ich kann etwas bewegen, kann andere begeistern und Menschen, Kunden wie Mitarbeiter, erfolgreich an mich binden. Ich bin außerordentlich beziehungsstark.*
3. *Ich stehe für Orientierung und für Machbarkeit. Meine besonderen Merkmale: Ausdauer, Frustrationstoleranz, Optimismus ohne Blauäugigkeit, positiv denkend.*
4. *Ich bin direkt, und deshalb auch nicht immer bequem, aber ehrlich, manchmal vielleicht sogar etwas zu undiplomatisch, ungeduldig, aber berechenbar, insgesamt aber verlässlich und loyal.*

Argumentation

Hier folgen nun zu allen vier Aussagen (Botschaften) Berichte, Erlebnisse, kleine Geschichten, die verdeutlichen, dass diese »Botschaften« nicht nur dahergesagt sind, sondern reale Aussagen, die belegbar sind.

Weitere Beispiele finden Sie unter:
www.berufsstrategie-plus.de

Sie dürfen entscheiden …

… welcher der drei Kandidaten Sie im Vorstellungsgespräch mit seiner Antwort mehr überzeugt. Wir machen zur Einstimmung also gleich einen Sprung in die Realität des Vorstellungsgesprächs.

Ihre Aufgabe: Entscheiden Sie, welcher der drei Kandidaten die folgende typische Frage durchschnittlich, wer sie recht gut und wer sie mit Abstand am besten beantwortet und warum.

Die Ausgangssituation: Ein Vorstellungsgespräch; die zu besetzende Position: Chefkoch; Gesprächspartner und Auswähler: der Restaurantleiter und seine Assistentin.

Die Frage: Wir möchten Sie kennenlernen. Würden Sie uns bitte einmal kurz Ihren Werdegang vorstellen?

Kandidat A antwortet:
Ja, also … ich bin am 24. Mai 1980 in Potsdam geboren, aufgewachsen in Berlin, auch dort zur Schule gegangen. Mein Vater war Schlosser in einem Leder verarbeitenden Betrieb, und meine Mutter hat in demselben Unternehmen in der Buchhaltung gearbeitet. Ich habe auch noch zwei Geschwister. Klaudia, meine drei Jahre jüngere Schwester, sie arbeitet als Krankengymnastin in Rostock. Und Peter, mein fünf Jahre älterer Bruder. Er ist verheiratet und hat drei Kinder. Von Beruf ist er Berufsschullehrer. Zuvor hatte er aber eine Ausbildung als Elektriker gemacht, dann später sogar seinen Meister. Und irgendwann hat er sogar studiert.

Ich habe in der Schule ja anfangs Schwierigkeiten gehabt und konnte auch nicht gleich nach der Schule eine Lehrstelle finden. Deshalb habe ich zunächst einmal gejobbt. So dies und das, aber schnell gemerkt, mir fehlt da echt etwas an Bildung. Und so bin ich dann zurück auf die Schule. Diese zwei Jahre haben mir eigentlich gut getan. Jetzt wusste ich, warum ich doch das Abitur anstrebe …

Hier blenden wir uns aus, wissen nicht, wie es weitergeht, schauen und hören jetzt dem nächsten Kandidaten zu … Wieder die gleiche Ausgangssituation: Wir möchten Sie kennenlernen, stellen Sie uns doch einmal kurz Ihren Werdegang vor.

Kandidat B antwortet:

Mein Name ist Hans Plotin, ich will mich aber zunächst einmal bei Ihnen für die Einladung bedanken. Sie wissen ja, ich bin gelernter Koch, habe meine Lehre in Lüneburg im Schlosshotel absolviert und bin 2003 nach meinem Abschluss dann für zwei Jahre in die Schweiz gegangen. Zunächst nach Basel, wo ich in einem kleinen Familienbetrieb eigentlich für alles zuständig war, da gab es neben mir nur noch den Chef und einen Lehrling, und dann etwa neun Monate später bin ich noch für ein Jahr in Zürich gewesen. Da habe ich zum ersten Mal die Verantwortung für drei Jungköche gehabt, das war ein Spezialitätenrestaurant der besonderen Güte, wir haben beinahe täglich ein halbes Pfund Trüffel verarbeitet und auch andere schöne Dinge, die unseren Ruf als erstes Haus am Platz wirklich begründet haben. Ich habe da ganz entscheidende Dinge gelernt, das bekommt man nicht überall geboten. Aber nach etwas mehr als einem Jahr, das war im November 2006, bin ich wieder nach Deutschland …

Und wieder blenden wir uns aus und starten mit einem neuen Bewerber und der nun schon gut bekannten Aufforderung: Wir möchten Sie kennenlernen, stellen Sie uns doch einmal kurz Ihren Werdegang vor.

Kandidat C antwortet:

In meiner jetzigen Position bin ich für die Arbeitseinteilung und Ausbildung unserer drei Jungköche und der beiden Lehrlinge zuständig. Vor etwa drei Jahren habe ich in diesem Betrieb angefangen. Den Meister hatte ich einmal bei einem Lehrgang kennengelernt und da fiel mir seine sehr sachliche, ruhige Art positiv auf. Vor allem aber, der wusste was, das hat mir imponiert. Ich habe den Wechsel in diesen Betrieb auch nie bereut. Hier konnte ich echt noch etwas lernen, mich beweisen. Der Meister hat mir schnell sehr viel Verantwortung übertragen und mir viel Entscheidungsspielraum gelassen. So etwas weiß ich zu schätzen und das war für mich Ansporn und Verpflichtung zu besonderen Leistungen. In der Ausbildung der Lehrlinge bin ich jetzt seit etwa einem Jahr engagiert. Meine eigene Ausbildung? Nach Abschluss der Realschule habe ich drei Jahre in einem kleinen Familienbetrieb gelernt und bin dann 2002 zu einem Großunternehmen gewechselt, um auch einmal diese Betriebsform kennenzulernen …

Was meinen Sie zu diesen drei Kandidaten? Sie haben hier jeweils nur einen kleinen Gesprächsausschnitt, die allererste Einstiegsfrage und Antwort, erlebt. Dabei spielt das Berufsfeld keine Rolle. Wie ist Ihr Eindruck? Welcher Kandidat beantwortet die ihm gestellte Frage besser, präsentiert sich geschickter als die anderen beiden? Kandidat A, B oder C? Und woran liegt es?

Kurze Zwischenüberlegung: Geht es hier um die konkrete Beantwortung oder sind diese bzw. ähnliche Fragen (»Erzählen Sie uns mal …«) nur ein Anlass, um seinem Gegenüber genau die Inhalte zu vermitteln, die ihm helfen, eine Entscheidung zugunsten Ihrer Person zu treffen?

Kein Zweifel! Es kommt darauf an, die Chance zu nutzen und die Aufforderung wahrzunehmen, sich von seiner »Schokoladenseite« zu präsentieren. Und das will gut vorbereitet sein.

Wieder zurück zur obigen Aufgabe. Bevor Sie weiterlesen, entscheiden Sie selbst. Wer von den drei Kandidaten macht das Rennen? A, B, C oder vielleicht keiner?

Unser Lösungsvorschlag:

Kandidat A hat sich sehr ungeschickt verhalten und wenig von sich, dafür viel von seiner Familie erzählt.

Kandidat B hat gute Ansatzpunkte (z. B. der Dank für die Einladung). Er erzählt flüssig und nicht langweilig, aber im Verhältnis zum Kandidaten C gelingt es ihm nicht in diesem Maße, seine (Verkaufs- und Selbstmarketing-)Botschaft abzusetzen. Am Ende verliert sich unser Kandidat B zu sehr in Details, kommt zwar nicht so weit ab »vom Wege« wie Kandidat A, aber in Relation zu C ist er nur Mittelmaß.

Kandidat C erzählt sofort, welche Verantwortung er trägt – ein Grund, ihn eventuell einzustellen –, um dann in seinen Bericht geschickt die (Verkaufs-)Botschaften einzuweben, die ihn interessant werden lassen: Lernbereitschaft, Engagement bis Ehrgeiz, Verantwortungsbewusstsein, pädagogisches Geschick. Dieser Kandidat überzeugt schnell.

Frage-Antwort-Techniken

DIE »KÖNIGSFRAGEN«

Wir möchten nun Ihre Fantasie, Ihre Vorstellungskraft herausfordern: Stellen Sie sich einmal vor, Sie hätten einen Job zu vergeben. Vielleicht den, den Sie aktuell noch innehaben, oder Ihren letzten davor. Aber darauf kommt es gar nicht so sehr an. Stellen Sie sich also bitte einmal ganz intensiv vor, Sie wären jetzt in der Rolle des Personalchefs und hätten nacheinander drei Bewerber vor sich sitzen, von denen Sie sich für einen, den vermeintlich besten, entscheiden sollen.

Und jetzt wird es schwer: Sie dürfen allen drei Kandidaten nur zwei Fragen stellen, und zwar müssen das für jeden Kandidaten immer die gleichen beiden sein. Was wären aus Ihrer Sicht die zwei wichtigsten Fragen, mit deren Hilfe Sie sich für einen von drei Kandidaten – den am besten geeigneten – entscheiden könnten?

Kurzum: Es geht um die beiden Hauptfragen im Vorstellungsgespräch. Würden Sie alle drei Bewerber beispielsweise fragen, was sie verdienen und wann sie anfangen wollen, oder alternativ, wie viel Erfahrung sie konkret in ihrem Beruf haben und wie oft sie schon den Arbeitsplatz gewechselt haben?

Nun, die genannten Beispielfragen (zu Verdienst, Arbeitsaufnahme, Erfahrung und Arbeitsplatzwechsel) sind nicht unwichtig, aber keinesfalls von so entscheidender Bedeutung, dass man sie berechtigterweise für die beiden wichtigsten Fragen im gesamten Vorstellungsgespräch halten könnte.

Die beiden entscheidenden Fragen, die das gesamte Vorstellungsgespräch lenken oder, wenn Sie so wollen, beherrschen, sind:

2. Warum sollten wir uns für Sie entscheiden?

1. Warum bewerben Sie sich?

Was würden Sie als Bewerber spontan darauf antworten? Schreiben Sie bitte auf der gegenüberliegenden Seite Ihre Antworten zu den beiden Fragen auf.

Schreiben Sie bitte hier Ihre beiden Fragenvorschläge auf:

1. Frage:

_____

2. Frage:

_____

zu 1.:

_____

_____

_____

_____

zu 2.:

_____

_____

_____

_____

Diese beiden wichtigsten Fragen, wir nennen sie die Königsfragen (nach dem Königspaar, also König und Königin), decken alle anderen Fragen des Vorstellungsgesprächs ab. Man könnte sie auch als Adam-und-Eva-Fragen bezeichnen, um damit zu verdeutlichen, dass alle anderen Fragen des Vorstellungsgesprächs auf dieses Ursprungspaar zurückzuführen sind.

Es gibt da allerdings noch eine weitere Frage, eine besondere Ausnahme, die selbst diesem Adam-und-Eva- oder Königsfragen-Paar übergeordnet ist, die wie eine kaiserliche Instanz über diesen Paaren schwebt. Wir kommen gleich darauf zurück. Jetzt aber zunächst einmal der Beweis dafür, dass alle (bzw. fast alle) Fragen im Vorstellungsgespräch von diesen beiden Fragen abstammen oder diesen klar zugeordnet werden können:

Die Königs- bzw. Adam-Frage lautet:

• Warum bewerben Sie sich?

Daraus abgeleitete (sogenannte Synonym-)Fragen sind z. B.:

• Wie sind Sie auf uns aufmerksam geworden?
• Warum wollen Sie den Arbeitsplatz wechseln?
• Woran arbeiten Sie zurzeit?
• Was gefällt Ihnen (nicht) an Ihrem jetzigen Arbeitsplatz?
• Was versprechen Sie sich von einem Arbeitsplatzwechsel?

Kompliment

Unser Kandidat in der Beratung, ein gestandener Chefarzt um die 45, hatte sich um einen Klinikposten als medizinischer Direktor beworben (Großklinikum mit etwa 4.000 Betten) und wurde auch prompt eingeladen. »Wie breche ich das Eis?« war seine bange Frage. Er ahnte, wie wichtig der erste Eindruck sein würde.

»Machen Sie zu allererst ein nettes Kompliment, bedanken Sie sich für die Einladung, bringen Sie zum Ausdruck, wie sehr Sie es zu schätzen wissen, heute hier eingeladen zu sein, dass man Zeit für Sie hat, bemühen Sie sich um ein bisschen Small Talk, ...«

Später erzählte er uns stolz und zufrieden, wie sehr ihm gerade das zu einem guten Gesprächsanfang verholfen hat. Er bekam den Posten!

Genauer betrachtet geht es bei dieser Königs- bzw. Adam-Frage immer wieder um das Motiv, um Ihr Motiv. Was treibt Sie an, was steckt hinter Ihrer Bewerbung?

Bevor Sie selbst Königs- oder Adam-Fragen aus einem Vorstellungsgespräch aufschreiben, wenden wir uns der zweiten, der Königin- oder Eva-Frage zu. Sie lautet:

- Warum sollen wir uns für Sie entscheiden?

Daraus abgeleitete (sog. Synonym-)Fragen sind:

- Worauf sind Sie stolz?
- Was sind Ihre Stärken bzw. Schwächen?
- Was können Sie uns anbieten?
- Was wollen Sie bei uns verdienen?
- Wann könnten Sie anfangen?

Genauer betrachtet geht es auch bei dieser Königin- bzw. Eva-Frage immer wieder um das Motiv, jedoch nicht um Ihr Motiv, sondern um das Motiv des Auswählers, des Entscheiders. Was sollte ihn dazu bewegen, sich für Sie zu entscheiden? Man könnte hier auch von einem Ego-Motiv, vom »Egoismus« des Arbeitsplatzanbieters sprechen.

Beide Fragen: »Warum bewerben Sie sich?« und »Warum sollen wir Sie einstellen?«, oder in umgekehrter Reihenfolge: »Was bekommen wir von Ihnen?« und »Was treibt Sie an?«, sind Motivfragen. Es geht um das Motiv des Auswählers (A): »Was habe ich davon, mich für Sie zu entscheiden?« und um Ihr Motiv als Bewerber (B): »Was bewegt Sie wirklich dazu, sich bei uns zu bewerben?«

Beide Fragen sind für den Auswähler, aber auch für den Bewerber wichtig, und zu streiten, welche davon im Vordergrund steht, welche noch ein bisschen wichtiger ist als die andere, wäre Zeitverschwendung.

Versuchen Sie es einmal selbst – ordnen Sie bitte die folgenden zehn Fragen dem Adam-und-Eva-Modell zu (notieren Sie »A« für Adam und »E« für Eva). Sie

DURCH GEZIELTEN SMALL TALK IM VORSTELLUNGSGESPRÄCH DIE KOMMUNIKATIONS- UND KONTAKTFÄHIGKEIT BEWEISEN

Auf andere offen und unverkrampft zugehen, auf angenehm ungezwungene Weise ins Gespräch kommen, eine gute Atmosphäre schaffen, seine Kontakt- und Kommunikationsfähigkeit unter Beweis stellen … wer möchte das nicht?

Nicht nur bei der Wahrnehmung von Karrierechancen spielen Souveränität, soziale Kompetenz und emotionale Intelligenz im Umgang mit anderen eine entscheidende Rolle. Networking, PR in eigener Sache, Mobilisierung von Sympathie und kommunikative Intelligenz sind Verhaltensweisen, auf die es heutzutage immer mehr ankommt. Wer das Richtige im rechten Moment zu sagen weiß, ist im Vorteil und profitiert, im Leben ganz allgemein und in der Arbeitswelt im Besonderen. Die Fähigkeit zum Small Talk ist ein wichtiger Baustein für denjenigen, der beruflich, aber auch sonst im Leben Erfolg haben will. Das trifft auch auf Ihr Vorstellungsgespräch zu. Dennoch wird der Small Talk von vielen Bewerbern in seiner enormen Bedeutung völlig unterschätzt und sträflich vernachlässigt.

Bestimmt haben Sie sich gut vorbereitet. Mit Fragen wie »Was wissen Sie denn über unser Unternehmen?« wird man Sie nicht aus dem Konzept bringen können.

Nehmen wir einmal an, der Termin Ihres Vorstellungsgesprächs ist für 15 Uhr angesetzt. Nun stehen Sie um fünf vor drei vor der Empfangsdame: »Guten Tag, ich bin Heiko Richter. Ich habe um drei ein Gespräch mit der Personalchefin, Frau Büchner.« »Guten Tag, Herr Richter, schön, dass Sie hier sind. Frau Büchner bat mich, Ihnen mitzuteilen, dass sie eine Viertelstunde später eintreffen wird. Sie musste überraschend einen Außentermin wahrnehmen. Möchten Sie so lange warten oder haben Sie in der Zwischenzeit noch etwas in der Nähe zu erledigen?«

Der Teufel müsste Sie reiten, wenn Sie in dieser Situation antworteten: »Oh, ich glaube, dann gehe ich bei dem schönen Wetter so lange spazieren.« Sie würden sich als Einsiedler outen, wenn Sie lieber dreimal um den Block marschierten, als mit der Dame vom Empfang zu plaudern. Wenn Sie sich also fürs Bleiben entscheiden, wird man Ihnen vermutlich als Nächstes einen Kaffee anbieten, den Sie dankend annehmen. Aber worüber sprechen Sie nun?

Falls der Empfang nicht gerade im Keller liegt, könnten Sie die schöne Aussicht bewundern: »Ich beneide Sie um den tollen Spreeblick. Wie geht Ihnen das? Freuen Sie sich noch über diesen genialen Standort oder findet man das irgendwann ganz normal?« Oder: »Aber das wirkt hier alles noch ganz neu! Sieht aus, als sei dieses Bürogebäude gerade erst eröffnet worden. Ist das richtig?«

Nun haben Sie Ihrer Gesprächspartnerin mehr als genug Small-Talk-Anknüpfungspunkte geliefert. Fühlen Sie

können nach der Zuordnung zum Adam- oder Eva-Fragetyp ruhig auch schon einmal für sich ausprobieren, was Sie auf die jeweiligen Fragen antworten würden. Das muss noch nicht schriftlich geschehen, sondern reicht erst einmal »im Kopf«.

1. Was unterscheidet Sie von den anderen Kandidaten, die sich beworben haben?

2. Wie lange, denken Sie, brauchen Sie für die Einarbeitungszeit?

3. Warum haben Sie sich für den Beruf des … entschieden?

4. Was hat Sie bewogen, sich bei uns zu bewerben?

5. Welches Problem haben Sie in der letzten Zeit erfolgreich gelöst?

6. Sind Sie ein gutes Vorbild?

7. Würden Sie sich als einen geduldigen, ausdauernden Menschen beschreiben?

8. Wie sollte Ihr Vorgesetzter sein?

9. Was stört Sie an Ihrer jetzigen Aufgabe?

10. Wie kommt es, dass Sie sich uns heute vorstellen?

Die Auflösung finden Sie auf S. 49.

sich nicht verpflichtet, die Sekretärin pausenlos zu unterhalten, denn sie wird auch anderes zu erledigen haben. Falls Sie sich also zwischenzeitlich in der Sitzecke niedergelassen haben und die Empfangssekretärin freundlich zu Ihnen herüberlächelt, können Sie noch etwas Nettes nachschieben wie: »Der Kaffee schmeckt übrigens ausgezeichnet! Vielen Dank!« Und während Sie da nun eine knappe halbe Stunde in der Eingangshalle sitzen, zieht vermutlich ein Großteil der Belegschaft an Ihnen vorbei. Auch das ist ein sehr wichtiger Beurteilungsaspekt, denn schließlich gewinnen Sie einen ersten Eindruck von Ihren potenziellen zukünftigen Kollegen.

Irgendwann öffnet sich dann auch die Fahrstuhltür und die Personalchefin, Frau Büchner, tritt heraus. Sie wird Sie um Verständnis für die Verspätung bitten und Sie zu ihrem Büro führen. Und wieder ist Small Talk angesagt. Zwar gibt es ein paar Personalverantwortliche, die Bewerber gleich zu Beginn mit Äußerungen wie »Gut, fangen wir gleich an. Was wollen Sie von mir wissen?« überraschen. Die Regel ist allerdings ein »sanfter« Einstieg: »Willkommen in Berlin, Herr Richter! Ich hoffe, Sie hatten einen guten Flug. Wobei man bei den Pilotenstreiks in letzter Zeit gar nicht so sicher sein kann, dass man sein Ziel noch am selben Tag erreicht! Ich weiß aus Ihren Bewerbungsunterlagen, dass Sie zurzeit im wunderschönen München leben. Und da erwägen Sie allen Ernstes einen Umzug ins hektische Berlin?«

Da Sie nicht so verbohrt sind und nur von sich erzählen, gehen Sie am besten zunächst auf Frau Büchners Anspielung auf die bayerische Hauptstadt ein. »Herzlichen Dank zunächst einmal für Ihre freundliche Einladung. Ihren Worten entnehme ich, dass Sie München kennen. Sind Sie häufig dort?« Nun wird Frau Büchner kurz die Bayerische Staatsoper loben, und Sie nutzen im Gegenzug die Gelegenheit, Ihre Neugier auf das pulsierende Berlin zu betonen. Zwei oder drei Sätze müssen jeweils reichen, denn dieser Small Talk vor dem eigentlichen Bewerbungsgespräch soll Ihnen im Wesentlichen

helfen, die erste Nervosität abzulegen. Allzu lang darf diese Plauderei also nicht dauern. Natürlich möchte man auch Ihr Kommunikationstalent testen, aber anschließend interessiert dann doch, was Sie sonst noch Konkretes zum Unternehmenserfolg beitragen wollen.

Trotzdem: Versäumen Sie es nicht, sich für die Einladung zum Vorstellungsgespräch zu bedanken. Und wenn möglich: Loben Sie die gute Organisation, das freundliche und bemühte Sekretariat, gegebenenfalls das Entgegenkommen bei einer Terminfindung oder die Unterstützung durch Anreiseskizzen und Hotelbuchung etc. Sie wissen ja, mit Komplimenten öffnet man die Herzen (Stichwort »Schlüssel«, s. S. 16).

Das ist wirklich wichtig: Nehmen Sie die Chance für einen »sanften«, auch durch Small Talk geprägten Einstieg aktiv wahr!

Und nun folgt gleich die nächste Herausforderung für Sie: Stellen Sie sich bitte wieder die Situation vor, in der Sie die Verantwortung für die Personalauswahl tragen und sich für einen von drei Bewerbern entscheiden müssen. Während Sie vorhin allen nur die gleichen zwei Fragen stellen durften:

- »Warum bewerben Sie sich?« und
- »Warum sollen wir uns für Sie entscheiden?«,

wird es jetzt noch schwieriger. Diese beiden Fragen sind »verbrannt«, Sie dürfen sie nicht mehr stellen und müssen jetzt sogar mit nur einer einzigen Frage auskommen, die Sie wieder allen Bewerbern gleich stellen müssen. Wie würde wohl diese eine Frage aussehen?

Es geht uns hier um die wirklich zentrale Frage des Vorstellungsgesprächs. Was meinen Sie, für welche Superfrage (Was steht über einem Königspaar, über Adam und Eva? Vielleicht ein Kaiser …?) entscheiden Sie sich? Bitte schreiben Sie Ihre Frage an die drei Bewerber gleich hier auf:

Aus unserer Sicht handelt es sich bei der Superfrage um ein eher philosophisch anmutendes Thema:

¿ǝᴉS puᴉs ɹǝM

Im Vorstellungsgespräch wird diese Frage meistens »übersetzt« und in einen der folgenden Sätze eingekleidet:

- »Wir wollen Sie gerne kennenlernen, erzählen Sie uns etwas über sich.«
- »Bitte schildern Sie uns Ihren Werdegang (Ihren Lebenslauf, Ihre berufliche Entwicklung etc.).«
- Manchmal lautet die Frage sogar so: »Na, und wovon wollen Sie uns denn nun eigentlich überzeugen?«

Es liegt jetzt an Ihnen, darauf in einer für Sie vorteilhaften Weise zu antworten. Deshalb kommt es insbesondere bei dieser Frage auf eine gute, wohldurchdachte Vorbereitung an.

Um das zu verdeutlichen, haben wir Ihnen bereits auf S. 42 und 43 drei Bewerber und ihre Antworten vorgestellt. Sie sollten entscheiden, wer Sie in der Beantwortung dieses Fragenkomplexes mehr überzeugt … Sie erinnern sich? Es ging um die Besetzung der Position eines Chefkoches … und um die Herausforderung, nicht irgendetwas zu erzählen.

Sie sollten sich also schon Gedanken gemacht haben, was Sie von sich, von Ihrer Kompetenz, Leistungsmotivation und Persönlichkeit (KLP), dem Gesprächspartner vermitteln möchten.

Sie wollen überzeugen, dass Sie etwas Besonderes können (K), hoch leistungsmotiviert (L) und absolut vertrauenswürdig sind und deshalb auch bestens ins Team passen (P).

Findet Ihr Gegenüber Sie sympathisch, ist er bereit, Ihnen zu vertrauen (P) und Ihnen dadurch auch etwas zuzutrauen (L) – nämlich die Lösung der anstehenden Aufgaben und Probleme (K). Und schon bekommen Sie den Job!

Beruflicher Werdegang

So sicher wie das Amen in der Kirche ist im Vorstellungsgespräch die Frage nach Ihrem beruflichen Werdegang!

Neben der Entwicklung eines Kommunikationsziels und den daraus abgeleiteten Botschaften und der überzeugenden Argumente ist es also unbedingt notwendig, sich einen präsentablen beruflichen Werdegang (= Lebenslauf) »zurechtzulegen«. Wenn wir das hier etwas distanziert formulieren, dann deshalb, um Ihnen zu verdeutlichen: Es geht nicht um absolute Wahrheitsfindung oder so etwas wie Selbstreflexion. Schließlich liegen Sie nicht auf der Couch beim Psychoanalytiker oder sitzen im Beichtstuhl. Sie sollen einer anderen Person schnell und prägnant wichtige Stationen Ihrer beruflichen und auch sonstigen Entwicklung vermitteln. Da darf es gerne einen roten Faden geben, es sollte interessant und logisch schlüssig klingen. Selbstzweifel und Irrwege, die auch Sie sicherlich erlebt haben dürften, sind hier nicht erwünscht.

Dass dieser komprimierte »Lebensverlauf« in einem klaren Zusammenhang mit dem von Ihnen erarbeiteten Kommunikationsziel sowie den Botschaften und Argumenten steht, ist hoffentlich einsichtig. Damit Sie das Ganze gut erzählen können und der Unterhaltungswert für Ihre Zuhörer im Vorstellungsgespräch wirklich angenehm ist, müssen Sie im Prinzip drei Versionen vorbereiten:

- eine 1-minütige (Überblicks-)Kurzversion
- eine etwa knapp 2- bis 3-minütige
- eine noch etwas längere (ca. 4 bis 6 Minuten)

Diese drei Versionen sollten Sie bitte nicht schriftlich ausformulieren, sondern nur die wichtigsten Stichworte aufschreiben.

Der Aufbau sollte so gestaltet sein, dass Sie alle drei Versionen miteinander kombinieren können, also z. B. alle wichtigen Eckdaten in einer Minute abhandeln, aber weitere 2 bis 5 spannende Minuten erzählen können.

Die 8 größten Irrtümer bezogen auf Vorstellungsgespräche

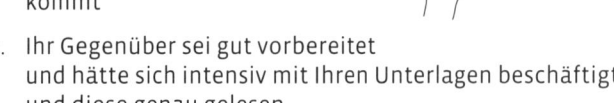

Zu glauben, …

1. Sie hätten es immer mit Profis zu tun, die wüssten, worauf es ankommt

2. Ihr Gegenüber sei gut vorbereitet und hätte sich intensiv mit Ihren Unterlagen beschäftigt und diese genau gelesen

3. Alle Arbeitgeber sowie Personaler wüssten, wie man Vorstellungsgespräche professionell führt

4. Was im Vorstellungsgespräch alles so gesagt wird, sei auch genau so gemeint

5. Wenn man einmal selbst dran sei mit dem Fragenstellen, dürfe man auch alles erfragen / nachfragen

6. Nach einem (vermeintlich) schlechten Vorstellungsgespräch hätte man so gut wie keine Chance mehr auf den Job

7. Nach dem Vorstellungsgespräch könne man nichts mehr machen, um seine Chancen zu verbessern

8. Sie bekämen eine ehrliche Antwort auf die Frage, warum man einen anderen Kandidaten bevorzugt habe

Auflösung zu den Fragen von S. 47:
1 E, 2 E, 3 A, 4 A, 5 E, 6 E, 7 E, 8 A, 9 A, 10 A

DIE RICHTIGE EINSTELLUNG

Geht es Ihnen auch so? Erleben Sie sich in der Rolle eines bemühten Bittstellers, der versucht, einen Arbeitgeber davon zu überzeugen, der richtige Kandidat für eine bestimmte Aufgabe zu sein?

Sollten Sie aber nicht! Machen Sie Schluss mit dieser einseitigen Bittstellerhaltung. Erarbeiten Sie sich ein neues (Selbst-)Bewusstsein und Selbstwertgefühl als Basis Ihrer erfolgreichen Vorstellungsgesprächsstrategie.

Aus der richtigen Perspektive betrachtet sind Sie auf dem Arbeitsmarkt ein Unternehmer bzw. eine Unternehmerin.

Auf diesem Arbeitsmarkt müssen Sie mit Ihrem Produkt Ihre potenziellen Kunden überzeugen. Um Ihr Produkt erfolgreich an den Käufer zu bringen, sollten Sie deshalb Marktforschung betreiben.

Nun ist Ihr Produkt kein Gegenstand, sondern eine Dienstleistung. Es handelt sich um Ihr Know-how, Ihr spezielles Fachwissen, Ihre Problemlösungskompetenz, Ihre Arbeitskraft. Warum soll ein Kunde (klassisch ausgedrückt: Arbeitgeber) ausgerechnet Ihr Produkt, Ihre Dienstleistung, Ihr Know-how kaufen?

Diese Frage stellt sich jeder Unternehmer angesichts der Vielzahl an Bewerbern. Es geht für Sie im Vorfeld also um eine Produkt- und Käufer-

analyse und um die Marktchancen, die sich aus den Bedürfnissen der Käufer und den Möglichkeiten der Anbieter ableiten lassen.

Mit anderen Worten: Auf welchem Gebiet liegen Ihre Fähigkeiten und Stärken und wo sind die Arbeitsplatzanbieter, die genau diese Eigenschaften »einkaufen« möchten, die Ihnen einen ordentlich bezahlten Arbeitsplatz anbieten können?

Warum soll ein Kunde (Arbeitgeber) sich für Ihr Produkt (Ihr Know-how, Ihre Fähigkeiten) interessieren und bereit sein, z. B. 36.000 Euro plus Nebenkosten (da kommen schnell zusätzlich 25.000 bis 30.000 Euro und mehr zusammen) pro Jahr zu bezahlen?

Es liegt auf der Hand: Sie werden im Vorstellungsgespräch früher oder später aufgefordert, Ihre berufliche Entwicklung zu schildern. Wer dann in Ermangelung einer guten Vorbereitung damit anfängt, nochmals seinen Namen und das Geburtsdatum sowie den Geburtsort zu stammeln, dann mit dem Grundschulbesuch weitermacht, erklärt, dass seine Eltern umzogen sind usw., der langweilt und verspielt seine Chancen.

Aus diesem Grund müssen Sie Ihr Kommunikationsziel sorgfältig aussuchen und vorbereiten und darüber hinaus wissen, wie Sie sich beim Stichwort beruflicher Werdegang (oder aber auch ganz allgemein formuliert: »Bitte erzählen Sie uns etwas über sich«) präsentieren wollen.

Ein Kommunikationsziel zu entwickeln und daraus Ihre Botschaften und Argumente abzuleiten (KBA), ist das Herzstück Ihrer Vorbereitung auf Ihr Vorstellungsgespräch.

ÜBERBLICK, EINBLICK, AUSBLICK

Was kann Ihnen bei der Vorbereitung auf Ihr Vorstellungsgespräch wirklich helfen?

Jetzt geht es uns darum, Ihnen einige sehr effiziente Erklärungs- und Orientierungsmodelle an die Hand zu geben. Ziel ist es, Ihrem Gegenüber etwas von sich zu vermitteln, um so eine Entscheidung in Ihrem Sinne zu unterstützen. Inhaltlich geht es vordergründig vor allem um beruflich relevante Informationen, nicht weniger aber auch um sehr persönliche Dinge, die man von Ihnen als Bewerber wissen möchte. Es geht um die Frage: Wirken Sie sympathisch und vertrauenswürdig?

Ausgangspunkt und Basis dafür, einen neuen Job zu bekommen (auf einer Metaebene, und damit hilfreich für jedes dieser hier gleich vorgestellten vier Modelle), ist vorab die Definition Ihres **Kommunikationsziels**, die daraus folgende Ableitung von **Botschaften** und die Überlegung, wie Sie **argumentieren** wollen, um Ihre Botschaften mittels kleiner Geschichten und Beispiele zu unterfüttern, damit diese genau das belegen, was Ihre Botschaften an Ihr Gegenüber sind. Soweit waren wir schon …

Stellen Sie sich einmal vor, Sie seien auf einer langen Wanderung durch eine Ihnen unbekannte, menschenleere Gegend. Nach Tagen (oder vielleicht auch nur Stunden) kommt Ihnen jemand entgegen … Wie werden Sie reagieren? Sie freuen sich, vielleicht ist es auch ein Wanderer wie Sie. Die naheliegenden Fragen, die Sie Ihrem Gegenüber stellen werden, sind sicherlich dieser Art:

- *Woher kommen Sie und was haben Sie erlebt?*
- *Wofür stehen Sie und was für ein Mensch sind Sie?*
- *Wohin geht Ihre Reise, was haben Sie für ein Ziel?*

Das ist bei einem Vorstellungsgespräch jetzt für Sie nicht viel anders. Die einfachste, sofort einleuchtende Orientierung ist die folgende:

Vergangenheit – Gegenwart – Zukunft (VGZ)
Sie erzählen (sehr bewusst und ausgewählt), …

1. woher Sie kommen und was Sie bisher geleistet haben,
2. wofür Sie stehen, Ihre Werte und wie Sie »funktionieren«,
3. was Sie alles versprechen, zukünftig im Job / in der Position zu leisten.

Es ist gut zu wissen, was die **Weichensteller** sind, warum jemand einen Job bekommt oder nicht … Sie wissen es ja bereits:

Weichensteller »KLP«
Die entscheidenden Weichensteller für oder gegebenenfalls auch leider gegen Sie als den »Auserwählten« sind etwas vereinfacht ausgedrückt:

a) Ihr Kompetenzhintergrund
b) Ihre Leistungsmotivation
c) Ihre Persönlichkeit (Wesensart)

Die vier hier aufgeführten Modelle (zwei hatten wir, VGZ und KLP, die nächsten beiden folgen jetzt) helfen Ihnen dabei, Ihr Kommunikationsziel, Ihre Botschaft und Ihre Argumentation zu füllen.
Darauf wird – neben dem KLP-Weichensteller – auf Folgendes geachtet:

Die entscheidenden vier Ebenen

Man kann sagen, Sie werden als Bewerber von den Auswählern »gescannt«. Der Schwerpunkt liegt klar auf Ihrer »Persönlichkeit« – noch etwas einfacher ausgedrückt: Kann man Ihnen vertrauen und damit die Aufgabenlösung (den Job) zutrauen?

Dabei geht es um das, was Sie zu den wichtigsten vier Ebenen über bzw. von sich vermitteln:

- Ihr **S**ozialverhalten = Umgang mit Menschen
- Ihre berufliche **O**rientierung = Macht- und Leistungsanspruch
- Ihr **A**rbeitsverhalten = Arbeitsweise und -stil
- Ihre **p**sychische Konstitution = stabil oder labil, sympathisch oder unsympathisch

Gut zu merken als **SOAP**. Diese vier Ebenen sind sehr stark an Ihrer Persönlichkeit (Charakter/Wesensart) orientiert. Im Internet unter ***www.berufsstrategie-plus.de*** finden Sie eine ausführliche Beschreibung der wichtigsten Persönlichkeitsmerkmale, die mit dem SOAP-System abgefragt werden.

Die 9-Felder-Matrix

Wenn Sie die Bedeutung von KLP und VGZ verstanden haben, müssten Sie sofort mit der 9-Felder-Matrix (s. u.) etwas anzufangen wissen. Hieran kann man gut aufzeigen, dass sich die Vorbereitung auf das Vorstellungsgespräch in einem überschaubaren Rahmen bewegt. Jedem dieser neun Felder können Sie Fragen (von der Arbeitsplatzanbieterseite), aber eben auch Ihre Antworten zuordnen. Und auf diese Weise wird das bevorstehende Gespräch für Sie gut erfassbar, was bedeutet: Sie können sich bestens darauf vorbereiten.

Die 9-Felder-Matrix ist der Schlüssel zu Ihrer Gesprächsvorbereitung, aber auch gleichzeitig die Antwort auf alle Fragen. Beschäftigen Sie sich damit – es lohnt sich wirklich!

Bei jedem Feld zu bedenken: Kommunikationsziel? Wie lauten Ihre Botschaften? Welche Argumente (Geschichten/Beispiele) belegen das?	**Vergangenheit** Erfahrungen	**Gegenwart** Heutige Werte	**Zukunft** Versprechen
Kompetenzen Fachkompetenzen Bildungsstand Problemlösungskompetenz strategische Kompetenz	Was sind Ihre beruflichen Erfahrungen? Welche Fachkompetenzen haben Sie sich in der Vergangenheit angeeignet? Was haben Sie gelernt?	Mit welchem Fachgebiet/Thema beschäftigen Sie sich derzeit? In welchen Bereichen sind Sie fit?	Welche Fachkompetenzen werden Sie sich in Zukunft noch aneignen? Haben Sie klare Vorstellungen von dem, was Sie lernen möchten?
Leistungsmotivation Ihre berufliche Orientierung Macht- und Leistungsanspruch Ihr Arbeitsverhalten Arbeitsweise und Stil	Wie haben Sie in der Vergangenheit gearbeitet? Wie haben Sie Ihre Ziele erreicht? Was können Sie vorweisen?	Durch welche Arbeitsweise und -stil zeichnen Sie sich heute aus? Was sind Ihre aktuellen Ergebnisse/Ziele?	Wo wollen Sie hin? Wie entwickelt sich Ihr Leistungsanspruch? Wird sich Ihr Arbeitsstil ebenfalls weiterentwickeln?
Persönlichkeit Ihr Sozialverhalten Umgang mit Menschen Ihre psychische Konstitution stabil oder labil sympathisch oder nicht	Gab es schwierige Phasen in Ihrem Leben, die Sie erfolgreich gemeistert haben? Und vor allem: wie? Gab es Streit/Konflikte?	Wofür stehen Sie persönlich – hier und heute? Für welche Werte?	Wie wird Ihre private und berufliche Persönlichkeitsentwicklung aussehen? Welche Prioritäten setzen Sie in den nächsten Jahren?

DIE WICHTIGSTEN FRAGEN IM ÜBERBLICK

Die drei wichtigsten Fragen des Vorstellungsgesprächs kennen Sie jetzt. Die Anzahl der weiteren möglicherweise an Sie gestellten Fragen ist Gott sei Dank begrenzt, geradezu überschaubar – es sind etwa 100 Stück. Auch die lernen Sie hier im Buch in Ihrem Vorbereitungsprogramm kennen. Sie können und sollten sich Ihre Antworten dazu vorab gut überlegen.

Wenden wir uns jetzt zunächst den wichtigen 12 Fragen zu. Die ersten drei kennen Sie schon …

1. Erzählen Sie uns etwas über sich.

2. Warum bewerben Sie sich für diese Position/in unserem Unternehmen?

3. Warum sind Sie der/die richtige Kandidat/-in?

Aber auch die folgenden Fragen müssen von Ihnen sorgfältig vorbereitet werden:

4. Was erwarten Sie für sich/von uns/dem Arbeitsplatz/der Aufgabe?

5. Was sind Ihre Stärken, was Ihre Schwächen?

6. Worauf sind Sie stolz, was sind Ihre Erfolge, was Ihre Misserfolge?

7. Was möchten Sie in 3/5/10 Jahren (kurz-/mittel-/langfristig) erreicht haben?

8. Warum haben Sie diesen Beruf/diese Aufgabe/diesen Bereich gewählt?

9. Wo lagen bisher und wo liegen jetzt Ihre Arbeitsschwerpunkte?

10. Wie verbringen Sie Ihre Freizeit?

11. Welche Fragen haben Sie an uns?

12. Welche Gehaltsvorstellungen haben Sie?

Wer immer Sie sind und egal für welche Art von Tätigkeit und Position Sie sich bewerben – die Wahrscheinlichkeit, dass Sie mit diesen 12 Fragen (eigentlich sind es sogar mehr, wenn Sie die verschiedenen Varianten durchzählen) konfrontiert werden, ist wirklich sehr groß. Bereiten Sie Ihre Antworten sorgfältig und ausführlich vor. Es ist schon erstaunlich, dass viele Kandidaten bei diesen elementaren Fragen häufig nur eine klägliche Antwort zurechtstottern können und damit einen äußerst schwachen Eindruck hinterlassen.

Bevor wir uns den weiteren Verlauf so eines Vorstellungsgesprächs genauer ansehen, wollen wir Ihnen noch etwas verdeutlichen: Sie sehen unten zwei Bilder, die die Vorstellungsgesprächssituation symbolisieren. Sie sind der Auskunft gebende Kandidat (links), Ihr Gegenüber (rechts) hat Ihnen Fragen gestellt und hört Ihnen zu. Welches Bild verdeutlicht diesen Vorgang zutreffender – das 1. Bild oder das 2. Bild?

1. Bild

2. Bild

Die Antwort lautet: das 2. Bild.

Was wollen wir Ihnen damit verdeutlichen?

Sie haben vielleicht bisher gedacht, die wichtigsten Organe Ihres Gegenübers seien dessen Ohren als direkter Weg ins Zentrum seines Verstandes. Diese beiden, Ohren und Verstand, wollten Sie mit Ihren Antworten und Argumenten unbedingt erreichen, um eine Entscheidung in Ihrem Sinne zu bewirken. Klingt ja auch ganz logisch, nur: Personalentscheidungen werden in der Regel nicht mit dem Kopf (sprich: Verstand) getroffen, sondern mit dem Bauch. Sie können es auch Herz, Gefühl oder anders nennen.

An dieser Stelle hören wir förmlich die Personalentscheider aufheulen oder doch zumindest aufstöhnen. Aber nach über 30 Jahren Erfahrung im Bewerbungsbereich versichern wir Ihnen: Personalentscheidungen sind (in der Regel, und Ausnahmen bestätigen die Regel) zutiefst irrationaler Natur, also nicht verstandesgebunden. Sie werden viel häufiger aus dem Bauch heraus, also gefühlsgesteuert getroffen, als das zugegeben wird.

Sie werden sich sicher auch schon über die eine oder andere Personalentscheidung gewundert und sich gefragt haben, was die Verantwortlichen sich wohl dabei dachten und wie es nur zu dieser Entscheidung kommen konnte.

Der beste Ansatzpunkt, um Ihren Gesprächspartner im Vorstellungsgespräch zu überzeugen, der direkte Zugang zu Ihrem Gegenüber ist dessen Herz bzw. die Gefühlsebene. Es ist das Gefühl, Sie können es auch »Bauch« nennen, das dem Verstand signalisiert: Das ist der oder die Richtige. Und der Verstand findet dann schon die passenden Argumente, um die Entscheidung zu rechtfertigen (sprich: zu rationalisieren).

So funktioniert nicht nur die Konsumwerbung, sondern so funktionieren eben auch Personalentscheidungen. Denken Sie bloß mal an die letzte Bundestagswahl: Wie der Kandidat auftritt, wie er etwas sagt oder rüberbringt, ist x-mal wichtiger als der Inhalt. Kurzum: Die Verpackung macht's (und auf Ihr Outfit kommen wir natürlich im Verlauf dieses Buches auch noch zu sprechen). Wie Sie das bei Ihrer Performance, bei Ihrem Vorstellungsgesprächsauftritt und bei Ihren Antworten berücksichtigen, erklären wir Ihnen später.

FALLEN

Die 7 gefährlichsten Fallen bei Vorstellungsgesprächen

Anzunehmen, …

1. Wenn man Sie erst einmal kennengelernt habe, werde man Sie auch mögen und schätzen

2. Sie müssten unbedingt Ihr Gegenüber von Ihrem Wissen und Können überzeugen

3. Ein Profi müsse ein Vorstellungsgespräch auch besonders gut führen können

4. Ein Vorstellungsgespräch vermittle einen halbwegs objektiven Eindruck über das Leistungspotenzial eines Bewerbers

5. Dass Sympathie und Antipathie keinen oder nur einen sehr geringen Einfluss hätten

6. In jeder Branche herrschten die gleichen Stil- und Sprachregeln

7. Allein die Wahrheit würde Ihnen schon ausreichend weiterhelfen

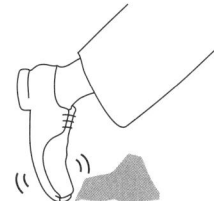

FRAGETYPEN UND FRAGEFORMEN

Bevor wir zum inhaltlichen Ablauf eines Vorstellungsgesprächs und den konkreten Fragen kommen, möchten wir Ihnen zunächst die vier wichtigsten Fragetypen vorstellen:

1. Faktenfragen
2. Erzählfragen
3. Beurteilungsfragen
4. Handlungsfragen

1. Faktenfragen

Wie der Name schon sagt, werden hier schlicht Fakten abgefragt, z. B.:

- »Wo haben Sie nach Ihrer Ausbildung gearbeitet?«
- »Wie lange waren Sie bei der Firma XYZ beschäftigt?«
- »Was sind aktuell Ihre wichtigsten Arbeitsaufgaben?«

Hier sollten Sie nicht lange um den heißen Brei herumreden, sondern kurz und knapp auf den Punkt kommen. Also nicht: »Ach ja, die Firma XYZ. Mein Gott, wenn ich an diese Zeit zurückdenke! Kennen Sie da den Abteilungsleiter, Herrn Schmidt, den mit dem weißen Haar? Der hat mir mal sehr imponiert, als er kurz entschlossen … blabla blabla.« Ermüden Sie Ihr Gegenüber nicht mit unwichtigem Geplapper. Verhindern Sie, dass man Sie als Schwätzer einstuft.

LERNTEST

1. Lerntest: Ihr Wissensstand zum Vorstellungsgespräch

Achtung! Es können auch mehrere Antworten richtig sein.

Wie lange sollten Sie gleich zu Beginn eines ersten Vorstellungsgespräches über sich reden und Auskunft geben können?

a) Mindestens 30 Sekunden
b) Mindestens eine Minute
c) Besser 2–3 Minuten
d) Auch gut und gerne 5 Minuten
e) Deutlich länger als 5 Minuten
f) Etwa 10–15 Minuten

Falsche Ankreuzung gibt Punktabzug!
Die richtige Lösung finden Sie im nächsten Lerntest auf S. 61.

2. Erzählfragen

Man möchte Sie gerne zum Reden bringen, um möglichst viel von Ihnen zu erfahren, um sich ein Bild von Ihnen machen zu können und um zu sehen, was Sie von sich preisgeben. Typische Fragen aus dieser Kategorie lauten:

- »Erzählen Sie uns doch einmal etwas von sich. Wir möchten Sie gern näher kennenlernen.«
- »Wie kam es denn zu Ihrer Bewerbung bei unserem Unternehmen?«
- »Was sind eigentlich Ihre größten Stärken und Schwächen?«

Anders als beim ersten Fragetyp geht es bei der Erzählfrage darum, etwas ausführlicher zu werden und nicht nur kurz ein, zwei Sätze anzubieten. Wenn man meint, genug von Ihnen gehört zu haben, dann signalisiert man das schon deutlich. Diese Art der Fragen dient dazu abzuchecken, wie leicht oder schwer es ist, mit Ihnen ins Gespräch zu kommen, kurz: wie es um Ihre kommunikativen Fähigkeiten bestellt ist. Ein paar Minuten am Stück sollten Sie schon berichten bzw. erzählen können – das sollte auch kein Problem sein, wenn Sie sich entsprechend vorbereitet haben.

3. Beurteilungsfragen

Mit Bewertungs- und Einschätzungsfragen möchte man herausfinden, wie gut entwickelt Ihr Urteilsvermögen ist, ob Sie ein Gespür für Trends und Entwicklungen haben. Typische Einschätzungsfragen sind:

- »Was glauben Sie, wie wird sich der Benzin-/ Energiepreis langfristig entwickeln?«
- »Welche Maßnahmen sind geeignet, um den weiteren Preisverfall bei … einzudämmen?«
- »Wie beurteilen Sie die allgemeine wirtschaftliche Lage in unserer Branche?«

Wieder sind Ihre kommunikativen Fähigkeiten gefragt. Mit Antworten wie »Tja, gute Frage. Muss man mal sehen!« sammeln Sie keine Pluspunkte. Erläutern Sie ausführlich, wie Sie die Lage einschätzen und wie Sie zu Ihrer Beurteilung kommen.

Sehr ähnlich sind Bewertungsfragen, bei denen die Auswähler wissen wollen: Haben Sie eine eigene, fundierte Meinung und sind Sie auch mutig genug, diese zu vertreten, ohne sich erst zu vergewissern, ob Ihr Gegenüber dem zustimmt? Typische Bewertungsfragen sind z. B.:

- »Wie sehen Sie unsere Marktposition im Vergleich zur Konkurrenz?«
- »Stichwort Umweltschutz – sind Sie für eine Sonderabgabe?«
- »Was halten Sie von unserem neuen Produkt …?«

Es ist wichtig, dass Sie klar und deutlich Ihre Meinung kundtun. Seien Sie mutig und stehen Sie zu Ihrem vorgetragenen Standpunkt. Aber denken Sie daran, dass es sich wirklich nur um eine Meinung handelt. Geben Sie keine Statements ab, die den Eindruck vermitteln, Sie hätten »die Weisheit mit Löffeln gefressen« à la: »Sehen Sie, es ist doch folgendermaßen …« Sagen Sie besser: ›Ich persönlich denke …‹ oder: ›Meiner Meinung nach ist es so und so …‹ Damit bringen Sie zum Ausdruck, dass Sie eine eigene Ansicht haben, aber nicht rechthaberisch sind und durchaus andere Haltungen als die Ihre neben sich dulden.

4. Handlungsfragen

Um herauszufinden, ob Sie Probleme rasch analysieren können und schnell »auf des Pudels Kern« kommen, stellt so mancher Interviewer gern Handlungsfragen. Beispiele dafür sind:

- »Wie würden Sie die Marketingkampagne für einen neuen Joghurt planen?«
- »Was kann man tun, um die interne Kommunikation innerhalb eines Unternehmens zu verbessern?«
- »Was müsste unternommen werden, um unsere Kunden noch fester an uns zu binden?«

Fragen dieser Art sind typisch, um zu testen, wie Ihre analytischen und konzeptionellen Fähigkeiten sind. Denken Sie bei der Beantwortung daran, nicht alles im Alleingang zu bewältigen. Auch Delegationsbereitschaft und -fähigkeit sowie Teamorientierung könnten von Ihnen erwartet werden. Wie gelingt es Ihnen, andere mit einzubeziehen und zu motivieren? Auch daraufhin wird Ihre Antwort abgeklopft.

Oft geht es bei derlei Fragen weniger um Inhalte und ihre tatsächliche Umsetzbarkeit. Viel interessanter ist es herauszufinden, was für ein Typ Mensch Sie sind: Sind Sie kooperativ, verträglich und passen Sie gut ins vorhandene Team oder ist zu befürchten, dass Sie eher ein Querulant und recht eigenwilliger Kauz sind, womöglich Unruhe ins Unternehmen bringen?

Bei der zweiten Sorte von Handlungsfragen – und diese wird immer häufiger eingesetzt und ist klar die gefährlichere – bittet man Sie, doch einmal ganz genau zu erzählen, wie Sie in einem konkreten Fall vorgegangen sind, und zwar bitte sehr ausführlich, richtig im Detail. Sie dürfen gerne einen Moment überlegen und dann berichten. Zuvor versichert man sich bei Ihnen, dass Sie natürlich schon die eine oder andere Herausforderung erlebt haben in diesem Bereich, und wenn Sie dann anfangen zu erzählen, wird man darauf achten und Sie wiederholt auch erinnern, dass es um eine reale, selbst erlebte Geschichte aus Ihrer Arbeitspraxis gehen soll, die Sie jetzt vortragen.

Die typischen Themen dazu kommen aus den »Bereichen« Herausforderung und außergewöhnliche Ereignisse, Krisensituation etc. und lauten etwa so: Sie mussten …

- eine große Umstellung bewältigen – und wie gingen Sie dabei vor?
- eine besondere organisatorische Herausforderung bewältigen, wie gingen Sie vor?
- ein sehr ernstes Problem in den Griff bekommen, und wieder, wie gingen Sie dabei vor?
- einen Konflikt/Streit regeln …
- eine gemachte Zusage zurücknehmen …
- jemandem (z. B. Kollege/Mitarbeiter) eine schwere Enttäuschung zufügen …
- einen großen Schaden regulieren/abwenden …
- ein peinliches Missverständnis auflösen …
- jemandem eine kleine Lektion erteilen …
- jemandem einen Fehler nachweisen …
- jemanden motivieren, etwas ganz Besonderes zu tun …

Jetzt wird ganz genau zugehört und beobachtet. Was erzählen Sie und wie erzählen Sie es? Welche Rolle nehmen Sie ein, für welche Vorgehensweise haben Sie sich entschieden und warum und was war das Ergebnis, was haben Sie daraus gelernt, was würden Sie von heute aus betrachtet anders, eventuell auch besser machen? Oder was hätten Sie besser machen können und warum bzw. warum haben Sie nicht …?

Und natürlich von hier und jetzt betrachtet: Wie beurteilen Sie das Ganze, was haben Sie daraus gelernt, was würden Sie anders machen?

Um Sie hier bei dieser Fragenkategorie zu unterstützen, können wir Ihnen als Leitfaden das STAR-System empfehlen.

S = Situation (Wie war die Ausgangssituation/ Lage?)

T = Task (Herausforderung, worin bestand das Problem?)

A = Action (Aktion, was haben Sie unternommen?)

R = Result (Ergebnis, was konnten Sie erzielen, was aber gegebenenfalls auch nicht?)

ERWEITERTE FRAGEFORMEN

Neben den eben aufgeführten vier Fragetypen müssen wir Sie noch auf eine Besonderheit aufmerksam machen. In dieser Klarheit verdanken wir sie dem Personalpsychologen Eberhardt Hofmann und seinem Buch *Einstellungsgespräche führen – Bewerber aus der Reserve locken* (Neuwied 2002). Hofmann rät Personalauswählern, den Bewerbern deutlich schärfere Fragen zu stellen, da die meisten Fragen doch bei Hesse/Schrader bereits veröffentlicht seien (für dieses Kompliment bedanken wir uns hier artig). Nun präsentiert Hofmann in seinem Buch für Personalauswähler Spezialfrageformen, die einem unvorbereiteten Kandidaten sehr wohl zu schaffen machen können. Im Einzelnen handelt es sich um:

- Nach- und Konkretisierungsfragen
- Widerstands- und Kontrapunktfragen zum gängigen Stereotyp
- Enthüllungsfragen (zirkuläre, projektive, abstrakte Fragen)
- Spontan- oder Kreativfragen
- Ketten- oder mehrteilige Fragen

Nach- und Konkretisierungsfragen

Darunter ist eine Reihe von Nachfragen zu verstehen, die es dem Personalentscheider erleichtern sollen abzuschätzen, ob der Kandidat sich nur oberflächlich vorbereitet hat und eventuell sogar flunkert oder ob das von ihm Gesagte mehr persönliche Substanz enthält und somit halbwegs der Wahrheit und Arbeitsalltagsrealität entspricht. Ein Beispiel hilft, um dies zu verdeutlichen:

Wie Sie bereits wissen, kommt es vonseiten des Auswählers zu der Frage:

- »Warum bewerben Sie sich bei uns?«

Darauf bekommt der Personalauswähler eine mehr oder minder ausführliche Antwort des Bewerbers zu hören in Richtung:

- *»Ich suche eine neue Herausforderung …, habe Ihre Anzeige gesehen …, habe gehört …, kenne die Produkte/Dienstleistungen Ihres Unternehmens und möchte gerne bei Ihnen die Herausforderung annehmen …«*

Meistens wird hierauf wenig eingegangen und es folgt eine weitere Frage an den Bewerber. Was auch immer auf diese geantwortet wird – Personalpsychologe Hofmann schlägt vor, nachzufragen und sich alles konkret(er) erklären zu lassen. Also:

- »Helfen Sie mir bitte – wie muss ich mir Ihre Situation vorstellen?«
- »Warum suchen Sie …, lesen Sie die Stellenanzeigen?«
- »Wieso suchen Sie eigentlich eine neue Herausforderung?«
- »Was verstehen Sie unter einer neuen Herausforderung?«
- »In welcher Situation befinden Sie sich arbeitsmäßig momentan?«
- »Was konkret kennen Sie von uns …, haben Sie über uns gehört …?«

Was immer man gegen Sie und das von Ihnen Vorgetragene einwendet: Verstehen Sie es als kleinen Test und bleiben Sie gelassen, vielleicht ist es genau das, was man überprüfen wollte: Wie gehen Sie mit Stress um, wie reagieren Sie, wenn es ungemütlich wird …?

Die inhaltliche Qualität der Kandidatenantworten auf solche Nachfragen erlaubt, so Hofmann, eine bessere Einschätzung, ob es sich um »ehrliche« oder um eher nur taktische, also einstudierte Antworten handelt. Für Sie als Bewerbungskandidat liegt es daher auf der Hand, durch sorgfältige Vorbereitung und Flexibilität im Denken solchen Nachfragen souverän zu begegnen.

Widerstands- und Kontrapunktfragen zum gängigen Stereotyp

Nicht ganz zu Unrecht weist Personalpsychologe Hofmann darauf hin, dass z. B. die Frage: »Wie stehen Sie zur Teamarbeit?« stereotyp mit einer positiven, die Teamarbeit bejahenden Bewerberbewertung beantwortet wird. Was kann man schon anderes antworten, werden Sie sich zu Recht jetzt fragen, und selbst wenn Sie kein großer Freund von Teamarbeit sein sollten, halten Sie sich besser bedeckt. Das weiß aber auch die andere Seite, und um nun an Ihren Erfahrungskern zu gelangen, um herauszufinden, wie Sie wirklich darüber denken, muss sich der geschickte Ausfrager schon etwas mehr einfallen lassen.

Also empfiehlt der Personalpsychologe, an dieser und ähnlichen Stellen gründlich nachzuhaken, um z. B. mit folgenden Fragen dem Kandidaten besser »auf den Zahn fühlen«, ihn klarer einschätzen zu können:

- »Wo sehen Sie die Grenzen für Teamarbeit?«
- »Wann ist aus Ihrer Sicht Teamarbeit nicht angezeigt?«
- »Welche Rahmenbedingungen müssen nach Ihrer Erfahrung vorhanden sein, damit Teamarbeit erfolgreich sein kann?«
- »Teamarbeit bringt auch immer wieder Probleme mit sich. Wo sehen Sie die Hauptprobleme, die Knackpunkte?«
- »Kann man wirklich in vielen Fällen von Teamarbeit sprechen oder lügt man sich da nicht oftmals in die eigene Tasche?«

Anhand der Fragenbatterie merken Sie schon, dass Sie als Antwortender nicht mit einem so einfachen Statement wie: »Teamarbeit ist in der heutigen komplexen Arbeitswelt unbedingt notwendig und stets zu fördern« davonkämen. Sollten Sie darauf dennoch lediglich stereotyp positiv reagieren, würde man Sie bestenfalls für unerfahren im Umgang mit

Die 6 größten Gefahren, die bei einem Vorstellungsgespräch auf Sie lauern

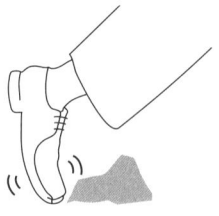

1. Die Phase der Vorbereitung zu unterschätzen, nicht ernsthaft genug die Recherchen zum Unternehmen und zum Markt zu betreiben

2. Bei Ihrem Auftritt Orientierungslosigkeit, Unsicherheit, Ratlosigkeitsgefühle aufkommen zu lassen

3. Die Anreise nicht ordentlich zu planen bzw. zeitlich und fahrtechnisch falsch einzuschätzen

4. Die »falsche« Kleidung beim Vorstellungsgespräch zu wählen (over- oder underdressed)

5. Das Internet zu ignorieren und das Telefon als strategisches Instrument nicht anzuerkennen

6. Wegen eines schlecht verlaufenen Vorstellungsgesprächs keine Nachfrage zu starten und sich nicht mehr zu trauen, sich zu melden

Teamarbeit oder sogar für etwas dumm halten. Hier ist also eine differenzierte Beantwortung notwendig, und dabei werden Sie – zumindest wenn Sie nicht ordentlich vorbereitet sind, das heißt genau wissen, was Sie vermitteln wollen (Kommunikationsziel, Botschaften und Argumente) – eine Menge von sich und Ihrer Wertewelt preisgeben.

Das muss ja nicht unbedingt immer schlimm sein, kann aber doch zu einem Problem werden, wenn Sie z. B. von Ihren negativen Erfahrungen im jetzigen oder vorherigen Arbeitsteam sprechen, von den Kollegen, die sich als Ideenklauer profiliert haben, den Vorgesetzten, die nicht durchblicken, der allgemeinen Ungerechtigkeit und überhaupt … Sie merken schon, was wir damit an Gefahren andeuten wollen.

Generell sollten Sie nie den Regelverstoß begehen, schlecht über andere zu sprechen. Hier einige Ansätze für Antworten auf die obigen Fragen:

- »Der Koordinierungsaufwand ist bei Teamarbeit nicht unerheblich.«
- »Teams benötigen eine längere Anlaufzeit, um produktiv zu werden.«
- »Es besteht immer die Gefahr, dass Einzelne ein Team dominieren.«
- »Konformitätseffekte können leichter in einer Gruppe auftreten.«

- »Entscheidungsprozesse können länger dauern, stets verschoben werden.«
- »Ein Einzelner kann sich als Trittbrettfahrer verstecken.«
- »Ein Profilneurotiker kann ein ganzes Team sprengen.«
- »Die Risikobereitschaft kann ungünstig erhöht sein.«

Das Konstruktionsprinzip der Widerstands- und Kontrapunktfragen lautet aus Sicht des Auswählers: Auf welche Fragen antwortet der Bewerber stereotyp wie alle anderen Kandidaten mit in etwa den gleichen Inhalten und Wertungen? Und wie reagiert er, wenn er genötigt wird, eine konträre Position zu formulieren oder zumindest zu kommentieren?

Hier wird nicht nur die Glaubwürdigkeit der Aussagen von Bewerbern überprüft, sondern auch deren geistige Flexibilität. Grund genug, sich vorher mit dieser Frageform zu beschäftigen. Entscheidend bleibt: Was wollen Sie von sich rüberbringen und wie geschickt positionieren Sie Ihren Standpunkt?

Enthüllungsfragen

Die nachfolgenden drei Fragetypen ähneln sich, greifen ineinander und sind ein ziemlich scharfes Arbeits- und Handwerkszeug in den Händen der Personalauswähler. Sie verdienen als Oberbegriff die Bezeichnung Enthüllungsfragen, weil der unbedarft Antwortende quasi eine Art von seelischem Striptease vollzieht. Man kann hier zirkuläre, projektive und abstrakte Fragen unterscheiden. Sie haben die Qualität eines Skalpells in der Hand eines Chirurgen. Also gut aufgepasst! Andererseits: Lassen Sie sich auch nicht zu sehr verunsichern. Wenn Sie gut vorbereitet sind und wissen, was Sie wie von sich vermitteln wollen, macht dies auch die schärfsten Fragen ziemlich stumpf.

Zirkuläre Fragen
Dieser Fragetyp ist besonders dann geeignet, so der Personalpsychologe, wenn es um die Selbsteinschätzung der Person, der Stärken und Schwächen des Bewerbers gehen soll. Schließlich habe sich jeder Kandidat beeindruckende Stärken ausgedacht und auch ein paar harmlose Schwächen zurechtgelegt, um diese Standardfragen eines Personalauswählers unbeschadet zu überstehen, warnt Hofmann seine Personalabteilungskollegen. Damit hat er sicherlich nicht Unrecht – und Sie werden nun eben zusätzlich noch lernen müssen, diesen Ausfragetrick angemessen zu parieren.

Statt als Auswähler direkt zu fragen: »Was können Sie gut, was weniger gut …?«, ist es nach Hofmann besser, den Bewerber mit einer der folgenden Formulierungen zu verblüffen:

- »Was schätzen Ihre Kollegen an Ihnen, was Ihr direkter Vorgesetzter?«
- »Was würde mir Ihr Chef über Sie nicht gerne so offen sagen?«
- »Was könnte ich im Arbeitszeugnis, das Ihr Vorgesetzter schreibt, über Sie lesen?«
- »Was mögen Ihre Kunden an Ihnen (nicht so) besonders gerne?«
- »Wie würde Ihr Vorgesetzter, Kollege, Ausbilder etc. Sie beschreiben?«
- »Was meinen/glauben Sie, würde derjenige/diejenige (Name der Person) über Sie sagen/denken/meinen in Bezug auf …?«

Das Fragesystem ist Ihnen jetzt klar. In der Tat haben wir es schon erlebt, dass Fragen dieser Art unsere in der Beratung vorbereiteten Kandidaten dazu verführt haben, unreflektiert »aus dem Nähkästchen zu plaudern«. In einer Prüfungs- und damit Stresssituation, was ja beim Vorstellungsgespräch beides der Fall ist, kann dieser kleine gedankliche Umweg (Was würde XY über Sie zum Thema Z sagen?) einen Bewerbungskandidaten ziemlich weit »öffnen«. Wenn dann noch nachgehakt wird mit der Frage »Warum, glauben Sie, würde Ihr Vorgesetzter Sie so und so einschätzen?«, müssen Sie als Bewerber schon sehr gut präsent sein, um nicht das Falsche, zumindest nichts Nachteiliges zu erzählen.

Projektive Fragen
Diese Kategorie ähnelt derjenigen der eben beschriebenen zirkulären Fragen. Auch mithilfe von projektiven Fragen will man etwas über Sie erfahren, das Sie normalerweise nicht preisgeben würden. Man fragt Sie vordergründig, was Sie glauben, wie eine bestimmte Person denkt, handeln würde oder etwas einschätzt. Statt also Sie direkt zu fragen, was Sie beispielsweise am liebsten in Ihrem Betrieb ändern würden oder richtig deutlich zu kritisieren hätten, bietet man Ihnen an, dies stellvertretend über oder durch eine dritte Person zu äußern. Z. B.:

- »Womit sind Ihre Arbeitskollegen zurzeit besonders unzufrieden?«
- »Welche Prioritäten bei der Arbeit haben Ihre Kollegen/der Vorgesetzte?«
- »Was, denken Sie, kritisieren Ihre Kunden an dem Unternehmen, der Dienstleistung, den Produkten etc. gelegentlich/öfter/am häufigsten?«
- »Beschreiben Sie bitte die Werte Ihres Vorgesetzten.«

- »Wie stehen Sie dazu?«
- »Warum denken Sie dies bzw. das (im Kontext zur vorherigen Frage und Ihrer Antwort dazu) etc.?«

Auch hier können Ihre Antworten intensiv hinterfragt und Sie um Konkretisierung gebeten werden.

Abstrakte Fragen

Eine weitere Möglichkeit, um Sie zum Erzählen zu bringen und bei Ihnen an viel »persönliches Material« zu gelangen, gewährleistet dieser Fragetypus. Statt Sie konkret nach etwas Bestimmtem zu fragen, bietet man Ihnen hier eine total offene Frage an:

- »Was ist Ihr Lebenstraum?«
- »Wovor fürchten Sie sich?«
- »Welche Ziele verfolgen Sie?«
- »Was ist Ihr Lebensmotto?«
- »Was sind Ihre Grundwerte?«
- »Was bedeutet Erfolg/Arbeit/Qualität etc. für Sie?«
- »Was können Sie nicht leiden, was treibt Sie zum Wahnsinn etc.?«
- »Worüber können Sie sich so richtig schön ärgern?«

Das Prinzip ist klar: Wer hier erzählt, macht in der Regel bedeutsame Aussagen über sich und seine (Werte-)Welt. Kurzum: Abstrakte Fragen sind der perfekte Persönlichkeitstest. Besonders mit der Mischung: erst eine ganz konkrete, dann eine abstrakte Frage, kann man Ihnen schon ziemlich zusetzen und Sie – wie es der Untertitel des Personalfachbuches verspricht – mit ziemlicher Sicherheit aus der Reserve locken. Gut, dass Sie sich jetzt darauf vorbereiten können.

Spontan- oder Kreativfragen

Eine Art Weiterentwicklung der abstrakten Fragen sind sogenannte Spontan-, Kreativ- und bisweilen auch »Gaga«-Fragen. Sie werden mitten im Vorstellungsgespräch aufgefordert (etwa so: »Jetzt einmal eine ganz andere Frage …«), möglichst schnell und spontan, aber eben auch einfallsreich und/oder kreativ zu antworten. Natürlich geht es dabei um den Überraschungseffekt und wie Sie damit umgehen. Man möchte Sie aus der Reserve locken und erleben, ob es Ihnen die Sprache verschlägt, Sie vielleicht sogar die Fassung verlieren oder eben ziemlich gelassen und humorvoll bleiben. »Wenn jetzt ein Bär zur Tür hereinkommen würde, was täten Sie, was würden Sie ihm antworten, wenn er Sie

auffordert mitzukommen?« ist noch eher harmlos. »Welche Küchenmaschine wären Sie am liebsten?« ist schon etwas schärfer. Entscheidend bleibt, nicht zu verstummen oder nur in Gelächter zu verfallen, sondern möglichst gelassen, humorvoll und intelligent diese Situation verbal zu kontern.

Ketten- oder mehrteilige Fragen

Dank dieses Fragetyps soll angeblich die »Mehrgleisigkeit« des Denkens eines Bewerbers überprüft werden können. Es geht hier um die clevere Beantwortung solcher Fragen wie:

- »Was war das bisher größte Problem in Ihrem Arbeitsleben und wie sind Sie damit umgegangen?«
- »Wie lange haben Sie gebraucht, um das Problem zu lösen? Wer oder was hat Ihnen dabei geholfen und welche Lehren für die Zukunft können Sie daraus ziehen?«

Mittels einer zwei- oder dreigliedrigen Frage will man sehen, welchen Teil Sie zuerst beantworten (Rangfolge) und welchen eventuell gar nicht. Es ist gut vorstellbar, dass es in dieser durch Anspannung gekennzeichneten Situation bei Ihnen nur zu Teilantworten kommt. Die Vorstellung, dass Ihr Gegenüber, der Personalauswähler, daraufhin auf die Idee käme, Sie wären vielleicht nicht ganz fit, ist natürlich beunruhigend.

Was also tun? Vor allem sollten Sie gut vorbereitet sein und während des Vorstellungsgesprächs darauf achten, ob Sie mit einem der oben genannten Fragetypen konfrontiert werden!

Auf den Punkt gebracht: Sie werden gefragt und antworten. Dazu gehört es, Beispiele und Geschichten aus Ihrem Arbeitsleben/Alltag erzählen zu können, die das, was Thema ist und Sie vermitteln wollen, gut veranschaulichen. Das gelingt sogar dem nicht Vorbereiteten halbwegs gut … vielleicht einmal, eventuell auch ein zweites Mal, aber dann … Und weil der Profi-Interviewer das weiß, fragt er nach einer dritten und auch vierten Geschichte. Ergo: sorgfältig vorbereiten!

STRATEGIEN UND TECHNIKEN, TIPPS UND TRICKS

Nachdem Sie alle aus Sicht des Arbeitsplatzanbieters relevanten Frageformen des Vorstellungsgesprächs bereits in der Übersicht lesen konnten, wollen wir im folgenden Abschnitt auf einen für Sie besonders wichtigen Aspekt eingehen, nämlich auf die generelle Technik, wie man als Bewerber in der Vorstellungsgesprächssituation Fragen geschickt beantwortet.

Wie ein Vorstellungsgespräch abläuft, können Sie zwar nicht allein bestimmen, aber doch ganz wesentlich durch Antworten, Bemerkungen und Fragen steuern. Dabei ist zunächst die Information wichtig, wie viel Zeit für Ihr Vorstellungsgespräch vorgesehen ist. Ob Sie 20 Minuten oder zwei Stunden für Ihren »Auftritt« haben, macht einen wesentlichen Unterschied in der Gestaltung, in der von Ihnen zu wählenden Inszenierung und Dramaturgie.

Generell gilt: Führen Sie das Gespräch defensiv. Sie sind der Bewerber, der die meisten Fragen zu beantworten hat. Versuchen Sie nicht, die Rollen umzukehren und z. B. immer wieder mit Gegenfragen zu kontern. Da Sie gut vorbereitet sind, können Sie auf die wichtigsten Fragen (s. Fragenkatalog S. 52) überzeugend und relativ knapp, aber gut formuliert antworten. Dies geschieht immer in Relation zu der Zeit, die Ihnen zur Verfügung steht, was jedoch nicht bedeutet, dass Sie ständig reden bzw. Auskunft geben müssen.

Ganz wichtig!

Machen Sie sich bewusst: Es gibt oftmals die Möglichkeit, Fragen (insbesondere bei den kniffligen Themen) von zwei Ebenen aus zu begegnen. Die eine ist die **berufliche**, die andere ist die **private** Ebene, von der aus Sie die Ihnen gestellten Fragen beantworten können.

Die Standardfrage »Was sind Ihre Stärken?« würden Sie in einer solchen Vorstellungsgesprächssituation intuitiv mit etwas Beruflichem (also von der beruflichen Ebene aus) beantworten (z. B. »Ich bin ehrgeizig.«).

Anders aber bei einer Frage in Richtung »Was sind Ihre Schwächen?«. Da ist es viel geschickter, mit einer harmlosen, eher privaten Schwäche anzufangen, statt gleich zugeben zu müssen, die PC-Kenntnisse lassen zu wünschen übrig …

Verdeutlichen Sie sich, bei welchen Fragen Sie ganz bewusst auf eine andere Ebene ausweichen werden, als man es von Ihnen erwartet. Das ist Ihr gutes Recht und Sie gewinnen so Zeit und bleiben keine Antwort schuldig, ohne sich – insbesondere in heiklen Bereichen – total zu offenbaren.

Der Klassiker ist die Frage nach den Dingen, mit denen Sie unzufrieden bis unglücklich sind, die Sie belasten, die Sie selbst bei sich gerne ändern würden etc. Hier ist ein kurzer Ausflug auf die private Ebene (z. B. Spanisch lernen, weil Sie dort immer wieder in den Urlaub hinfahren) geschickt und liefert hoffentlich wenig Material, das gegen Sie Verwendung findet.

Fordert der Personalentscheider jedoch explizit dazu auf, Schwächen aus dem beruflichen Bereich zu benennen, gilt es, die Balance zu halten zwischen Selbstvermarktung und durchdachter Selbstkritik: Führen Sie einen Mangel an, der harmlos genug ist, um Sie weder auf der fachlichen noch auf der persönlichen Ebene zu disqualifizieren – z. B. einen Aspekt, der aufgrund Ihres beruflichen Werdegangs sowieso offensichtlich ist, oder eine Kann-Anforderung aus der Stellenanzeige, die Sie nicht voll und ganz erfüllen. Betonen Sie auf jeden Fall Ihre Bereitschaft, die Schwäche zu beheben, oder besser, vermitteln Sie, welche Gegenmaßnahmen Sie bereits ergreifen.

Bis zu 80 Prozent der Gesamtzeit – so zeigen erstaunlicherweise wissenschaftliche Untersuchungen – verbringen Sie im Vorstellungsgespräch mit Zuhören, das heißt, Ihr Gegenüber spricht. 80 Prozent Interviewer-Redezeit sind zwar nicht überall die Regel, aber dennoch gilt: Lassen Sie Ihren Gesprächspartner reden und hören Sie aufmerksam zu. Wenn es Ihnen zudem noch gelingen sollte, einige verständnisvolle, kurze Zwischenbemerkungen zu machen oder bestätigend zu nicken, haben Sie möglicherweise schon gewonnen. Ihr Gegenüber wird sich vielleicht endlich mal wieder tief verstanden fühlen und Ihnen das mit entsprechenden Sympathiepunkten honorieren.

Diese Technik der positiven Verstärkung von sprechenden Personen ist sehr gut bei Fernsehjournalisten zu beobachten, die ihre Interviewpartner durch beständiges zustimmendes Kopfnicken ermuntern, in ihrem Redefluss fortzufahren, mag der Inhalt auch noch so fragwürdig sein.

Es kann aber auch vollständig umgekehrt ablaufen, weil man Sie, den Bewerber, zum Sprechen, Erzählen, ja Schwadronieren bringen will. In so einem Fall haben Sie es sehr wahrscheinlich mit einem Vollprofi zu tun, der wirklich nur 10 Prozent des Vorstellungsgesprächs bestreitet und Ihnen die restlichen 90 Prozent aufbürden möchte. Eine beliebte Gesprächstechnik ist dabei der Einsatz sogenannter offener Fragen. Ein klassisches Beispiel und die Mutter aller Fragen:

- *Wir wollen Sie gerne kennenlernen. Erzählen Sie uns doch bitte einmal etwas über sich.*

Unter Rhetorikfachleuten gilt diese Aufforderung als Königin der Dialektik. Und in der Tat: Gute Fragen zu stellen ist weitaus schwieriger, als sie zu beantworten. Mit Fragen kann man ein Gespräch hervorragend lenken. Offene Fragen erfreuen sich dabei besonderer Beliebtheit. Sie erlauben dem Gefragten nicht, einfach mit Ja oder Nein zu antworten wie bei der geschlossenen Frage, sondern provozieren längere Antwortsätze, eine ausführlichere verbale Darstellung. Genau darauf kommt es dem Frager an, denn je mehr sein Gegenüber spricht und vielleicht unwillkürlich seinen freien Assoziationen folgt, desto mehr Informationen erhofft sich der Interviewer. An einigen Beispielen können wir uns das gut verdeutlichen.

Die geschlossene Interviewer-Frage …

- *Hatten Sie an Ihrem letzten Arbeitsplatz persönliche Schwierigkeiten?*

… ist heikel (Fragenhintergrund: Bewerbermotive für den Arbeitsplatzwechsel? Hypothese: schwieriger Mensch), würde jedoch den Bewerber schnell mit »Nein« oder gegebenenfalls »Nein, keine« antworten lassen. Und schon wäre der Ball wieder zurückgespielt und der Interviewer müsste eine neue Frage stellen.

Die Frage …

- *Mit welchen persönlichen Schwierigkeiten mussten Sie sich ganz konkret an Ihrem letzten Arbeitsplatz auseinandersetzen?*

… hat den gleichen Fragenhintergrund, ist jetzt aber als offene Frage gestellt. Kein Mensch könnte hier nur mit einem schlichten »Nein« antworten. Diese Frage provoziert mehrere Antwortsätze, ganze Erklärungen, und schnell verfängt sich der Bewerber in Rechtfertigungen, Entschuldigungen, ja sogar Anklagen, wer ihm beim letzten Arbeitsplatz angeblich Steine in den Weg gelegt hat. Dass diese Informationen von höchstem Interesse für einen

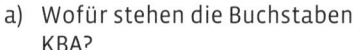

2. Lerntest: Offene Fragen zum Vorstellungsgespräch

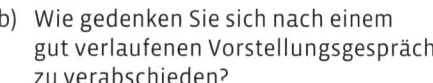

a) Wofür stehen die Buchstaben KBA?
b) Wie gedenken Sie sich nach einem gut verlaufenen Vorstellungsgespräch zu verabschieden?
c) Sie werden gleich zu Beginn Ihres Vorstellungsgesprächs aufgefordert, ein wenig über sich zu erzählen. Was glauben Sie, wie viel Zeit (in Minuten) Sie haben?

Die richtige Lösung finden Sie auf S. 67.

Lösung 1. Lerntest: d. Das wäre in etwa die Idealzeit.

neuen Arbeitgeber sind, liegt ebenso auf der Hand wie die Tatsache, dass sie aus Bewerbersicht nicht in das Vorstellungsgespräch hineingehören.

Hier kann es dem Interviewer mittels der offenen Fragetechnik erfolgreich gelingen, beim Bewerber eine Barriere zu durchbrechen. Der Befragte wird sich möglicherweise hinreißen lassen, mehr zu erzählen, als er ursprünglich wollte, unter Umständen auch mehr, als für ihn gut ist.

Wenn diese Fragetechnik professionell angewandt wird, wenn der so Befragte Raum und Zeit hat, ausführlich zu berichten, und wenn der Interviewer zusätzlich die Ausführungen des Bewerbers gelegentlich durch eine freundliche Miene, ein Kopfnicken und zustimmendes »mmh« oder »ja, sehr interessant« begleitet, können in der Regel optimale Informationsgewinne erzielt werden. Gewinner ist dabei der Frager, Verlierer muss aber nicht unbedingt der Befragte sein – es kommt immer darauf an, was er von sich preisgibt.

Noch effektiver präsentiert man als Interviewer die eingangs formulierte Frage nach den angeblichen persönlichen Schwierigkeiten am letzten Arbeitsplatz so:

- *Wie haben Sie es erfolgreich geschafft, persönliche Schwierigkeiten, die man Ihnen am letzten Arbeitsplatz bereitet hat, gut zu überwinden?*

Wer wüsste nicht als Arbeitnehmer von solchen Problemen ein Lied zu singen? Trotzdem ahnen Sie ja bereits, wie heikel diese Frage ist: Durch die gut vorgetragene, positiv verpackte, wohlwollend klingende Frage werden sich zwei Drittel der Bewerber verführen lassen, Dinge zu erzählen, die hier im Vorstellungsgespräch mit einem potenziellen neuen

Arbeitgeber eigentlich auf keinen Fall erwähnt werden sollten. Das hängt natürlich auch mit der besonderen Drucksituation zusammen, die in einem solchen Gespräch nun einmal herrscht.

Die eben beschriebene Fragetechnik stellt einen durchaus kritischen Sachverhalt (persönliche Schwierigkeiten) in den Hintergrund und verkauft dem Gefragten deren erfolgreiche Überwindung schmeichelhaft als gute Gelegenheit, sich selbst darzustellen. Auf diese Art von Verführung fallen viele Bewerber herein. Der Verschiebung der Aufmerksamkeit auf einen weniger heiklen »Nebenkriegsschauplatz« – in diesem Fall auch noch positiv verpackt als Frage nach dem persönlichen Durchsetzungsvermögen – ist sicherlich nicht leicht zu widerstehen. Unser Hinweis zur Beantwortung dieser Frage lautet übrigens: »Durch stets freundliche Kommunikation …«

Entscheidend bleibt aber trotz aller möglicherweise gestellten Fragen und gesprächstechnischen Raffinessen, was Sie von sich und über Ihre Arbeit erzählen, was Sie preisgeben wollen. Das bedarf natürlich einer intensiven Vorbereitung und Reflexion und verdeutlicht nochmals, wie wichtig es ist, selbst ein Kommunikationsziel zu bestimmen und daraus Botschaften und eine Argumentationslinie abzuleiten.

Zur Problematik der heiklen Fragen finden Sie weitere ausführliche Hinweise in nachfolgenden Kapiteln. Kommen wir jetzt aber zu der ersten großen offenen Aufforderungsfrage zurück:

• *Wir wollen Sie gerne kennenlernen. Erzählen Sie uns doch bitte einmal etwas über sich.*

Dieser so nett und harmlos vorgetragenen Bitte wird sich der Bewerber kaum entziehen können und gegebenenfalls weit ausholen. Wer hier jedoch arglos bei Adam und Eva, seiner frühesten Kindheit, Schul- und Ausbildungszeit etc. anfängt, um vielleicht nach 15 Minuten bei Höhepunkten seiner beruflichen Laufbahn angekommen zu sein, und dann noch willig sein Privat- und Familienleben offenbart, führt nicht nur eine Art seelischen Striptease mit in der Regel verheerenden Auswirkungen vor, sondern langweilt tödlich. Er demonstriert obendrein, Wesentliches vom Unwesentlichen nicht unterscheiden zu können. Hat der Bewerber sich aber gut vorbereitet, sein Kommunikationsziel durchdacht und klare Botschaften sowie überzeugende Argumente beieinander (KBA), wird er in diesem Punkt erfolgreich sein.

Andere offene Fragen wie …

• *Was ist wichtig in Ihrem Leben?*

… sind immer in Bezug auf den angestrebten Arbeitsplatz mit seinen spezifischen Aufgaben zu beantworten und nicht etwa eine Gelegenheit, in epischer Breite Einblick in die Privatsphäre zu geben, obwohl dies durchaus das Ziel der Frage und der Wunsch des Fragestellers sein kann. Was, glauben Sie, macht es für einen Eindruck, wenn Sie als Bewerber auf diese Aufforderung hin anfangen, von Ihren Surferlebnissen bei Windstärke 6 auf dem Steinhuder Meer zu schwärmen, oder wenn Sie in Angelabenteuern an der Leine schwelgen?

Höflichkeit, Freundlichkeit, Blickkontakt, Zuvorkommenheit und Interesse tragen wesentlich dazu bei, die Sympathiegefühle Ihres Gegenübers zu mobilisieren. Verlieren Sie aber beim Sprechen nicht die Kontrolle über den Rest Ihrer Person: Wer mit der Hand vor dem Mund spricht, kann sich nur schwer verständlich machen, und wer sich laufend mit derselben nervös durchs Haar fährt, überzeugt nicht und hat vielleicht später bei der Verabschiedung fettige Hände.

Auch wenn wir hier noch nicht weiter auf die Signale des Körpers eingehen, ist es bereits jetzt erwähnenswert, dass viele Personalchefs meinen, aus der Körpersprache Rückschlüsse auf die Persönlichkeit ziehen zu können (s. S. 114). Wenn Ihr Gegenüber bereits zum zweiten Mal gähnt, könnte dies ja vielleicht an Ihrem langatmigen »Vortrag« liegen …

Doch zurück zu Ihrer Antwortstrategie: Lassen Sie sich durch nichts provozieren, fragen Sie zurück, ob Sie eine Frage, die Ihnen merkwürdig vorkommt, richtig verstanden haben, und reagieren Sie mit Gelassenheit. Möglicherweise will man ja genau das herausbekommen: wie Sie reagieren, wenn man Sie persönlich angreift, kritisiert oder auch nur etwas hinterfragt. Wittern Sie aber andererseits nicht gleich hinter jeder Frage eine Falle. Es geht schließlich darum, Sie kennenzulernen – und wer möchte nicht gerne wissen, mit wem er es zu tun hat?

Sprechen Sie nie schlecht über andere Menschen, z. B. frühere oder heutige Vorgesetzte, Kollegen, Mitarbeiter etc., auch wenn Sie wirklich allen Grund dazu hätten. Hier geht es um die Überprüfung Ihrer Loyalität, und ein »Plaudern aus dem Nähkästchen« wird kein potenzieller Arbeitgeber in dieser Situation honorieren.

Auf den Punkt gebracht – die Essentials bei der Beantwortung der Fragen im Vorstellungsgespräch sind:

- Seien Sie gut vorbereitet.
- Hören Sie aufmerksam zu.
- Erkennen Sie den Fragehintergrund, die zugrunde liegende Intention.
- Nehmen Sie sich Zeit zum Überlegen.
- Fragen Sie gegebenenfalls nach, ob Sie richtig verstanden haben – auch dadurch gewinnen Sie Vorbereitungszeit für Ihre Antwort und wissen besser, »wohin der Hase läuft«.
- Überlegen Sie kurz, bevor Sie antworten, was Sie sagen und erreichen wollen, was Ihr Ziel ist: Was spricht für Sie, was eventuell gegen Sie? Welche Beweise können Sie anbieten? Wie begegnen Sie eventuellen Einwänden?

Erarbeiten Sie sich Techniken, die Ihnen bei schwierigen Fragen (s. Aufstellung S. 69) Zeitgewinn ermöglichen, z. B. bei der Frage:

- *Was machen Sie, wenn wir in der Probezeit feststellen, dass wir uns in Ihnen getäuscht haben?*

Eine nicht ganz leicht zu beantwortende Frage! Warten Sie einige Sekunden, vermitteln Sie den Eindruck nachzudenken. Antworten Sie dann z. B. so:

- *Mmh …, habe ich Sie richtig verstanden? Sie wollen von mir wissen, wie ich in dem Fall …, also wenn Sie sich für mich entschieden haben …, wie ich mit dem Problem umgehe, in der Probezeit nicht Ihre Erwartungen erfüllt zu haben …*

Sehr wahrscheinlich wird der Interviewer jetzt wieder das Wort ergreifen und – je nachdem, ob er mehr oder weniger Profi ist – seine Frage kürzer oder länger wiederholen. Nicht selten wird er Ihnen dabei ausführliche, deutliche Hinweise geben, die Ihnen seine Frageintention verdeutlichen, z. B. in diesem Fall, ob Sie bei einer Ablehnung daran denken würden, wieder zu Ihrer alten Firma zurückzugehen. Nun wissen Sie, worum es geht, und können gezielt darauf eingehen. Sicherlich hätten Sie aber auch so reagieren können:

- *Das ist eine interessante Frage …*
- *Über diese Frage muss ich erst einmal nachdenken …*
- *Zugegeben, mit dieser Frage habe ich mich noch nie beschäftigt … Ist das jetzt sehr wichtig …? Hängt davon … ab?*

Sie hätten aber auch auf eine allgemeinere Ebene ausweichen können:

- *In dieser Situation würden wohl viele Menschen so und so reagieren. Was meinen Sie? Würden Sie meine Einschätzung teilen …?*
- *Interessant! Ist so etwas bei Ihnen im Unternehmen in der letzten Zeit vorgekommen …?*

Was auch immer Sie in dieser Situation antworten würden – die Beispiele sollen Ihnen zeigen, wie man sogar mit schwierigen Fragen ganz gut fertigwerden kann.

RHETORIK – WIE SIE BESSER ARGUMENTIEREN

Nun ist es nicht das Anliegen dieses Buches, einen Lehrgang in Rhetorik zu ersetzen, aber vielleicht wecken wir ja bei Ihnen ein spezifisches Interesse an dieser Thematik. Auch wenn man Sie nicht sofort mit unangenehmen Fragen konfrontiert: Auf der Arbeitgeberseite bestehen in der Regel immer Bedenken, Vorurteile und Zweifel, mit denen Sie als Bewerber rechnen müssen. Wie gehen Sie rhetorisch damit um? Hier bietet die sogenannte Fünfsatz-Technik ein gutes gedankliches Rüstzeug, nützliche praktische Hilfe und Orientierung. Sie leistet hervorragende Dienste, wenn Sie Ihre Statements situativ und hörerbezogen in der jetzt vorgestellten Abfolge vortragen.

1. Benennen Sie kurz und klar Ihren Standpunkt:

- *Ich bin davon überzeugt, für die Aufgabe der richtige Kandidat zu sein.*

2. Präsentieren Sie Ihre Argumente:

- *Meine Qualitäten für diese Position sind … (Fähigkeiten, Kenntnisse, Erfahrungen etc.).*

3. Untermauern Sie dies durch Beispiele, also Beweise:

- *Ich habe mit Erfolg z. B. … gemacht. Als Nachweis für … kann ich anführen, dass … etc.*

4. Begegnen Sie möglichen Einwänden bzw. kommen Sie ihnen zuvor:

- *Sie werden jetzt denken, dass … Ich versichere Ihnen jedoch, dass …*

5. Ziehen Sie das Fazit:

- *Aus diesen Gründen – 1. …, 2. …, 3. … – traue ich mir die Aufgabe zu und werde sie bestimmt erfolgreich bewältigen.*

Beachten Sie bei dieser Vorgehensweise, …

- dass Sie Ihre Munition, also Ihre Argumente, nicht zu früh »verschießen«,

- dass bei mehreren Argumenten das beste am Schluss, das zweitbeste am Anfang stehen sollte und

- dass sich Ihr Gegenüber auf das schwächste Argumentationsglied Ihrer Kette konzentrieren wird.

Nehmen Sie die Chance wahr, mithilfe der Fünfsatz-Technik wirkungsvoll zu überzeugen. Das muss nicht bedeuten, den anderen »totzureden«. Wie Sie mit Einwänden umgehen, ist oftmals wichtiger und bringt mehr Sympathiepunkte als der vermeintliche argumentative Sieg. Begreifen Sie also den vorgebrachten Einwand immer auch als Wunsch nach Verständnishilfe und unterstützen Sie das Orientierungsbedürfnis Ihres Gesprächspartners.

EINWÄNDE – WIE SIE IHNEN AM BESTEN BEGEGNEN

Standardtechniken der Rhetorik sind die bedingte Zustimmung, die Umformulierungsmethode, die Verzögerungstechnik und die Vorteil-Nachteil-Methode.

Die bedingte Zustimmung

Darunter versteht man das Herausgreifen eines Teilaspekts des vorgebrachten Einwandes, dem man aus taktischen Erwägungen bedingt zustimmt, um daraufhin seinen eigenen Standpunkt umso besser präsentieren zu können. Im Anschluss daran relativiert man den vorgebrachten Einwand nun insgesamt und gewinnt.

Ein Beispiel: Der Interviewer wendet ein, Sie seien für die verantwortungsvolle Position vielleicht doch noch ein bisschen zu jung. Darauf erwidern Sie:

- *Das ist ein wichtiger Punkt, den Sie da ansprechen. Sie haben recht. Ich bin XY Jahre alt. Sollte man aber die Vergabe dieser wichtigen Aufgabe alleine vom Alter des Bewerbers abhängig machen?*

»Nein, das sicherlich nicht …« wird hier die Antwort Ihres Gegenübers lauten. Darauf Sie:

- *Sehen Sie, ich bin ganz Ihrer Meinung. Es gibt da andere, wichtigere Kriterien, die … Wir sind uns also darin einig, dass … viel größere Bedeutung hat.*

Die Umformulierungsmethode

Hierbei wird der Einwand durch eine tendenziöse Umformulierung weitestgehend entschärft:

- *Wenn ich Sie richtig verstanden habe, kommt es Ihnen auf die Erfahrung und – sagen wir mal – Reife an, die für die zu besetzende Position eine wichtige Rolle spielen sollten …*

Jetzt können Sie wieder mit Ihren eigenen Erfahrungen argumentieren, andere Kriterien in den Vordergrund rücken bzw. als wichtig herausstreichen etc.

Die Verzögerungstaktik

Sie signalisieren, den Einwand verstanden zu haben, und bitten darum, zunächst noch dies und das sagen, erklären, zeigen oder fragen zu dürfen, was Sie dann auch sofort tun und was die ganze Sache möglichst voranbringt. In jedem Fall kommt das Gespräch zu einem anderen Punkt, der den vorherigen Einwand hoffentlich vergessen, nicht mehr interessant erscheinen lässt:

- *Eine interessante Frage – kann ich aber zunächst noch einmal darauf hinweisen, dass …?*

Die Vorteil-Nachteil-Methode

Hier wird scheinbar der gebotene Einwand aufgenommen, Vor- und Nachteile werden abgewogen. Da Sie das selbst formulieren, liegt das Ergebnis der Überlegung in Ihrer Hand und ist damit gut steuerbar. Dies hilft, Ihre Position auszubauen. In dem obigen Beispiel führen Sie – nicht völlig uneigennützig – gleich weiter zu anderen argumentativen Positionen:

- *Ich habe Sie doch richtig verstanden – bitte korrigieren Sie mich, wenn ich da jetzt irgendwie falsch liege –, Sie meinen also, das Alter sei für diese Position von wichtiger Bedeutung.*
- *Da gebe ich Ihnen natürlich recht. Der Vorteil eines jüngeren Kandidaten liegt allerdings bei …, der Nachteil eines älteren bei …*
- *Aus meiner Sicht ist der Vorteil eines älteren Kandidaten …, der Nachteil eines jüngeren ist aber wegen … nicht gravierend, sodass ich hier den Standpunkt vertreten möchte: Der Vorteil eines jüngeren Kadidaten überwiegt doch ganz deutlich und ist natürlich auch abhängig von anderen Faktoren, z. B. …*

Wie Sie mit unangenehmen Fragen umgehen

»Was werden Sie tun, wenn wir uns nicht für Sie, sondern für einen anderen Bewerber entscheiden?«, fragt der Personalchef am Ende des Vorstellungsgesprächs, das bisher sehr zur Zufriedenheit unseres Bewerbers verlaufen ist. Der Personaler blickt dem Bewerber tief in die Augen.

»Ich nehme mir den Strick«, fällt diesem spontan ein, deutlich sarkastisch eingefärbt. Aber er ist stark selbstkontrolliert und verkneift sich deshalb diese Bemerkung. Besser so! Aber was antworten?

Was immer man Ihnen vorhält, wie sehr man Sie ärgert, provoziert oder gar quält, das Ganze ist immer auch ein Test. Wie gut haben Sie sich im Griff, wie hoch ist Ihre Frustrationstoleranz? Behalten Sie die Nerven, machen Sie weiterhin ein freundliches Gesicht, flippen Sie nicht aus …

Und für diesen Fall: »Also, falls Sie sich nicht für mich entscheiden, was ich dann mache …« *Sehr gut! Wiederholen Sie Fragen, mit denen Sie spontan nichts anfangen können, bei denen Sie Zeit brauchen, sich zu sammeln, und geben Sie Ihrem Gegenüber die Chance, sich eventuell besser zu erklären.*

»Also, in diesem Fall würde ich mir erst einmal überlegen, warum ich Sie im Vorstellungsgespräch nicht ganz überzeugt habe. Woran kann es gelegen haben, was müsste ich besser machen? Dann würde ich Sie sicher anrufen, um mir ein persönliches Feedback einzuholen. Natürlich wäre ich schon etwas enttäuscht, ich würde aber auch denken, da geht Ihnen eine Chance verloren, einen wirklich guten neuen Mitarbeiter zu gewinnen, der …«

PEINLICHKEITEN – WIE SIE MIT SCHWIERIGEN FRAGEN BESSER KLARKOMMEN

Welche Fragen fürchten Sie im Vorstellungsgespräch? Machen Sie sich vorab eine Liste unangenehmer Fragen (»Angstfragen«) und versuchen Sie, wie bei den anderen Themen auch, sich in Stichpunkten Antwortmöglichkeiten zu notieren. Reagieren Sie z. B. sehr zurückhaltend auf die Vorstellungsgesprächsfrage:

- *Was spricht gegen Sie als Bewerber für diese Aufgabe?*

Denken Sie daran, wie meisterhaft es Politiker verstehen, auf unangenehme Fragen (nicht) zu antworten. Da wird z. B. die Frage nach der Erklärung für eine erdrutschartige Wahlniederlage damit beantwortet, dass man sich zunächst einmal ganz herzlich bei den Wählerinnen und Wählern sowie den vielen Helfern für die außergewöhnliche Unterstützung und das entgegengebrachte Vertrauen bedanken möchte, und dann wird beklagt, wie aggressiv der Wahlkampf doch von der Gegenseite geführt wurde …

Heben Sie deshalb analog dazu an dieser Stelle – also bei der Frage, was gegen Sie als Bewerber spricht – eher noch einmal hervor, was für Sie spricht, und bieten Sie nach theatralischem, wohlkalkuliertem Zögern einen oder maximal zwei Punkte an, die aber nicht wirklich überzeugend gegen Sie sprechen. Natürlich müssen Sie sich das vorher genau überlegt haben, damit Sie in so einer kritischen Situation den bestmöglichen Eindruck machen und nicht etwa unfreiwillig selbst den Stab über sich brechen, etwa nach dem Motto: »Ich glaube, ich bin einfach zu sensibel.«

Standardeinwände gegen Bewerber sind: zu alt, zu jung, zu wenig erfahren, zu teuer, über- oder unterqualifiziert, zu lange am selben Arbeitsplatz, zu oft gewechselt, falsches Geschlecht, zu häufig krank (wird eher gedacht als ausgesprochen), zu kritisch, zu schüchtern, falsche (auch ehemalige) politische Überzeugung und/oder Parteizugehörigkeit etc. – mal das eine und dann auch mal wieder das genaue Gegenteil.

Zu den unangenehmen Fragen gehört auch:

- *Was würden Sie machen, wenn…?*

Und dann folgen Horror- oder Katastrophenszenarien, fast unlösbare Aufgaben und Situationsbeschreibungen, die Sie mal eben so aus dem Stegreif lösen oder doch wenigstens bearbeiten sollen.

Was immer man gegen Sie einwendet (wenn überhaupt offen) – es kommt darauf an, wie Sie damit umgehen. Manche Interviewer leiten einen Provokationstest mit den Worten ein:

- *Was würden Sie sagen, wenn wir Ihnen den Arbeitsplatz nicht anbieten, weil…*

Hier empfiehlt sich etwa folgende Strategie:

- *Darauf würde ich Ihnen antworten, dass ich Ihr Argument einerseits verstehe, dass ich andererseits aber doch anführen bzw. bemerken möchte, dass…*

Im Grunde genommen geht es bei einer derartigen Fragetechnik immer darum zu sehen, ob und wie Sie Gelassenheit bewahren und mit solchen Fragen, Bemerkungen und Feststellungen sachlich-professionell umgehen können. Wirkliche Einwände gegen Ihre Person wird man nie direkt mit Ihnen diskutieren. Also ist das Ganze ein Teil des »Gesamtschauspiels Vorstellungsgespräch« und Sie sollten an diesem Punkt nicht verzweifeln. Hier gilt es eher, Chancen zu nutzen, weil Sie ja nun wissen, worauf es eigentlich ankommt.

Trotzdem kann es auch sinnvoll sein, z. B. den Vorwurf, Sie hätten zu häufig gewechselt, einfach zu akzeptieren und nicht krampfhaft zu versuchen, sich herauszureden. Offenheit kann manchmal sehr entwaffnend wirken.

STRESSINTERVIEW – WIE SIE GANZ GELASSEN BLEIBEN

Gelegentlich werden Bewerbungsgespräche zum Teil als sogenanntes Stressinterview angelegt. In einer Art Kreuzverhör konfrontiert man Sie mit einer Reihe von unangenehmen und unerwarteten Fragen, um Sie in die Enge zu treiben und stark zu verunsichern. Alles ist darauf angelegt, Ihr Selbstbewusstsein zu erschüttern. Eine Lawine von unglaublichen Beschuldigungen, von Sarkasmus, Zynismus, Ironie sowie hin und wieder ein Kompliment kann Sie erwarten. Ein Kompliment übrigens nur deshalb, damit Sie – eigentlich fast der Ohnmacht nahe – nicht einfach davonlaufen bzw. schlicht umkippen. Oft fehlt bei diesen Attacken jeder Bezug zum potenziellen neuen Arbeitsplatz.

Nach einer »Aufwärmphase« – sie dient der Entspannung und der Bereitschaft, sich dem interviewenden Gesprächspartner zu öffnen – wird im Stressinterview ganz gezielt versucht, Sie massiv unter Druck zu setzen. Behauptet nun Ihr Gegenüber im Gespräch, Ihre gesamten Angaben und

Aussagen seien »geschönt« oder, noch krasser, »erstunken und erlogen«, man solle doch jetzt einmal »Klartext miteinander reden«, so ist dies möglicherweise der Gong zur ersten Runde. Wie reagieren Sie darauf?

Unser Tipp lautet: Reagieren Sie bloß nicht zu heftig. Bleiben Sie sachlich, gelassen und warten Sie ab. Versuchen Sie, alle Fragen so knapp wie möglich zu beantworten, und stehen Sie auch unangenehme Schweigepausen durch – schweigen Sie einfach mit.

Dazu ein kleines Beispiel:

Interviewer: »*Finden Sie eigentlich nicht auch, dass Sie für diese Position viel zu unerfahren sind, ohne ausreichende Kompetenz?*«

Antwort: »*Nein, da bin ich anderer Meinung.*« (Und abwarten, nur nicht aus Verunsicherung oder Verzweiflung anfangen zu argumentieren.)

Interviewer: »Ich habe den deutlichen Eindruck gewonnen, dass man in Ihrer Abteilung recht froh wäre, wenn Sie die Firma verlassen würden.« Mögliche Antwort: »Das ist Ihr subjektiver Eindruck. Ich weiß nicht, wie Sie dazu kommen. Ich sehe das anders.« (Und STOP – nicht weiterplappern!)

Interviewer: »Sie haben sich auf Ihrem letzten Posten doch jahrelang vor der Lösung konkreter Probleme gedrückt. Wie glauben Sie denn jetzt, bei uns mit den hier auf Sie wartenden praktischen Aufgaben und den damit verbundenen Schwierigkeiten klarzukommen?«

Mögliche Antwort: »Ich teile nicht Ihre Einschätzung bezüglich meiner Erfahrung im Umgang mit konkreten Problemen, und was den Arbeitsplatz anbetrifft, so traue ich es mir sehr wohl zu, die anstehenden Probleme konkret und erfolgreich zu lösen.«

Interviewer: »Sie vermitteln den Eindruck, recht unbeherrscht und impulsiv zu sein. Das macht Ihnen doch sicherlich häufig Schwierigkeiten?«

Ihre mögliche Antwort: »Ich weiß nicht, wie Sie darauf kommen, aber damit habe ich in der Regel keine Schwierigkeiten.«

Interviewer: »Na sehen Sie, Sie sagen es selbst: in der Regel. Es gibt also doch Ausnahmen!«

Ihre mögliche Antwort: »Eigentlich nicht, aber wie Sie selbst sagen: Ausnahmen bestätigen die Regel, jedenfalls im Allgemeinen.«

Diese kleine und sicherlich unvollständige Dialog-Kostprobe sollte Ihnen kurz und knapp die Tendenzen und Antwortmöglichkeiten aufzeigen. Ein geschulter Stressinterviewer wird Ihnen allerdings kaum die Möglichkeit lassen, »unverletzt« aus so einer Situation herauszukommen. Wenn Sie sich aber von vornherein darüber im Klaren sind, dass diese Fragen nur der Provokation dienen, also gezielt verletzen sollen, um Sie zum Äußersten zu bringen, dann können Sie entsprechend gelassen und defensiv reagieren. Sollten Sie dieses Verhalten allerdings zu sehr übertreiben, also zu cool bleiben, wird es natürlich noch stärkere Provokationen vonseiten des Interviewers geben.

Möglicherweise erreicht das Gespräch allerdings irgendwann einen Punkt, an dem Sie sich die Frechheiten, Unterstellungen etc. von Ihrem Gegenüber in angemessener, aber noch immer relativ höflicher Form verbitten sollten. Es ist ab einem bestimmten Zeitpunkt – aber bitte nicht zu früh! – einfach notwendig, angemessen aggressiv (immer noch im Sinne von defensiv) zu reagieren, um damit zeigen zu können, dass man auch in der Lage ist, Grenzen zu setzen.

3. Lerntest: Ihr Wissensstand zum Vorstellungsgespräch
Achtung! Es können auch mehrere Antworten richtig sein.

Auf dem Weg zum Vorstellungsgespräch stolpern Sie unglücklich und machen sich dadurch ganz schmutzig. Wie entscheiden Sie?

a) Sie sagen unter einem Vorwand wie Krankheit das Vorstellungsgespräch ab
b) Sie telefonieren und kündigen an, etwas später zu kommen wegen des unglücklichen Sturzes
c) Sie fragen nach, ob Sie sich dort, wo das Gespräch stattfindet, erst einmal sauber machen können
d) Sie versuchen, Ihr verschmutztes Äußeres zu kaschieren, und geben niemandem die Hand zur Begrüßung
e) Das können Sie so nicht entscheiden, das hängt zu sehr davon ab, wie es Ihnen nach dem Sturz geht

Die richtige Lösung finden Sie auf S. 70.

Lösung 2. Lerntest:
a) Antwort: Kommunikationsziel, Botschaften, Argumente
b) Antwort: Ich fasse noch einmal kurz mein Angebot (meine Stärken) zusammen, bedanke mich, und frage nach, wie wir verbleiben wollen. Dann verabschiede ich mich freundlich.
c) Antwort: Etwa zwei bis fünf Minuten, das hatten Sie eben schon gelernt – gut aufgepasst!

Neben der Anwendung der Technik, jemanden durch provokative und beleidigende Fragen zu kränken und aus der Reserve zu locken, versuchen manche Interviewer, den Bewerber durch extreme Passivität auflaufen zu lassen. Lange Schweigepausen des Fragestellers oder eine abwartende, desinteressierte Haltung sollen …

- Sie in Zugzwang bringen, viel zu reden und damit möglichst etwas von sich preiszugeben, sowie
- Ihr Verhalten – auch körpersprachlich (s. S. 114) – in einer Schweigesituation testen und damit auch Ihre Stressresistenz überprüfen.

Auch Fragen wie …

- *Wo liegen Ihre größten Schwächen?*

… oder …

- *Falls Sie überhaupt Freunde haben – wie kommen die eigentlich mit Ihnen klar?*

…müssen Sie mit Gleichmut ertragen. Fängt man an, Ihnen Dummheit zu unterstellen, etwa nach dem Motto …

- *Sie bewerben sich hier um eine Position – ist die nicht eigentlich drei Nummern zu groß für Sie?*

… so dürfen Sie ruhig darauf hinweisen, dass man sich mit Ihnen nicht die Mühe eines Vorstellungsgesprächs machen würde, wenn man von vornherein davon überzeugt gewesen wäre, Sie würden nicht auf diese Position passen. Noch ein mögliches Provokationsbeispiel des Interviewers lautet:

- *Eigentlich sitzen mir hier auf diesem Platz nur Leute gegenüber, die wirklich exzellente Leistungen aufzuweisen haben. Sie können in dieser Hinsicht nicht viel vorweisen. Sicherlich haben Sie andere Qualitäten, sonst hätten Sie sich ja wohl nicht bei uns beworben. Nun, die Zeit ist knapp, am besten Sie berichten mir etwas über sich. Ich werde Sie nicht unterbrechen.*

Sogar auf eine so breite und offene Frage bzw. Aufforderung kann man sich vorbereiten. Sie sollten immer in der Lage sein, fünf bis zehn Minuten den »Alleinunterhalter« zu spielen und dabei nicht zu langweilen. Das sind Sie sich und Ihrem bisherigen Lebensweg einfach schuldig. Aber erwarten Sie bitte nicht ein interessiertes oder gar begeistertes Gesicht von Ihrem Gegenüber. Der wird sich alle Mühe geben, furchtbar gelangweilt dreinzuschauen. Macht nichts, ein Stressinterview eben!

Noch einmal zusammengefasst: In einem Stressinterview ist es das Hauptziel des Arbeitsplatzanbieters, Sie aus der Reserve zu locken, Sie zu provozieren, Ihr Verhalten in einer extremen Stresssituation zu testen. Es liegt bei Ihnen, wie weit Sie sich darauf einlassen, wie gut Sie vorbereitet sind und wie Sie mit so einer Situation umgehen wollen. Wichtig ist es, Ruhe zu bewahren und gelassen zu bleiben, möglichst kurz und knapp zu antworten, aber nötigenfalls darauf hinzuweisen, dass es auch für Ihre Toleranz und Geduld Grenzen gibt. Schweigepausen oder -momente ertragen Sie mit freundlicher Gelassenheit.

Zeigen Sie gleichwohl, dass Sie sich abgrenzen können, verweigern Sie sich eventuell und weisen Sie Intimfragen deutlich zurück. Denn wenn Sie alles widerspruchslos mit sich machen lassen, bekommen Sie dafür keinesfalls Pluspunkte. Machen Sie klar, dass der Interviewer mit manchen Fragen über das Ziel, das eigentliche Thema hinausschießt und dass Sie nicht gewillt sind, weiter darauf einzugehen. Bleiben Sie trotz aller Abgrenzung gelassen und relativ freundlich. Stehen Sie nicht einfach auf und verlassen Sie nicht den Raum, denn das würde man Ihnen als Niederlage, als Aufgeben und Flucht ankreiden. Der Job wäre für Sie verloren.

Unternehmen oder Personalberater, die sich eines Stressinterviews bedienen, sind für Sie möglicherweise sowieso nicht die richtige Arbeitgeberadresse. Machen Sie sich klar, was Ihnen unter Umständen erspart geblieben ist, wenn Sie auf einen Arbeitsplatz bei einem solchen Arbeitgeber verzichten.

Missverstehen Sie andererseits nicht jede kritische Frage als den Beginn eines Stressinterviews und begegnen Sie Ihrem Interviewpartner nicht von vornherein misstrauisch. Stressinterviews sind Gott sei Dank nicht die Regel, sondern eher eine Ausnahme. Ein normales Vorstellungsgespräch mit einem Stressinterview zu verwechseln, kann Ihrem Arbeitsplatzwunsch ebenso abträglich sein wie eine entweder unangemessen angepasste oder aggressive Haltung in einem wirklichen Stressinterview.

Nach diesem Exkurs zu einer glücklicherweise relativ selten praktizierten Interviewform hier zunächst eine Zusammenfassung zum Thema unangenehme Fragen und Stressinterview:

Auf unangenehme Fragen müssen Sie vorbereitet sein. Sie selbst wissen am besten, was für Sie heikle, schwierige Themen sein könnten. Auch wenn Sie nicht alle Fragen vorwegnehmen oder vorbereiten können: Es kommt darauf an, eine generelle Beantwortungsstrategie und Umgangsweise für sich zu entwickeln, um mit diesen Themen gut fertigzuwerden. Und mit welchen Fragen man Sie unangenehm berühren könnte, wissen Sie ja wahrscheinlich auch. Schreiben Sie diese auf ein Blatt Papier und notieren Sie sich Stichworte für eine halbwegs gute Antwort.

Verwechseln Sie nicht gleich zwei, drei unangenehme Fragen mit der Situation eines Stressinterviews und grenzen Sie auch davon ab, was man unter juristisch unzulässigen Fragen versteht. Wer fragt, sollte auch eine Antwort bekommen. Bestimmen Sie aber, was Sie erzählen wollen. Lassen Sie sich nicht dazu verführen oder hinreißen, Dinge auszuplaudern, die Sie eigentlich nicht mitteilen wollten. Gehen Sie in schwierigen Situationen diplomatisch vor, bewahren Sie Haltung und Gelassenheit. Das Motto könnte »kontrollierte Spontaneität« lauten.

Es gibt sicherlich einige unangenehme Fragen, mit denen Sie im Vorstellungsgespräch konfrontiert werden können. Einen Teil davon haben wir Ihnen schon vorgestellt, aber Sie selbst wissen sicherlich weitere Fragen. Hier noch einmal eine Kurzübersicht über unangenehme Fragen:

- Warum sollten wir Ihnen diese Position gerade nicht anbieten?
- Was spricht gegen Sie als Kandidaten?
- Was sind Ihre Schwächen, Nachteile, Defizite?
- Was haben Sie alles in Ihrem (Berufs-)Leben trotz Vorsätzen (noch) nicht erreicht?
- Was war Ihr größter (beruflicher) Misserfolg, Ihre größte Enttäuschung etc.?
- Was haben Sie daraus gelernt, welche Konsequenzen gezogen?
- Wovor fürchten Sie sich?
- Was kann Sie so richtig ärgerlich machen?

- Was mögen Sie nicht, schätzen Sie bei … nicht, womit haben Sie Schwierigkeiten … (bei der Arbeit, am Arbeitsplatz, tätigkeits- und personenbezogen bei Kollegen, Mitarbeitern, Vorgesetzten, sich selbst)?
- Stellen Sie uns aus Ihrer beruflichen Laufbahn (aus Ihrem Werdegang, Leben) Negativ-(Anti-)Vorbilder vor und erklären Sie, …
- Was würden Sie in Ihrem (Berufs-)Leben anders machen, wenn Sie es könnten (wenn Sie noch mal von vorn anfangen könnten)?
- Was wollen Sie wann und wie (beruflich) in Ihrem Leben erreicht haben?
- Was sind Ihre persönlichen (beruflichen) Ziele, Ihr Motto (bis hin zum Sinn des Lebens)?
- Wie definieren Sie für sich die Begriffe Verantwortung, Schwäche, Leistung etc.?
- Wie sollte Ihr Stellvertreter sein?
- Worin sollte er Sie ergänzen? Was sollte er haben oder vorweisen können, was Sie nicht haben?
- Was machen Sie, wenn wir Sie nicht nehmen?
- Was würden Sie tun, wenn Sie nicht mehr arbeiten müssten?

Natürlich können Ihnen auch positiv gefärbte und formulierte Fragen durchaus Schwierigkeiten machen: z. B. diejenigen nach Ihren persönlichen Vorbildern, Ihrem größten Erfolg, was Sie auszeichnet etc. Und auch die sich daraus ergebenden Nachfragen (warum? wieso?) können es in sich haben, aber Sie sind ja jetzt vorgewarnt. Mittels unseres Fragenkatalogs haben Sie gute Trainingsmöglichkeiten.

Gemein

Sein Gegenüber lächelte. »Was wollen Sie uns denn nicht so gerne über sich erzählen …?« Unserem Bewerber stockte der Atem. Auf vieles war er gefasst, einige Dutzend Fragen hatte er sorgfältig vorbereitet. Das Gespräch hatte vor gefühlten 10 Minuten erst begonnen und kaum war die Einstiegs-Small-Talk-Runde gut absolviert. Doch nun diese Frage. Schluck! Was sollte er darauf antworten. Warum hatte man ihn nicht auf solch eine Frage vorbereitet? Natürlich schoss ihm blitzartig durch den Kopf, dass er nichts von den Spannungen zwischen ihm und dem neuen Vorgesetzten ausplaudern wollte … aber das konnte er doch hier und jetzt nicht zugeben. »Wie meinen Sie das? Können Sie mir bitte helfen, diese Frage einzuordnen?«, war sein verzweifelter Rettungsversuch. Nicht brillant, aber besser, als endlos zu schweigen.

GUT ZU WISSEN – IHR RECHT AUF LÜGE

Ebenso wie der Gesetzgeber den Begriff der Notwehr kennt, existiert für das Bundesarbeitsgericht der Sachverhalt der Notlüge. Darunter ist zu verstehen, dass bestimmte Fragen im Vorstellungsgespräch, z. B. nach der Zugehörigkeit zu einer politischen Partei, nicht wahrheitsgemäß beantwortet werden müssen, wenn der Bewerber davon ausgehen muss, dass von einer bestimmten Antworttendenz die Vergabe des Arbeitsplatzes abhängen könnte. Bestimmte Fragen und Themen dürfen im Bewerbungsverfahren gar nicht erst behandelt werden. Es sind nur solche Fragen erlaubt, die »arbeitsbezogen« sind, das heißt, die mit dem zu besetzenden Arbeitsplatz in direktem Zusammenhang stehen.

Unzulässig sind neben der Ausforschung der politischen Meinung ebenso Fragen nach (auch früherem!) gewerkschaftlichem Engagement oder nach Privatplänen in puncto Heiraten, Familienplanung, Freizeitgestaltung und Hobbys. Frühere Krankheiten und die Frage nach einer Schwangerschaft sollten genauso tabu sein wie die Frage nach den Berufen von Lebenspartnern oder anderen Personen, z. B. Eltern und Geschwistern, sowie nach den privaten Vermögensverhältnissen und eventuell Schulden. Auch die Frage nach Vorstrafen und Gefängnisaufenthalten ist nicht zulässig.

Wenn ein Bewerber eine unzulässige Frage unehrlich beantwortet und damit sein Recht auf Notlüge nutzt, können ihm daraus keine negativen Konsequenzen entstehen. Durch das eingeschränkte Fragerecht des Arbeitgebers ist der Arbeitsvertrag trotzdem wirksam. Zwar hätte der Bewerber auch das Recht, eine unzulässige Frage nicht zu beantworten; das könnte sich aber für ihn ungünstig auswirken, weil der Arbeitgeber daraus negative Rückschlüsse zieht. Das Gleiche gilt für den Lebenslauf, den der Bewerber entsprechend verändern kann. (vgl. www.internet-bewerbung.de/vorstellungsgespraech/fragerecht/)

In der Alltagsbewerbungssituation ist es aber leider so, dass nahezu jeder Arbeitgeber unzulässige Fragen an die Bewerber stellt. Durch seinen Eingriff in die per Grundgesetz geschützte Privatsphäre des Arbeitsuchenden löst er bei diesem einen nicht zu unterschätzenden Gewissenskonflikt aus, dem mit dem Notwehrrecht auf Lüge Rechnung getragen wird.

4. Lerntest: Offene Fragen zum Vorstellungsgespräch

a) Dürfen Sie auf eine unzulässige Frage die Antwort verweigern?
b) Warum sollten Sie trotzdem antworten?
c) Welche beiden Ebenen im Vorstellungsgespräch gilt es ganz bewusst zu unterscheiden?

Die richtige Lösung finden Sie auf S. 72.

Lösung 3. Lerntest: Antwort b

Der Gesprächsablauf im Einzelnen

DIE TELEFONISCHE VORABBEFRAGUNG

Was für eine merkwürdige Mischung aus Freude und Verunsicherung. Man möchte zunächst erst einmal mit Ihnen telefonieren – noch vor einem in Aussicht gestellten Vorstellungsgespräch ein erstes telefonisches Gespräch. Erstaunen?! Für Sie ist dieses Vorauswahlverfahren neu und eine Überraschung. Was wird man da wissen wollen? Wie kann man sich am besten vorbereiten? Und darf man dabei auch eigene Fragen stellen? Solche Fragen tauchen in dieser Situation sicher bei den meisten Kandidaten auf.

Aus Sicht des Unternehmens sprechen eine Reihe von Gründen für eine telefonische Vorabbefragung, beispielsweise der Kostenfaktor. Gerade wenn zwischen dem Wohnort des Bewerbers und dem Firmensitz eine größere Entfernung liegt, kann so ein Vorabtelefonat helfen, Zeit und Geld zu sparen. Als Test vor einer aufwendigen Vorstellungsgesprächseinladung lässt sich auf diese Weise klären, wer von den interessanteren Bewerbern wirklich unbedingt in die engere Auswahl gehört. Um das Risiko einer falschen Auswahl zu verringern, können auf telefonischem Wege beispielsweise Lebenslaufdetails hinterfragt werden. Nebenbei lassen sich gleich auch gewisse Soft Skills wie z. B. Kontakt- und Kommunikationsfähigkeit direkt im Gespräch erleben. Aber auch fachliche Kompetenzen lassen sich auf diese Weise relativ schnell überprüfen. Nicht zu vergessen die angegebenen Fremdsprachenkenntnisse. Kann der Bewerber tatsächlich verhandlungssicheres Englisch? Ein paar Telefonminuten später weiß man's besser. Nicht selten wird die Hälfte des Telefonats in englischer oder einer anderen Sprache geführt.

Mit Telefoninterviews lassen sich Bewerber für ein späteres persönliches Gespräch fundierter vorauswählen. So hofft man jedenfalls auf Unternehmens-

seite, weshalb dieses Verfahren immer häufiger bei der Bewerbervorauswahl eingesetzt wird – was durchaus auch Vorteile und Chancen für Sie als Bewerber bietet. Hier kann man sich gekonnt verbal präsentieren, den roten Faden im Lebenslauf noch verständlicher vermitteln und natürlich viel unmittelbarer für sich selbst werben.

Vorbereitung vorab

Zunächst einmal lassen sich unangekündigte von fest vereinbarten Telefonaten unterscheiden. Wichtig in beiden Fällen: Melden Sie sich in der Bewerbungsphase am Telefon immer freundlich neutral mit vollem Vor- und Nachnamen. Keinesfalls mit Ihrem Kose- oder Spitznamen, nicht genervt und möglichst neutral ohne Hintergrundgeräusch. Vermeiden Sie außerdem fragwürdige witzige Sprüche auf Ihrem Anrufbeantworter oder auf Ihrer Mailbox. Momentan ist Ihre Priorität, einen Job zu bekommen. Da gilt es, sich seriös zu präsentieren.

Wird man von einem unangekündigten Anruf überrascht, hat man durchaus das Recht, sich zumindest eine kleine Besinnungsphase zu erbitten: »Ich verabschiede gerade wichtigen Besuch. Können wir in fünfzehn Minuten telefonieren?« oder »Ich habe gerade Handwerker in der Wohnung. Wäre auch ein späteres Gespräch möglich? Darf ich Sie gleich/in fünfzehn Minuten zurückrufen? Wie lautet ihre Durchwahlnummer?«. In der gewonnenen Zeit sollten Sie Ihre Bewerbung und das Anschreiben nochmals durchgehen, sich das Firmen- und Stellenprofil in Erinnerung rufen und überlegen, warum Ihr Profil optimal auf die ausgeschriebene Stelle passt.

Ist das Telefoninterview zu einem festen Termin vereinbart, bieten sich vielfältige Vorbereitungsmöglichkeiten. Ähnlich wie beim Vorstellungsgespräch empfehlen wir eine Recherche zu relevanten Firmeninformationen, z. B. aktuelle Unternehmensprojekte, Markenstrategien, Zukunftsvisionen, und ein paar eigene Übungen zur Darstellung Ihres beruflichen Profils. Zusätzlich sollten alle wichtigen Bewerbungsunterlagen griffbereit liegen ebenso wie Stift und Papier. Das passende Umfeld beim Telefontermin spielt ebenfalls eine wichtige unterstützende Rolle. Organisieren Sie eine möglichst ruhige Umgebung, wenn notwendig sogar eine Kinderbetreuung. Reservieren Sie ausreichend Zeit für diese besondere telefonische Prüfungssituation. Sie benötigen bereits vorab etwas Ruhe zur inneren Sammlung, dann während des Telefonats die nötige Konzentration auf die ausgetauschten Informationen und nach dem Gespräch nochmals Zeit für Notizen zu wichtigen Inhalten sowie etwas Manöverkritik und Reflexion.

Auch Ihre Kleidung sollte trotz des fehlenden visuellen Kanals nicht zu leger sein. Wer im Schlafanzug oder Bademantel ein Telefoninterview führt, überträgt diese Lässigkeit wahrscheinlich auf das Gespräch, was am Ende problematisch werden könnte. Interessant ist tatsächlich auch der Aspekt Ihrer Körperhaltung während des Telefonats. Versuchen Sie

aufrecht zu sitzen, so als wenn Ihr Gesprächspartner tatsächlich vor Ort wäre. Wenn Sie nämlich zu locker im Sessel hängen, wird dies Ihre Antworten eher negativ beeinflussen.

Übrigens: Ein Telefoninterview kann auch durch eine Webcam erweitert werden. Passende Programme, z. B. Skype, ermöglichen eine Kommunikation, bei der zusätzlich die visuelle Ebene übermittelt wird. Das ist stark im Kommen! Wer hier technisch überfordert ist, sollte sich vorab unbedingt Unterstützung organisieren und einen Probelauf starten. Bei solchen Webcam-Interviews sind dann natürlich Ihre Körpersprache sowie die passende Kleidung ganz besonders wichtig.

Die Gesprächsphasen

Wie auch bei einem Vorstellungsgespräch besteht das Telefoninterview aus bestimmten Phasen. Grob unterschieden werden Einstieg, der thematisch wichtige Hauptteil und der Abschluss. Erkundigen Sie sich am Anfang des Interviews, falls nicht vorab geklärt, über den zu erwartenden Fragenkatalog, die ungefähre zeitliche Länge des Gesprächs sowie den beruflichen Hintergrund des Interviewers. Auf diese Weise können Sie viel besser inhaltliche Schwerpunkte bilden bzw. mitbestimmen, ohne den Gesprächspartner zu über- oder unterfordern. Es macht natürlich einen Unterschied, wer Sie anruft. In welcher beruflichen Position ist Ihr telefonischer Gesprächspartner? Personalberater und auch Personalreferenten werden eher weniger fachlich in die Tiefe gehen, während Fachbereichsvertreter durchaus sehr konkrete Fachfragen stellen und ganz anders nachhaken können.

Nach ersten einleitenden Worten folgt sehr schnell der Hauptteil des Telefoninterviews, der auch abhängig von der jeweiligen Stellenausschreibung ist. Etwas verallgemeinert geht es um Ihren ausbildungstechnischen und/oder beruflichen Werdegang im Kontext zu der vakanten Position. Relevant sind Ihre aktuellen Arbeitsschwerpunkte, besondere Spezialisierungen, Erfahrungen mit bestimmten Aufgaben/Problemen, zukünftige Perspektiven sowie – wenn vorhanden – gewisse Highlights oder beispielsweise Lücken im Lebenslauf. Beispielfragen wären:

5. Lerntest: Ihr Wissensstand zum Vorstellungsgespräch
Achtung! Es können auch mehrere Antworten richtig sein.

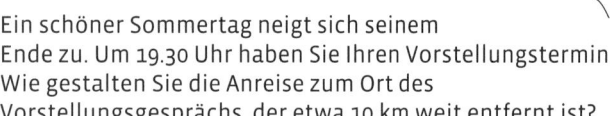

Ein schöner Sommertag neigt sich seinem Ende zu. Um 19.30 Uhr haben Sie Ihren Vorstellungstermin. Wie gestalten Sie die Anreise zum Ort des Vorstellungsgesprächs, der etwa 10 km weit entfernt ist?

a) Sie laufen, weil das gesund ist
b) Sie nehmen das Fahrrad, weil: auch das ist gesund
c) Sie fahren mit Ihrem eigenen Auto
d) Sie lassen sich von jemanden, der Ihnen nahesteht, dort hinfahren
e) Sie nehmen das Taxi
f) Sie vertrauen den öffentlichen Verkehrsmitteln

Die richtige Lösung finden Sie auf S. 111.

Lösung 4. Lerntest:
a) Ja, nur sollte man das etwas geschickter tun, als sich nur zu verweigern
b) Damit kein großer peinlicher Moment entsteht
c) Die offizielle (berufliche) und die persönliche (private) Ebene

- »Wie sieht ein typischer Arbeitstag bei Ihnen aus?«
- »Welche fachlichen Kompetenzen haben Sie in der Vergangenheit einsetzen können und welche Erfolge haben Sie damit erzielt und in welcher Weise möchten Sie diese am neuen Arbeitsplatz einbringen?«
- »Wie kam es zu Ihrer Studienwahl, Berufswahl, zum vorletzten und aktuellen Job?«
- »Wie erleben und wie erklären Sie sich Ihre Arbeitslosigkeit?«

Wir könnten jetzt noch viele Fragen auflisten. Im weiteren Verlauf dieses Buches lernen Sie alle wichtigen Fragestellungen kennen.

Am Ende des Telefonats sollten nochmals organisatorische Aspekte geklärt werden: Wie geht es weiter? Wann ist mit einer Entscheidung zu rechnen? Erbitten Sie sich in freundlich höflicher Weise an dieser Stelle möglichst verbindliche Auskünfte. Gleichzeitig gilt es, sich für das Telefonat zu bedanken und höflich zu verabschieden. Halten Sie unbedingt nach dem Telefonat für sich selbst die wichtigsten besprochenen Informationen schriftlich fest. Vielleicht klingelt schon bald wieder das Telefon …

Vertrauensaufbau per Telefon

Dreht sich im Telefoninterview nun also alles um den vorab unbekannten Fragenkatalog? Ja und nein. Es geht auch um die Art der Kommunikation. Auf welcher Ebene begegnet man sich? Wie emotional oder gesprächig reagieren Sie auf welche Themen? Wann fragen Sie nach? Wie gut können Sie generell zuhören?

Versuchen Sie, je nach Situation weder zu kurz noch zu lang zu antworten. Es gilt, die Dinge prägnant auf den Punkt zu bringen und gleichzeitig auch an den richtigen Stellen einen authentischen Blick in Ihren Lebens- und Berufsalltag zu gewähren. Bedenken Sie bei Ihrem Telefonat die generelle Wechselseitigkeit zwischen Zuhören und Selbstreden. Vergessen Sie nicht Ihre eigenen Fragen:

- »Welche Punkte aus dem Stellenprofil sind besonders wichtig?«
- »Was wären die ersten Arbeitsprojekte?«
- »Welcher Firmenstandort wäre für mich relevant?«
- »Wem wäre ich dann zugeordnet?«

An solchen Fragen erkennt man den wirklich interessierten und hoch leistungsmotivierten Bewerber.

Bedenken Sie außerdem, dass während des Telefonats eine technische Verbindung besonderer Art existiert. Nicht immer wird die Sprachqualität gleich gut sein. Nicht immer wird man jedes Wort akustisch verstehen. Hinzu kommt, dass man Mimik und Gestik des Gesprächspartners nicht sieht, weshalb bestimmte Bedeutungen schwieriger verstanden werden, als wenn man sich wirklich gegenübersitzen würde. Lassen Sie Ihren Gesprächspartner möglichst in Ruhe ausreden und fragen Sie bei Unsicherheiten nach, ob Sie diesen oder jenen Punkt richtig verstanden haben. Beachten Sie, dass es nicht nur darauf ankommt, was Sie sagen, sondern vor allem auch wie Sie es sagen. Wenn Sie merken, dass Sie bei bestimmten Themen sehr emotional reagieren, so gilt es trotzdem Ruhe zu bewahren, tief durchzuatmen und sich nicht zu sehr in seinen Emotionen zu verfangen. Versuchen Sie Einwänden sachlich, konstruktiv und durch logische Argumentation zu begegnen. Und streiten Sie nicht, denn das ist jetzt sicher der falsche Moment!

Kurz gesagt: Jedes Telefonat ist ein vielseitiger Austauschprozess und es gilt über das Gespräch hinweg eine positive Atmosphäre, ja eine Art emotionale Beziehung aufzubauen. Wenn Sie jedoch gleich am Anfang auf Konfrontation gehen, kann sich der weitere Austausch schwierig gestalten. Bei wichtigen Fragen sind übrigens kurze Pausen, um über das angesprochene Thema einen Moment nachzudenken, durchaus erlaubt und unterstreichen Ihre Motivation, sich möglichst intensiv mit der jeweiligen Frage auseinandersetzen zu wollen.

Und noch etwas: Vielleicht haben Sie ja sogar einen Fragenkatalog vorab per Mail zugesandt bekommen und sollen sich jetzt erst einmal schriftlich (per Mail) dazu äußern. Wir bieten Ihnen dazu unter *www.berufsstrategie-plus.de* Infos zu Hintergrund und Umgang mit schriftlichen Vorabfragen.

DAS VORSTELLUNGSGESPRÄCH UND SEIN VERLAUF

Kommen wir nun zum Gesprächsablauf, genauer gesagt zu den üblicherweise zehn Phasen bzw. Hauptthemen eines Vorstellungsgesprächs. Hieraus werden die Fragen geschöpft, mit denen Sie sich bereits jetzt in Ihrer Vorbereitung auseinandersetzen sollten. Die einzelnen Phasen sind:

1. Begrüßung und Einleitung des Gesprächs
2. Bewerbungsmotive und Leistungsmotivation
3. Beruflicher Werdegang und aktuelle Arbeitssituation
4. Persönlicher, familiärer und sozialer Hintergrund
5. Gesundheitszustand
6. Berufliche Kompetenz und Eignung
7. Informationen für den Bewerber
8. Arbeitskonditionen
9. Fragen des Bewerbers
10. Abschluss des Gesprächs und Verabschiedung

Abgesehen von der Begrüßungs- und Verabschiedungsphase kann selbstverständlich die Reihenfolge variieren. Auch müssen nicht gleich beim ersten Vorstellungsgespräch alle Themen ausführlich behandelt werden – vor allem nicht die Arbeitskonditionen und das Gehalt. Die obige Übersicht gibt Ihnen jedoch einen optimalen Eindruck, welche Themenbereiche insgesamt auf Sie zukommen können.

Nach diesem Überblick möchten wir Ihnen die zehn Phasen des Vorstellungsgesprächs detailliert erläutern. Dazu haben wir das folgende Darstellungsschema gewählt:

• Fragen, die an Sie gerichtet werden
• Worum es dabei im Einzelnen geht – der Hintergrund dieser Fragen
• Tipps für eine optimale Beantwortung
• Fragevarianten zu dieser Thematik

Die nachfolgenden Abschnitte dieses Buches informieren Sie umfassend darüber, welches Fragenrepertoire Personalchefs heutzutage »draufhaben«, welche Fragen zu den oben genannten Themen auf Sie zukommen können. Sehr wichtig ist es uns, Sie mit dem Hintergrund der einzelnen Fragen vertraut zu machen, der sich – insbesondere in der Stresssituation Vorstellungsgespräch – nicht auf den ersten Blick erschließt. Unsere Tipps sind keine Antwortvorgaben oder gar konkreten Formulierungsvor-

schläge, sondern sollen Chancen und Gefahren einzelner Beantwortungsmöglichkeiten verdeutlichen. Die Hinweise können Ihr eigenes Bemühen, zu jeder Frage Ihre ganz persönliche Antwortstrategie zu entwickeln, nicht ersetzen.

Für die nun vorgestellten Hauptfragen gilt: Nicht alle können Ihnen in einem ersten Gespräch gestellt werden. Sie wissen aber nach dem Studium unseres umfassenden Fragenkatalogs, was potenziell auf Sie zukommen kann, und haben die Möglichkeit, sich entsprechend vorzubereiten. Böse Überraschungen sind somit praktisch ausgeschlossen, Angst und Aufregung wirksam reduziert.

Die zwölf wichtigsten Fragen kennen Sie bereits. Diese tauchen in dem jetzt folgenden Katalog der 90 am häufigsten im Vorstellungsgespräch gestellten Fragen noch einmal auf. Dafür haben wir sie auch mit drei Sternen besonders gekennzeichnet. Von diesen zwölf wichtigsten Fragen kommen mindestens sieben in jedem Gespräch vor. Das bedeutet: Ihnen ist ein gutes Drittel aller Fragen in Ihrem Vorstellungsgespräch bereits bekannt. Übrigens: Die zwölfte Frage ist: »Welche Gehaltsvorstellung haben Sie?« – auch ein Thema, zu dem Sie sich bereits vorab Gedanken machen müssen.

Da ein Vorstellungsgespräch im Durchschnitt auf eine bis anderthalb Stunden begrenzt ist (Führungskräfte müssen schon mit zwei und mehr Stunden rechnen, für andere Jobs reicht dafür manchmal auch eine halbe bis Dreiviertelstunde), ist die Anzahl der Ihnen gestellten Fragen je nach Temperament des Fragestellers auf etwa 15 bis maximal 25, bei mehr als einer Stunde Zeit eventuell auch 30 begrenzt. Sie sehen, wie viel Sie bereits durch die zwölf wichtigsten Fragen abgedeckt haben.

Wie Sie bereits lesen konnten, erläutern wir zu jeder Frage unter der Überschrift »Worum es geht« den auf den ersten Blick oftmals nicht erkennbaren Fragenhintergrund. Mit Tipps versuchen wir aufzuzeigen, worauf es ankommt, wenn Sie Ihre eigene, individuelle Antwort formulieren. Mit den Fragevarianten möchten wir andeuten, in welchen Abwandlungen das prinzipiell gleiche Thema abgefragt werden kann.

Weiterhin haben wir die Fragen hinsichtlich ihrer Wichtigkeit und Häufigkeit des Vorkommens folgendermaßen bewertet:

*** = absolut wichtig, sehr häufig (gehört in die Kategorie der zwölf wichtigsten Fragen, s. S. 52)
** = sehr wichtig und häufig eingesetzt
* = wichtig, öfter eingesetzt
(ohne) = auch noch von Bedeutung, aber nur gelegentlich eingesetzt

In Zahlen ausgedrückt haben wir:

- 12 absolut wichtige und sehr häufig eingesetzte Fragen ***,
- 13 sehr wichtige und häufig eingesetzte Fragen ** sowie
- 18 wichtige und öfter eingesetzte Fragen *.

Diese insgesamt 43 Fragen sind in ihrer Bedeutung also höher einzuschätzen als die restlichen Fragen ohne Stern und sollten für Sie bei der Vorbereitung natürlich Priorität haben.

BEGRÜSSUNG UND EINLEITUNG DES GESPRÄCHS

Bevor es zu dem typischen Frage-und-Antwort-Spiel kommt, wird das Vorstellungsgespräch durch eine Art Small Talk eingeleitet. Dieser ist absolut wichtig! Unterschätzen Sie nicht diese ersten Sekunden bis ein, zwei Minuten. Es geht hier um den berühmten ersten Eindruck, für den Sie keine zweite Chance bekommen. Nutzen Sie also die ersten Minuten dieser Begegnungssituation, um Sympathie entstehen zu lassen. Sie wissen ja, wie wichtig Sympathie bei der Entscheidung für Sie als den besten Kandidaten ist (s. S. 14 ff.).

Wenn irgend möglich: Bedanken Sie sich für die freundliche Einladung, die gute Organisation der Anreise (Sie haben alles ganz leicht finden können ...) oder die Rücksichtnahme, falls Sie einen anderen Terminwunsch hatten und man Ihnen entgegengekommen ist. Dank, Lob, eine kleine Schmeichelei sind wichtig! Es geht darum, einen positiven Kontakt herzustellen. Nicht plump, nicht anbiedernd, sondern geschickt, freundlich, offen ... einfach sympathisch.
Versuchen Sie, gelassen und (einigermaßen) selbstsicher zu erscheinen. Vermeiden Sie es, abgehetzt, angespannt und nervös zu wirken. Lächeln Sie Ihr Gegenüber freundlich an, halten Sie Blickkontakt. Okay, alles leichter gesagt als getan, aber Sie müssen diesen Rat ja zunächst einmal kennen, um es dann zu versuchen ...
Stellen Sie sich – falls Ihr Name noch nicht gefallen ist – deutlich, aber in angemessener Lautstärke vor. Merken Sie sich die Namen Ihres oder (das ist schon schwerer) Ihrer Gesprächspartner. Dies dient dazu, Ihr(e) Gegenüber namentlich ansprechen zu können. In dieser allerersten Phase kommt es auf die direkte persönliche Kontaktaufnahme an. Man beäugt Ihr Äußeres, Ihr Auftreten und Ihre Umgangsformen:

Kommen Sie pünktlich oder auf die letzte Minute? Wirken Sie gehetzt, ängstlich-nervös oder ruhig, natürlich und gelassen – ohne übertriebene Selbstsicherheit, »Wurschtigkeit« oder sogar Arroganz? Sind Sie anpassungsfähig – vor allem aber: Machen Sie einen sympathischen (ersten) Eindruck? Das sind die Gedanken Ihres Gegenübers.

Ein zu kräftiger Händedruck (Marke »Knochenbrecher«) oder verschämte Laschheit (»tote Hasenpfote«) erzeugen wenig Sympathie in den ersten wichtigen Sekunden dieser für Sie bedeutsamen Begegnung mit Ihrem potenziellen Arbeitgeber. Das Abwischen der schweißnassen Hand an Rock oder Hose wirkt absolut peinlich. Der verschämte Blick nach unten oder an die Decke, der enttäuscht-verkrampfte Gesichtsausdruck, weil der Gesprächspartner nicht Ihren Erwartungen entspricht (zu jung, zu alt, einfach nicht Ihr Typ), könnte folgenschwer auf Sie selbst zurückfallen und die Weichen gänzlich falsch stellen – aufs Abstellgleis.

Und jetzt zu den wichtigsten Fragen im Vorstellungsgespräch. Auch wenn nur – je nach Länge des Gesprächs – ein Bruchteil davon zum Einsatz kommt: Sie wissen nach der Lektüre dieses Abschnitts Bescheid und sind vorbereitet. Was kann da noch schiefgehen? Entspannen Sie sich. Und falls Sie doch einen Frosch im Hals haben, die Hände etwas zittern, Sie sich heiß und gleichzeitig kalt fühlen: Bekennen Sie sich zu Ihrer Aufregung. Man wird dafür in den meisten Fällen Verständnis haben, bisweilen sogar besondere Sympathie für Sie aufgrund dieses Eingeständnisses empfinden.

BEWERBUNGSMOTIVE UND LEISTUNGSMOTIVATION

Ihre Bewerbungsmotive

1 **Warum haben Sie sich bei uns für diese Aufgabe / Position beworben? *****

Darum geht es wirklich

Thema ist die Überprüfung Ihrer Motivation, Ihres Interesses. Wie fundiert ist beides? Was bewegt Sie wirklich? Aus welcher Situation heraus bewerben Sie sich? Ist dieser Arbeitsplatz (das Unternehmen / die Aufgabe) erste Wahl oder nur Kompromiss- bzw. sogar Notlösung oder gar ein Pilotversuch? Wie sind Image und Stellenwert des potenziellen Arbeitgebers bei Ihnen gewichtet? Wissen Sie den eventuellen neuen Arbeitgeber zu schätzen?

Tipps

Auf diese Standard-Erzählen-Sie-mal-Frage und ihre Varianten (s. u.) müssen Sie wirklich gut vorbereitet sein, wenigstens fünf Minuten flüssig und interessant sprechen können. Es handelt sich hierbei um eine der wichtigsten, entscheidendsten Fragen im ganzen Gespräch! Dabei darf der Unterhaltungs- und Spannungswert auf keinen Fall zu kurz kommen, was Sie übrigens ganz generell bei Ihren Antworten berücksichtigen sollten. Ergo – die goldene Regel: Bloß nicht langweilen! Und deshalb gut vorbereitet sein durch Kommunikationsziel, Botschaften und Argumentation (KBA).

Frage-Varianten

- Wie ist es eigentlich zu Ihrer Bewerbung als … bei unserem Unternehmen / unserer Institution gekommen?
- Was reizt Sie an dieser Aufgabe / Position?
- Warum wollen Sie gerade bei uns, in unserem Unternehmen / unserer Institution arbeiten?

Schlecht geantwortet: Gute Frage, da muss ich nachdenken … lassen Sie mich mal überlegen … Oder: Ich brauche das Geld … Bei uns in der Firma herrscht Einsparwahn … Der Chef / mein Vorgesetzter / die Kollegen (jetzt folgt eine negative Aussage).
Besser: *Ich suche nach X Jahren wieder eine neue Herausforderung … will meinen beruflichen Horizont erweitern … wünsche mir ein anderes Umfeld* (Achtung! Auf Nachfragen vorbereitet sein! »Warum?« – lautet immer die sich anschließende Frage).

2 **Warum haben Sie vor, den Arbeitsplatz zu wechseln? ****

Darum geht es wirklich

Weiter sollen die Motive Ihrer Bewerbung erforscht werden, geht es um die Ausleuchtung Ihrer Ausgangs- und Hintergrundsituation. Sind Sie in einer beruflichen / persönlichen Drucksituation, und wenn ja, warum? Wie hoch ist der Grad Ihrer Unzufriedenheit, und wodurch ist diese bedingt?

Tipps

Wie begründen Sie den Wunsch nach einem Arbeitsplatzwechsel oder einem Neu- bzw. Wiedereinstieg? Hier muss Ihnen eine plausibel klingende, überzeugende Argumentation gelingen. Verlieren Sie sich nicht in Details, beklagen Sie sich auf keinen Fall über Ihren jetzigen bzw. über frühere Arbeitgeber / Vorgesetzte oder gar über Ihre Aufgabenbereiche. Gern wird gehört: Man will vorankommen, die neue Aufgabe wird als Herausforderung betrachtet, erscheint reizvoll, man möchte es sich und anderen beweisen (was übrigens die nächste Frage provoziert).

Frage-Varianten

- Weshalb wollen Sie Ihre jetzige Tätigkeit / Position aufgeben?
- Warum haben Sie Ihren letzten Arbeitsplatz aufgegeben / verloren etc.?
- Warum haben Sie in Ihrer jetzigen Firma / Institution keine Veränderungsmöglichkeiten / Aufstiegschancen (warum diese Sackgasse)?
- Was sind die Gründe für Ihre Unzufriedenheit?

Schlecht geantwortet: *Unser Betrieb hat Probleme … Ich habe Schwierigkeiten mit Vorgesetzten, Kollegen etc. Ich habe die Nase voll, werde nicht gerecht behandelt / bezahlt …*
Besser: *Das, was ich von Ihnen gelesen habe, klang sehr interessant und da dachte ich … Ich suche eine neue Herausforderung* (dann aber bitte auf Nachfrage gut begründen können, was, warum und wie Sie sich das vorstellen).

3 **Was erwarten Sie für sich / von uns / dem Job? *****

Darum geht es wirklich

Hintergrund ist immer noch die Überprüfung Ihrer Motivation (zu Deutsch: Beweggründe. Was bewegt

Sie wirklich?). Wie gut sind Sie vorbereitet, wie realistisch sind Ihre Einschätzungen?

Tipps

Sie müssen überzeugend argumentieren, Geduld zeigen, variantenreich darstellen und dürfen sich nicht in Widersprüche oder simple Wiederholungen verstricken. Sind die von Ihnen angeführten Bewerbungs-(Beweg-)Gründe nachvollziehbar? Machen Sie deutlich, dass Sie sich auf die beruflichen Aufgaben und diesen konkreten potenziellen Arbeitgeber gut vorbereitet haben. Gern gehört werden Stichworte wie »Zukunftschancen« und »Image der Firma« – aber vermeiden Sie zu plump klingende Schmeicheleien.

Frage-Varianten

- Was reizt Sie an der neuen Aufgabe?
- Was erhoffen Sie sich?
- Was sind allgemein Ihre Erwartungen/Pläne/Hoffnungen?
- Was erwarten Sie speziell von uns, was erhoffen Sie sich?

Schlecht geantwortet: Schweigen... *Lassen Sie mich mal überlegen, das Gehalt... Dass ich meiner jetzigen Firma den Rücken zeigen kann...*
Besser: Das ist gar nicht so einfach zu beantworten, es sind mehrere Dinge, die da zusammenkommen...

 4 ## Was hat Ihnen bisher an Ihrer Aufgabe/Position gefallen, was missfallen und warum? **

Darum geht es wirklich

Es besteht die Sorge, dass Sie Ihre eventuell bestehende Unzufriedenheit quasi als chronische Erkrankung mit an den neuen Arbeitsplatz bringen und dass somit nicht objektive, sondern negativ-subjektive Gründe den gewünschten Wechsel bedingen.

Tipps

Selbstverständlich üben Sie Ihre jetzige berufliche Tätigkeit gerne aus, identifizieren sich mit Ihrem Beruf. Einerseits möchte man Sie (ab-)werben, andererseits hat man Angst, dass sich hinter Ihrer Wechselbereitschaft eventuell unangenehme Überraschungen auch für den potenziellen neuen Arbeitgeber und Arbeitsplatz verbergen könnten. Es geht um die Befürchtung des Arbeitgebers, sich durch Sie eine Art Kuckucksei ins Nest zu holen. Schildern Sie Ihre jetzigen Aufgaben zu negativ, wird man an Ihnen zweifeln, bei zu positiver

Darstellung wirkt Ihr Wunsch nach einem Arbeitsplatzwechsel unglaubwürdig. Ein schmaler Grat, auf dem Sie wandeln. Ausweg aus diesem Dilemma ist die plausible Darstellung, worin die Verbesserung durch den Wechsel oder Neustart/Wiedereinstieg für Sie bestehen könnte.

Frage-Varianten

- Üben Sie Ihre jetzige berufliche Tätigkeit gerne aus?
- Was glauben Sie, ist bei uns anders?

Schlecht geantwortet: Schweigen... *Lassen Sie mich mal überlegen, das Gehalt war es nicht, auch nicht die Kollegen, schon gar nicht mein Vorgesetzter... Äh, eigentlich alles, das macht mir alles Freude, Spaß...*
Besser: Lassen Sie mich überlegen, also da gibt es schon einiges, wie z.B....

 5 ## Wie lange tragen Sie sich schon mit dem Gedanken, den Arbeitsplatz zu wechseln?

Darum geht es wirklich

Sind Sie ein frustrierter und zusätzlich auch noch ein zögerlicher Zauderer, der sich schon seit Jahren oder Monaten mit Wechselgedanken herumquält, oder sind Sie frustriert und ein Hitzkopf, der aus frischem Ärger heraus spontan auf und davon will? Es geht um Ihre Frustrationstoleranz: Wie ausgeprägt ist diese?

Tipps

Je nach Position und Verweildauer beim jetzigen Arbeitgeber können Sie sich mehr oder weniger Zeit für Ihre Wechselgedanken zugestehen. Möglich wäre auch zu sagen, dass die attraktive Beschreibung des neuen Aufgabenfeldes (z.B. in der Stellenanzeige) in Ihnen diesen Wunsch erst hat richtig aufkommen lassen.

Frage-Varianten

- Sind Sie spontan auf die Idee gekommen, den Arbeitsplatz zu wechseln?
- Wie lange können Sie sich noch vorstellen, in der momentanen Position/Situation zu verbleiben?

Schlecht geantwortet: Fast schon gleich seit Anfang an... Seit über einem Jahr... Seit gestern/heute Morgen...
Besser: Das kann ich gar nicht so genau sagen, eine ganze Weile schon, zuerst habe ich gedacht, das wird auch wieder vergehen...

Wie gut kennen Sie uns bereits, ... unsere Produktion / Marktposition / Dienstleistungen usw. ? **

Darum geht es wirklich

Eine weitere Frage zur Überprüfung der Qualität Ihrer Vorbereitung auf das Vorstellungsgespräch bei diesem potenziellen Arbeitgeber. Wie überzeugend und kenntnisreich ist Ihre Darstellung? Und: Wie ziehen Sie sich bei schwierigen Fragen (z. B. weil Sie gar nicht so viel wissen – vielleicht auch objektiv wissen können) aus der Affäre?

Tipps

Bei guter Vorbereitung haben Sie einiges über das Unternehmen / die Institution in Erfahrung gebracht und machen jetzt zu diesem Punkt einen kompetenten Eindruck. Das darf Sie aber nicht dazu verleiten, sich bei der Frage-Variante, wie Sie sich die Tätigkeit beim neuen Arbeitgeber vorstellen, zu sehr zu exponieren. Es ist eigentlich Sache Ihres Gesprächspartners, Ihnen eine Arbeitsplatzbeschreibung zu geben. Hier besteht ganz leicht die Gefahr, dass Sie sich »vergaloppieren« und als notorischer Besser- oder Alleswisser unangenehm auffallen.

Frage-Varianten

- Woher ist Ihnen unser Unternehmen / unsere Institution bekannt?
- Wie stellen Sie sich Ihre Tätigkeit bei uns vor?

Schlecht geantwortet: Zugegeben, ich weiß nur das, was auch in der Anzeige steht ...
Besser: Ich habe mich schlau gemacht, mich im Internet umgeschaut, Ihre Seite besucht, mit Freunden und Kollegen über dies und das, was Ihr Unternehmen macht, wofür es steht usw. gesprochen, mich ausgetauscht ... alles sehr positiv, beeindruckend ...

 Haben Sie einen besonderen (persönlichen) Bezug zu unserem Unternehmen?

Darum geht es wirklich

Welche Wertschätzung bringen Sie Ihrem potenziellen Arbeitgeber entgegen? Woher beziehen Sie Ihre Informationen? Wissen Sie, was man wie sagt und was man lieber für sich behält?

Tipps

Ein persönlicher Bezug zum Unternehmen kann von Vorteil sein. Wenn Sie sich auf diese Frage vorbereitet haben und die Auskunft glaubwürdig klingt,

sammeln Sie Pluspunkte. Lassen Sie sich nicht dazu verleiten, eventuelle Kenntnisse aus der internen Firmen-Gerüchteküche auszuplaudern. Wenn Sie angeben möchten, jemanden aus dem Unternehmen zu kennen, sollten Sie dessen Position und Ansehen einschätzen können.

Frage-Varianten

- Kennen Sie Mitarbeiter aus unserem Haus?
- Was haben die Ihnen denn so alles über uns erzählt?

Schlecht geantwortet: Wie meinen Sie das? Ich kenne das Unternehmen ja noch gar nicht richtig ...
Besser: In gewisser Weise ja, ... kluge Begründung. Ansonsten wieder: Ich habe mich schlau gemacht, im Internet umgeschaut, Ihre Seite besucht, mit Freunden und Kollegen über dies und das, was Ihr Unternehmen macht, wofür es steht usw. gesprochen, mich ausgetauscht ... alles sehr positiv, beeindruckend ...

8 Haben Sie zurzeit noch andere Bewerbungsverfahren laufen? *

Darum geht es wirklich

Um die Ernsthaftigkeit Ihres Arbeitsplatzwechsel-Wunsches, um die Frage, wie viel Druck hinter diesem Anliegen steckt. Aber auch die besondere Wertschätzung gegenüber dem potenziellen Arbeitgeber soll mit Fragen dieser Art erforscht werden. Ist diese Firma / Institution erste Wahl, oder rangiert sie irgendwo unter »ferner liefen«? Setzen Sie alles auf eine Karte oder haben Sie – aus welchem Druck und Antrieb auch immer – eine Vielzahl von Bewerbungsschreiben »ausgestreut«?

Tipps

Wie hoch ist Ihre Identifikation mit dem jetzt gerade ablaufenden Bewerbungsverfahren? Also: Kein Wort über eventuelle Absagen und Fehlschläge und besser nichts über parallele Verhandlungen, es sei denn, Sie haben ein ganz konkretes Angebot, das für Sie ernsthaft in Betracht kommt. Gefahr: Sie wirken unglaubwürdig bis erpresserisch und vermasseln sich Ihre Chancen.

Frage-Varianten

- Gibt es schon konkrete Verhandlungen bzw. Ergebnisse?
- Haben Sie in der letzten Zeit bereits Vorstellungsgespräche im Rahmen von Bewerbungen für vergleichbare Positionen geführt?

Schlecht geantwortet: Lassen Sie mich mal nachrechnen, also 25 im letzten Monat, seit Beginn des Jahres etwa 150, ... äh, nein, ich will nicht lügen, also nur 145, und letzte Woche ...

Besser: Ich habe mich schon hin und wieder mal umgeschaut, also ein zwei Bewerbungen in der letzten Zeit geschrieben, beide sind noch offen ...

9   Was bewog Sie dazu, im Jahre 20XX und dann 20XX den Arbeitsplatz zu wechseln? *

Darum geht es wirklich

Wechseln bzw. wechselten Sie in Frieden oder Unfrieden? Gibt es bei Ihnen sich wiederholende Motive, die Sie zum Arbeitsplatzwechsel veranlassen? Spielen dabei in Ihrer Person begründete Probleme eine Rolle (vor denen man sich aus Arbeitgebersicht bewahren möchte)?

Tipps

Seien Sie darauf vorbereitet, (auch frühere) Arbeitsplatzwechsel plausibel darstellen zu können. Schuldzuweisungen kommen bei Ihren Gesprächspartnern immer extrem schlecht an. Diese addieren sich letztlich nur auf dem Negativkonto der Person, die sie ausspricht, kurzum auf Ihrem. Wenn es bisher keine oder sehr wenige Arbeitsplatzwechsel bei Ihnen gab (Frage-Variante), müssen Sie auch dies erklären. Vermeiden Sie unter allen Umständen Tiraden von Selbstanklagen und Entschuldigungen.

Frage-Varianten

- Warum haben Sie bisher nicht (oder nur so selten) Ihren Arbeitsplatz gewechselt?
- Können Sie sich vorstellen, zu einem späteren Zeitpunkt in die alte (jetzige) Firma zurückzukehren?

Schlecht geantwortet: Weiß ich nicht mehr, kann ich nicht sagen ... Zurückkehren? Nein, das käme nicht infrage, und warum ich damals von dort nach dort gewechselt habe, das weiß ich jetzt doch nicht mehr. Oder: *Darüber möchte ich nicht sprechen.*

Besser: Ich glaube, dass ist eher unwahrscheinlich, aber man sollte ja nichts ausschließen. Ich werde jedenfalls keine »verbrannte Erde« hinterlassen, wenn ich ausscheide ... so habe ich es schon immer gehalten, und der Wechsel damals hatte diesen Grund ... z.B. ich bin angesprochen worden, ob ich Interesse hätte, diese oder jene Aufgabe zu übernehmen, und das habe ich mir damals überlegt und dann zugesagt.

Und zur Wechselmotivation von damals: Nun, ich bekam einen Tipp, ich solle mich doch mal dort vorstellen ... und die waren sehr interessiert an mir, machten mir ein sehr gutes Angebot ...

Ihre Leistungsmotivation

10   Wie stellen Sie sich (im Idealfall) Ihre Arbeit / Aufgaben bei uns vor? *

Darum geht es wirklich

Wie intensiv haben Sie diese Themen bereits durchdacht? Wie realistisch sind Ihre Einschätzungen? Was für eine »Arbeitspersönlichkeit« sind Sie? Wie präsentieren Sie sich? Welche Persönlichkeitsmerkmale zeigen Sie bzw. lassen Sie erkennen? Welche Prognose für Ihre Leistungsmotivation kann man bei Ihnen aufgrund Ihrer Antworten wagen?

Tipps

Stellen Sie sich geschickt an im Umgang mit schwierigen, weil komplexen Themen? Empfehlung: Nicht in Details verlieren, nicht zu sehr »Überflieger« sein. Das realistische Mittelmaß – aber nicht zu glatt! – wird honoriert. Wer hier in ein 20-minütiges Referat verfällt oder Extrempositionen vertritt, ist »out«.

Frage-Varianten

- Was sind – aus Ihrer Sicht – die Vor- und Nachteile der von uns angebotenen Position, und wie wollen Sie damit umgehen?
- Was hat für Sie Priorität bei Ihrer Arbeit?

Schlecht geantwortet: Ach, wissen Sie, die Hauptsache ist doch, die Bezahlung stimmt, keine Überstunden und ich werde immer fair behandelt ... Mein Traumjob ist, Vorgesetzter zu sein und Aufgaben zu delegieren ... Nachteile, da kann ich mir nichts vorstellen, ich sehe nur Vorteile ...

Besser: Mir ist bei meiner Arbeit wichtig ... Eigenverantwortung, ein klar umrissenes Aufgabengebiet, ein gutes Miteinander, Klima (gute Kommunikation) unter den Mitarbeitern und auch zum Vorgesetzten. Jede Arbeit hat Vorteile und gelegentlich auch Schattenseiten. Die Vorteile sehe ich darin, dass ... als Nachteil fällt mir jetzt ein ... aber damit kann ich leben, mich gut arrangieren.

11 Auf welche Ihrer beruflichen Leistungen und Erfolge sind Sie besonders stolz? Und jetzt zu Ihren Misserfolgen … ✱✱✱

Darum geht es wirklich

Was haben Sie als Leistungsnachweis anzubieten? Nebenbei wieder einmal: Wie gehen Sie mit heiklen Fragen um?

Tipps

Ihr mögliches Erschrecken beim Lesen dieser Frage (»Mein Gott, was würde ich denn darauf antworten?«) dokumentiert noch einmal die Sinnhaftigkeit einer guten Vorbereitung. Sie erspart das Schockiertsein mit nachfolgendem Stammeln oder Verplappern in der Realsituation Vorstellungsgespräch.

An Ihren Erfolgen und besonders an den von Ihnen eingestandenen Misserfolgen werden Sie gemessen. Wer keine Misserfolge zu berichten weiß, macht sich extrem verdächtig, und wer eingesteht, ein »Millionending« in den Sand gesetzt zu haben, »outet« sich selbst. Während man bei den Erfolgsberichten etwas großzügiger (aber nicht unglaubwürdig) sein darf – insbesondere die Teamleistung sollte hervorgehoben werden – gilt es bei den Misserfolgen, eher bei sich selbst zu bleiben (Ich …), ohne jedoch wirklich gravierende, irreparable Schäden zu berichten (zu beichten). Die Analyse Ihrer Erfolgs- und Misserfolgsberichte lässt viele Rückschlüsse auf Sie als potenziellen Mitarbeiter zu.

Frage-Varianten

- Was sind Ihre (beruflichen) Highlights/Schwachpunkte?
- Mit welchen Schwierigkeiten hatten Sie sich auseinanderzusetzen?
- Welche (beruflichen) Siege/welche Niederlagen haben Sie zu verzeichnen?

Schlecht geantwortet: *Also, Sie stellen ja Fragen … da muss ich erst überlegen. So richtig stolz bin ich eigentlich auf nichts … Also mein größter Erfolg war, als ich damals, das ist jetzt schon so etwa 20 Jahre her … Misserfolge …? Na, Sie stellen ja Fragen … Nein, keine!*
Besser: *Ich hatte im letzten Jahr die Aufgabe bekommen, mich intensiv um dies und das (bitte setzen Sie hier Ihre Geschichte ein!) zu kümmern … Das Ergebnis war dann so und so und mein Chef war sehr zufrieden und hat mich wegen der guten Resultate mehrfach gelobt, sogar vor den Kollegen, was mir fast schon ein bisschen unangenehm war … Ja, und Misserfolge, also natürlich ist schon mal das eine oder andere (bitte hier besser nichts*

einsetzen!) nicht ganz so gelaufen, wie man sich das gewünscht hat. Aber es gab keine Katastrophen … (Lediglich auf intensive Nachfrage erzählen Sie, wie vielleicht ein interessanter Auftrag oder Ähnliches durch die Konkurrenz weggeschnappt wurde, weil diese dann doch den Preis unterboten haben etc.)

 12 Was möchten Sie in 3 / 5 / 10 Jahren erreicht haben? ✱✱✱

Darum geht es wirklich

Um Leistungsbereitschaft und Motivation, um »Biss«, »Drive«, »visionäre Begabung« – oder schlicht um Ihre Zukunftsplanung.

Tipps

Sprechen Sie zunächst ausschließlich über Ihre beruflichen Perspektiven. Als leistungsmotivierter Mitarbeiter sind Sie zuversichtlich, was Ihren beruflichen Werdegang betrifft. Aber: Exponieren Sie sich nicht zu sehr, damit man vor Ihnen keine Konkurrenzangst bekommt und glaubt, Sie würden gleich die Säge am Stuhl Ihres Chefs/Vorgesetzten ansetzen …

Frage-Varianten

- Wie sehen Sie Ihre Zukunft?
- Was sind Ihre Ziele? (eventuell unterteilt nach beruflichen und persönlichen Zielen)

Schlecht geantwortet: *Die Zukunft sieht sicherlich nicht so ganz einfach aus … Na, das ist ja aber noch lange hin … also mein Ziel wäre es, zunächst einmal so eine Aufgabe wie die Ihre zu schaffen …*
Besser: *Ich bin Optimist … Mein berufliches Ziel in X Jahren ist … zunächst einmal möchte ich aber den Einstieg schaffen und beweisen, was ich leisten kann.*

13 Was glauben Sie: Wie schnell werden Sie zum Erfolg unseres Unternehmens beitragen können?

Darum geht es wirklich

Ein Test Ihres Selbstbewusstseins: Verfügen Sie über ein angemessenes berufliches Selbstwertgefühl oder ist dieses in der einen oder anderen Richtung negativ übersteigert? Auch: Wie gut haben Sie sich auf das Gespräch und die spezifische Firmen- bzw. Unternehmenssituation vorbereitet? Was für ein Angebot können Sie in Aussicht stellen und wie verlockend ist es?

Tipps

Wiederum: Bereiten Sie sich auf dieses konkrete Vorstellungsgespräch so gut wie möglich vor, sodass Sie über aktuelle Trends / Entwicklungen / Probleme der Firma / der Institution Bescheid wissen, und formulieren Sie ein entsprechend realistisches Angebot. Wer androht, den ganzen Laden in kürzester Zeit umzukrempeln, oder auf diese Frage nur ratlos mit den Schultern zuckt, empfiehlt sich nicht.

Frage-Varianten

- Was meinen Sie: Wie lange brauchen Sie für die Einarbeitung?
- Wann werden Sie für uns profitabel arbeiten können?

Schlecht geantwortet: Das kann ich nur schwer einschätzen, das hängt ja von so vielen Bedingungen ab ... was soll ich sagen ... Alternativ: Keine Frage, sofort ...

Besser: Nun, ich hoffe Ihnen schon in der Probezeit beweisen zu können, dass Sie mit mir die richtige Entscheidung getroffen haben, um hier aber konkret zu werden ... dazu bedarf es schon noch einiger Details.

---

14   Wie arbeiten Sie unter Stress?

Darum geht es wirklich

Wie beantworten Sie eine schwierige, nahezu heikle Frage, ohne in Selbstanpreisungen oder in Wehklagen zu verfallen? Weniger der objektive Sachverhalt als wieder einmal der verbale Umgang steht für den Interviewer im Vordergrund.

Tipps

Nerven behalten, keine größeren Anzeichen von Unsicherheit zeigen, auf gar keinen Fall Geständnisse ablegen. Etwa so: Stress kann Sie beflügeln, aber Sie bevorzugen eine effiziente Terminplanung und geraten dadurch nicht so häufig in Drucksituationen.

Frage-Varianten

- Wie kommen Sie unter starkem Zeitdruck zurecht?
- Wie effizient ist Ihre Zeit- und Arbeitsorganisation?
- Wie sieht Ihr Zeitmanagement aus?

Schlecht geantwortet: Ich liebe Stress, überhaupt kein Problem, danach bin ich richtig süchtig ... das treibt mich zu Höchstleistungen an, immer!

Besser: Es gibt ja zwei Arten von Stress und so gesehen kann Stress ja auch etwas Angenehmes sein. In diesem Fall hilft er mir sogar und gibt mir einen Kick ... Negativen Stress versuche ich – wenn möglich – zu vermeiden, z. B. durch gute Planung und Zeitmanagement ...

---

15   Welche Arten von Situationen belasten / deprimieren / frustrieren Sie?

Darum geht es wirklich

Es geht immer wieder um das Gleiche: Leistungsbereitschaft. Was erzählen Sie und wie gehen Sie mit diesen unbequemen Fragen um?

Tipps

Sicherlich wird man ohne Ahnung und Vorbereitung diese Art der tiefenpsychologischen Interviewführung irgendwann nicht mehr so ganz unbeschadet überstehen. Das heißt: Sie kommen ins Plaudern und geben möglicherweise ein nicht so brillantes Bild ab. Erste und ernste Gefahr: Sie erzählen munter drauflos, was Ihnen gerade so spontan einfällt. Wenn das z. B. eine nicht-berufliche Situation ist, in der Sie sich missverstanden und nicht angemessen wertgeschätzt fühlten usw., wird man entsprechende Rückschlüsse ziehen (»schwieriger Mensch« usw.).

Frage-Varianten

- Was lässt bei Ihnen ein richtiges Gefühl des Unwohlseins aufkommen?
- Was macht Ihnen Sorge / Angst? Was ist Ihnen ein Horror?

Schlecht geantwortet: Gute Frage, wo fang ich an ... am schlimmsten sind Chefs, die ... oder Kollegen ...

Besser: Beispielsweise wenn ein Projekt trotz sorgfältiger Planung nicht richtig zum Laufen kommt ... oder die Konkurrenz aus unerfindlichen Gründen ... oder ein wichtiger Kunde abspringt und man erhält nicht die Gelegenheit, sich mit ihm auseinanderzusetzen ...

Wie würden Sie Ihren Arbeitsstil beschreiben? *

Darum geht es wirklich
Der Fragehintergrund scheint klar: Teile mir etwas über deinen Arbeitsstil mit, und ich sage dir, ob du zu uns passt oder nicht. Wie beschreiben Sie sich in einem zentralen Persönlichkeitsaspekt?

Tipps
Vermeiden Sie stellenanzeigenübliche und deshalb individuell wenig aussagekräftige Formulierungen wie »dynamisch-erfolgsorientiert« etc. Überlegen Sie mal selbst, jetzt ist noch Zeit, etwa so: Der Blick für das Wesentliche auch in terminlichen Drucksituationen, gepaart mit dem notwendigen Maß an Präzision …

Frage-Varianten
* Wie organisieren Sie Ihren Arbeitsalltag?
* Wie gehen Sie im Einzelnen an Arbeitsaufgaben heran?

Schlecht geantwortet: *Ich weiß nicht, vielleicht müssten Sie da besser andere fragen …*
Besser: *Das ist sicher keine einfache Frage und man läuft ja schnell Gefahr, sich selbst nicht so ganz objektiv zu beurteilen … Mir ist wichtig … So gehe ich vor, wenn es um die Lösung von Problemen geht … Das kann ich vielleicht an einem Beispiel verdeutlichen …*

 Wenn die Firmensituation es erfordert: Wären Sie auch bereit, in eine andere Stadt / in ein anderes Land umzuziehen? *

Darum geht es wirklich
Es geht um Loyalität und ob Sie bereit sind, auf so eine Suggestivfrage eine halbwegs loyale Antwort zu geben. Zusätzlich kommt noch die Flexibilität ins Spiel, vielleicht auch nur die geistige.

Tipps
Wer hier zögert, zaudert, stottert, macht einen genauso schlechten Eindruck wie der unterwürfige Hurra-Schreier. Also fragen Sie nach, in welche geografische Richtung es geht, um dann beruhigt festzustellen, dass das natürlich für Sie besondere Reize beinhaltet, Sie sich aber auch noch mit Ihrer Familie/Frau/Freundin absprechen müssen.

Frage-Variante
* Würden Sie bei uns auch eine andere Aufgabe übernehmen, wenn es die Situation erfordert?

Schlecht geantwortet: *Das kann ich mir nun aber gar nicht vorstellen … Logo, sofort.*
Besser: *Das kommt sicherlich darauf an, mein Partner und ich haben schon mal darüber nachgedacht, in einer anderen Stadt/einem anderen Land zu arbeiten … Das ist jedenfalls kein unlösbares Problem …*

 Haben Sie sich auf das heutige Gespräch vorbereitet?

Darum geht es wirklich
Sind Sie ernst zu nehmen und meinen Sie es wirklich ernst? Ergo: Wie motiviert sind Sie und gehen Sie verantwortungsbewusst und planvoll vor?

Tipps
Jetzt bloß nicht stottern oder rot werden. Natürlich haben Sie sich vorbereitet, Gedanken gemacht, recherchiert …

Frage-Varianten
* Wie haben Sie sich über uns informiert?
* Welche Bedeutung hat dieser Termin bei uns für Sie?

Schlecht geantwortet: *Ich, vorbereitet … ja, äh, nein, aber doch, warten Sie mal, also doch ein bisschen schon …*
Besser: *Selbstverständlich habe ich mich auf diesen Termin vorbereitet und recherchiert, im Internet gesucht … mit Leuten gesprochen, mir einen Eindruck verschafft …*

19 Mit welcher schwierigen Frage rechnen Sie heute in unserem Gespräch?

Darum geht es wirklich
Verschlägt es Ihnen die Sprache oder sind Sie jetzt so perplex, dass Sie selbst die ganz heißen Themen benennen und eine wunderbare Vorlage zu einer »Tiefbohrung« liefern?

Tipps
Besser nicht! Aber nennen Sie doch zwei oder drei Ihrer gut vorbereiteten Fragen und warten Sie, für welche man sich entscheidet. Bei der Beantwortung kann doch nichts schiefgehen, Sie sind doch vorbereitet!

• Welches Thema aus unserer Branche, aus dem Aufgabenbereich liegt Ihnen eher nicht?

Schlecht geantwortet: Schwierige Frage … lassen Sie mich mal nachdenken … also ehrlich, ich weiß gar nicht, worauf Sie hinauswollen …

Besser: Lassen Sie mich mal kurz überlegen, ja, also Sie werden doch sicherlich wissen wollen, was ich für Sie tun kann, was meine Motive sind, warum ich mich für diesen oder jenen Bereich mehr interessiere … (das können Sie doch bestens beantworten, oder?)

BERUFLICHER WERDEGANG UND AKTUELLE ARBEITSSITUATION

 20 Schildern Sie uns Ihren beruflichen Werdegang. **

Darum geht es wirklich
Planung oder Zufall – das ist hier die Frage. Wird ein roter Faden bei Ihren Motiven für Arbeitsplatz- und Positionswechsel erkennbar?

Tipps
Was Sie in Ihren Bewerbungsunterlagen kunstvoll zu Papier gebracht haben, müssen Sie jetzt überzeugend und gegebenenfalls auch ausführlich darstellen und begründen können. Wichtig ist dabei die Präsentation eines logischen Zusammenhangs zwischen einzelnen beruflichen Stationen. Achtung: Mit dem gereizten Hinweis »Aber das steht doch alles schon in meinen Unterlagen! Haben Sie die denn nicht gelesen?« würden Sie sich sofort aus dem Bewerbungsverfahren katapultieren. Das passiert Ihnen natürlich nicht, denn Sie haben Ihr KBA gut durchdacht!

Frage-Varianten
• Wie kam es zu Ihrer Berufswahl?
• Wie kam es, dass Sie da und dort gearbeitet haben?

Schlecht geantwortet: Als ich noch in der Grundschule war, wollte ich immer … werden. Später dann habe ich den Wunsch gehabt … dann hat es leider nicht mit dem Wunschausbildungsplatz geklappt … usw. Oder: Ich habe eigentlich nie freiwillig gewechselt. Mir boten sich verschiedene Gelegenheiten, die habe ich ausprobiert …
Besser: Aus meiner Sicht könnte man meiner beruflichen Entwicklung diese Überschrift geben … Ein Hauptthema ist sicherlich … Nach so und so vielen Jahren wollte ich wieder einmal etwas Neues machen und lernen und habe dann gezielt geschaut …

 21 Wo liegen / lagen Ihre Arbeitsschwerpunkte? ***

Darum geht es wirklich
Wie kompetent und übersichtlich strukturiert können Sie Ihr Arbeitsgebiet und Ihre Arbeitsleistung darstellen? Auch die Art und Weise Ihres Vortrags wird an dieser Stelle mitbewertet.

Tipps
Ohne präzise Vorbereitung wird man mit dieser Frage kaum erfolgreich zurechtkommen. Einerseits geht es darum, nicht blass und nichtssagend an der Oberfläche zu bleiben, andererseits darf man sich nicht in unwichtig-nebensächlichen Details verlieren oder gar in Problematisches verstricken. Eine schmale Gratwanderung (mal wieder!), bei der es einen Mittelweg zwischen dem Ausplaudern von Firmeninterna bis Betriebsgeheimnissen und dem Vermeiden von Allgemeinplätzen zu finden gilt.

Frage-Varianten
• Was machen Sie aktuell?
• Was für Probleme müssen Sie arbeits- / organisationstechnisch bewältigen?
• Auf welchem Sektor lag Ihr Ausbildungs- / Studienschwerpunkt?

Schlecht geantwortet: Da muss ich erst mal überlegen, äh, ich weiß gar nicht, ob das Schwerpunkte sind …
Besser: Ein wichtiger Schwerpunkt bei dem, was ich tue, ist … So im Nachhinein fällt mir auf: Mir war immer wichtig … Ich habe mich besonders darauf konzentriert, Aufgaben zu lösen, die …

Warum machen Sie das, was Sie machen (Beruf / Position / Aufgabe)? ***

Darum geht es wirklich

Herrscht bei Ihnen Planung oder Zufall? Ist ein roter Faden bei Ihren Motiven für die Berufs- und Arbeitsplatzwahl und einen eventuell vollzogenen bzw. jetzt angestrebten Positionswechsel erkennbar?

Tipps

Was Sie in Ihren Bewerbungsunterlagen kunstvoll zu Papier gebracht haben, müssen Sie jetzt überzeugend und gegebenenfalls auch ausführlich darstellen und begründen können. Wichtig ist dabei die Präsentation eines logischen Zusammenhanges zwischen einzelnen beruflichen Stationen. Mit dem Hinweis »Aber das steht doch alles schon in meinen Unterlagen!« machen Sie Minuspunkte. Verstehen Sie die Frage als Aufforderung und damit als Chance für Ihre (Werbe-)Botschaften.

Frage-Varianten

* Aus welchen Gründen haben Sie sich für den Beruf / die Branche / die Arbeitsplätze X, Y und Z entschieden?
* Und warum jetzt für diese neue Position in unserem Haus?

Schlecht geantwortet: Das ist eine gute Frage, da muss ich nachdenken, darüber habe ich mir eigentlich noch keine Gedanken gemacht, das hat sich so entwickelt, aber eigentlich bin ich auch ganz froh …
Besser: *Am Anfang stand da der Wunsch … Dann habe ich … Später gab es die Chance, die ich ergriffen habe … Ich habe mich hingesetzt und mir Gedanken gemacht …*

 Welche Gebiete Ihrer Berufsausbildung / Berufstätigkeit haben Ihnen besonders gelegen / liegen Ihnen besonders? Und welche gegebenenfalls auch nicht so?*

Darum geht es wirklich

Wo liegen Ihre Interessen- und Begabungsschwerpunkte und wo nicht? Und immer wieder: warum? Und: Gelingt es Ihnen, einen Bezug zum angestrebten Arbeitsplatz herzustellen? Das tangiert auch Ihre Motivation.

Tipps

Hauptsache, Sie können darüber flüssig und überzeugend sprechen. Wenn es Ihnen gelingt, Verknüpfungspunkte zum angestrebten Arbeitsplatz herzustellen, sammeln Sie viele Pluspunkte. Und bitte vergessen Sie nicht, hier Ihre Botschaften und Argumente mit einfließen zu lassen.

Frage-Varianten

* Für welches Fach / Gebiet haben Sie sich in Ihrer Berufsausbildung am meisten engagiert? Und welches haben Sie eher vernachlässigt?
* Welche wichtigen beruflichen Aufgaben / Herausforderungen hatten Sie bisher zu bewältigen?

Schlecht geantwortet: Eigentlich hat mir alles ganz gut gefallen … Alternativ: Da ist erstens … zweitens … drittens … was mich stört / unglücklich macht / mir Kummer bereitet …
Besser: *Wenn ich mir das so anschaue, dann habe ich ganz ordentliche Erfolge vorzuweisen bei / auf dem Gebiet … (Denken Sie an Ihre Botschaften!) Ich denke, ich kann von mir behaupten: Auf diesem Gebiet, bei diesen Herausforderungen (bitte einsetzen) macht mir keiner so schnell etwas vor, nach, erziele ich immer überdurchschnittliche Erfolge / Ergebnisse …*

 Schildern Sie einmal den Ablauf eines für Sie typischen Arbeitstages. *

Darum geht es wirklich

Angestrebt wird hier ein tieferer Einblick in Ihre derzeitigen Aufgaben sowie eine Überprüfung, ob der gute Eindruck aufgrund Ihrer schriftlichen Bewerbungsunterlagen Bestand hat. Mit anderen Worten: Man versucht, Ihre beruflichen Schwachstellen zu enttarnen.

Tipps

Diese auf den ersten Blick harmlos klingende Frage ist schwieriger zu beantworten, als Sie glauben, und erfordert deshalb eine besonders gute Vorbereitung (KBA) im Hinblick auf den angestrebten Arbeitsplatz. Wer z. B. behauptet, an seinem aktuellen Arbeitsplatz alles nur gut und gerne gemacht zu haben, lügt ausgesprochen ungeschickt. Warum dann wohl der angestrebte Wechsel?

Frage-Varianten

* Was sind zurzeit Ihre konkreten Arbeitsaufgaben?
* Was machen Sie davon gerne, was eher ungern?

Schlecht geantwortet: Gar nicht so einfach, das jetzt hier zu erzählen ... Was mache ich denn so den lieben langen Tag ... Also morgens, wenn ich komme, dann begrüße ich erst mal die Kollegen, und die Kollegin Müller ist immer schon früher da und Mayer kommt häufig auch vor mir und dann trinken wir erst mal Kaffee und sprechen über dies und das und dann ...

Besser: Meine Hauptaufgabe besteht darin, mich um dies und das zu kümmern, diese Sorte von Problem/Arbeiten ist es, für die ich speziell zuständig/verantwortlich bin ... Am besten schildere ich Ihnen mal, was gestern/letzte Woche/letzten Monat zu tun war ...

 25 **Warum haben Sie Ihren Arbeitgeber öfter bzw. selten gewechselt? ***

Darum geht es wirklich
Hier will man Schwachstellen aufdecken und Sie durch diese Frage mit einer schwierigen, unter Umständen peinlichen Situation konfrontieren und beobachten, wie Sie sich verhalten.

Tipps
Sie müssen vorbereitet sein und gut argumentieren können. Liefern Sie eine glaubwürdige Darstellung, auch mit Anerkennung von eigenen Fehlern. Lassen Sie sich auch bei einer eventuellen Wiederholung dieser Frage nicht aus der Ruhe bringen, reagieren Sie bloß nicht gereizt, Sie sollten aber auch keinesfalls Entschuldigungstiraden von sich geben.

Frage-Variante
• Welche Art von Problemen hatten Sie mit früheren Arbeitgebern?

Schlecht geantwortet: Wissen Sie, da gab es nach meinen Fähigkeiten doch eine enorme Nachfrage ... Ganz ehrlich, ich habe nicht gewusst, wo ich hätte sonst arbeiten sollen ... war froh dort bleiben zu dürfen ...

Besser: Das liegt sicher immer auch im Auge des Betrachters. Aus Ihrer Sicht habe ich vielleicht zu häufig/schnell gewechselt. Für mich waren da folgende Argumente entscheidend ... Sie wundern sich, wie lange ich da war. Nun, ich fühlte mich wohl, war hoch angesehen, meine Leistungen wurden geschätzt ...

 26 **Wie bilden Sie sich fort? ****

Darum geht es wirklich
Überprüfung von besonderer beruflicher Leistungsmotivation und Kompetenz. Fortbildung aufgrund von Eigeninitiative oder nur »auf Anordnung«?

Tipps
Wenige Sätze reichen aus. Es kommt darauf an, dass Sie etwas Relevantes berichten. Fachliteratur und der regelmäßige Austausch mit Kollegen in einem vergleichbaren Arbeitsbereich sind das unterste Niveau, das hier beschrieben werden kann. Besser sind Seminare, Tagungen, Messen, Kongresse, Fortbildungsveranstaltungen etc.

Frage-Variante
• An welchen Fortbildungsmaßnahmen haben Sie teilgenommen und wer hat diese initiiert?

Schlecht geantwortet: Fortbildung, darum habe ich mich/hat sich bei uns im Unternehmen niemand gekümmert ... es gab einfach nicht die Zeit ...

Besser: Im letzten Jahr habe ich die und die Messen/Kongresse/Veranstaltungen besucht ... ich lese regelmäßig die Fachpresse (bitte benennen können, auch die letzten Artikel, die Sie beeindruckt haben ...), war auf dieser Fortbildung/internen Schulungsmaßnahme etc.

27 **Was schätzen Sie an Ihren Arbeitskollegen/Vorgesetzten – was nicht? ***

Darum geht es wirklich
Was sind Ihre Maßstäbe bei der Beurteilung von Vorgesetzten und Kollegen? Worauf kommt es Ihnen an? Erneut: Wie gehen Sie mit schwierigen Fragen um?

Tipps
Zeigen Sie Wertschätzung für Vorgesetzte und Kollegen. Machen Sie aber auch gegebenenfalls deutlich, dass Sie in bestimmten Situationen anders entschieden hätten. Vermitteln Sie Respekt und die richtige Mischung aus Selbstbewusstsein und Loyalität. Reden Sie niemals schlecht über Vorgesetzte oder Kollegen! Denken Sie an die goldene Regel! Eine klassische Enthüllungsfrage!

Frage-Varianten
• Was zeichnet Ihrer Meinung nach einen guten Vorgesetzten aus?
• Was einen guten Mitarbeiter?

- Jetzt diese beiden Fragen mit umgekehrten Vorzeichen (… schlechten Vorgesetzten … usw.).
- Welche Verhaltensweisen/Eigenschaften stören Sie an anderen Menschen am meisten? (und umgekehrt: Was schätzen Sie an anderen Menschen?)

Schlecht geantwortet: *Nein, damit kann ich nicht dienen … Habe mir darüber noch nie Gedanken gemacht … Oder: Also mein Kollege Müller, der ist so ein … Und die Teamleiterin hat ja null Ahnung, eine ganz falsche …*

Besser: *Ich habe einen Kollegen, der ist Experte in … das beeindruckt mich immer wieder … während meiner Ausbildung/Schulzeit habe ich diese und jene Person bewundert* (bitte begründen warum!) *und dieser Mensch hat schon Einfluss auf meine berufliche Entwicklung/auf mein Denken und Handeln gehabt … Ganz konkret: An meinem Vorgesetzten schätze ich …* (bitte in Abstimmung mit Ihrer Botschaft bringen).

| 28 | **Fühlen Sie sich in Ihren beruflichen Leistungen von Ihren früheren Vorgesetzten angemessen beurteilt?** |

Darum geht es wirklich
Wie gehen Sie mit dem heiklen Thema Leistungsbeurteilung um? Lassen Sie sich provozieren und nehmen Sie Schuldzuweisungen vor? Ergreifen Sie die erstbeste Gelegenheit, über andere herzuziehen? Sind Sie der Typ des ewig verkannten Genies?

Tipps
Halten Sie sich bedeckt und lassen Sie sich nicht provozieren. Vermeiden Sie vor allem Klagen über Ihre früheren Vorgesetzten und eine unglückliche Selbstdarstellung.

Frage-Variante
- Wie fühlen Sie sich in Ihren Arbeitszeugnissen beurteilt?

Schlecht geantwortet: *Ach, da könnte ich Ihnen stundenlang Sachen erzählen … das wollen Sie doch gar nicht alles wissen …*

Besser: *Ja, im Wesentlichen – unbedingt. Natürlich gab es auch, aber nur sehr, sehr selten, unterschiedliche Einschätzungen bezüglich …, aber wir konnten uns immer darüber verständigen …*

| 29 | **Was würden Sie gern an Ihrem jetzigen Arbeitsplatz/Unternehmen verändern, wenn Sie Veränderungen durchführen könnten, wie Sie wollten?** |

Darum geht es wirklich
Sind Sie ein notorischer Besserwisser oder gar ein verkappter Revolutionär? Ein reiner Provokationstest – es geht hier nicht um Kreativität.

Tipps
Natürlich gibt es immer Dinge, die veränderungswürdig sind, aber dies ist jetzt nicht der Rahmen, Probleme an Ihrem derzeitigen Arbeitsplatz detailliert auszubreiten. Halten Sie sich einfach bedeckt.

Frage-Variante
- Welche Probleme oder gar Missstände gibt es an Ihrem jetzigen Arbeitsplatz/in Ihrem aktuellen Unternehmen?

Schlecht geantwortet: *Ja, unbedingt! Lassen Sie mich überlegen, wo fang ich an, ja, da gibt es wirklich eine ganze Menge, da ist viel im Argen, da müsste man …*

Besser: *Im Prinzip bin ich mit den meisten Dingen und Handhabungen doch recht zufrieden, wir führen auch regelmäßige Gespräche, was so ansteht, Verbesserungen, oder wenn jemand Probleme hat, dann kann er diese in der Runde offen ansprechen … das machen Sie doch sicherlich hier in diesem Betrieb ähnlich … ich für mein Teil wünsche mir jetzt eine neue Herausforderung …*

| 30 | **Was war bisher Ihr schönster Triumph/Ihr größter (Arbeits-)Erfolg? **** |

Darum geht es wirklich
Eine Art Wiederholungsfrage, auch in Richtung: Worauf sind Sie stolz, was sind Ihre Stärken und wie korreliert dies mit der eventuell vorher oder später gestellten Erfolgsfrage.

Tipps
Bleiben Sie in Ihrer Antwort weitestgehend berufsbezogen und verdeutlichen Sie sich, was Sie durch Ihre Schilderung alles an Botschaften transportieren. Eine Riesenchance in Sachen Werbung für die eigene Person. Und gerade deshalb ist es wichtig, wenn möglich und halbwegs gerechtfertigt, die Teamleistung auch mit einfließen zu lassen.

Frage-Variante

- Auf welche (beruflichen) persönlichen Leistungen/Ergebnisse sind Sie stolz?

Schlecht geantwortet: Als mein letzter Chef/Kollege wegen Unfähigkeit gefeuert wurde ... Kann ich so nicht sagen ... Muss ich nachdenken ... Also vor 20 Jahren, als ich anfing, da ...
Besser: Lassen Sie mich überlegen, z. B. im letzten Jahr, da gab es ... Und im Jahres-Mitarbeitergespräch hat dann mein Vorgesetzter gesagt, wie zufrieden er mit mir/meiner Leistung in diesem Fall ... gewesen ist, als es mir gelang ...

---

31 Was war bisher Ihr schlimmstes, unangenehmstes (Arbeits-)Erlebnis? **

Darum geht es wirklich

Ein Persönlichkeitstest in Frageform, mit dem Ziel, Ihnen auf den Zahn zu fühlen und eventuelle Widersprüche zum vielleicht schon erfragten Thema bisherige Misserfolge aufzudecken.

Tipps

Aufgepasst – was war Ihre Antwort bei der Frage nach Ihrem größten Misserfolg? Welches Bild geben Sie von sich ab?

Frage-Variante

- Was war Ihre größte (berufliche) Niederlage, Enttäuschung, Ihr größter Misserfolg?

Schlecht geantwortet: Da muss ich Ihnen mal erzählen, wie ...
Besser: So eine richtige Katastrophe habe ich noch nicht erlebt ... unangenehm war mir, als ich einmal etwas vergaß ... (oder sonstiges, harmloses Erzählmaterial, das dann aber immer mit der Einsicht und dem Darauslernen endet ... Sie sollten dazu unbedingt etwas vorbereitet haben!)

---

32 Wenn Sie in Ihrer Ausbildung und beruflich noch einmal ganz von vorn anfangen könnten – was würden Sie anders machen? *

Darum geht es wirklich

Ein Test der Stringenz Ihres Lebensentwurfes bzw. -planes. Wer möchte schon einen zutiefst unzufriedenen Berufsvertreter einstellen. Gehen Sie nicht davon aus, dass man an dieser Stelle Ihre Kreativität prüfen möchte.

Tipps

Halten Sie sich zurück mit kreativen Ideen und Einfällen. Verdeutlichen Sie, dass Sie Ihre Erfüllung gefunden haben bzw. auf dem besten Berufsweg dahin sind.

Frage-Varianten

- Wie zufrieden sind Sie mit Ihrem Beruf/Ihrer Berufswahl?
- Welche beruflichen/ausbildungsbezogenen Fehler würden Sie nicht noch einmal machen?
- Haben Sie Förderer/Vorbilder?
- Wie sieht Ihr Ideal-/Traumjob, Ihre Traumaufgabe/-position aus?

Schlecht geantwortet: Ja, wenn ich noch mal ganz von vorne anfangen könnte, ja dann ...
Besser: Ich bin eigentlich ganz zufrieden, so wie die beruflichen Dinge gelaufen sind, und mit dem, was ich jetzt beruflich mache ... da gäbe es nicht viel, was ich anders machen würde ...

---

33 Haben Sie an Ihren bisherigen Arbeitsplätzen persönliche Erfahrungen mit den Themen Konflikte, Streit und Mobbing gemacht?

Darum geht es wirklich

Leider um ein zeitgemäßes Thema: Wer hat heutzutage nicht irgendwann schon mal mit dem »Krieg am Arbeitsplatz« Berührung gehabt? Auf der anderen Seite gehören Auseinandersetzungen und Konflikte zum Leben – es kommt dabei nur auf den Stil und das Ausmaß an. Insoweit zielt die Frage darauf ab, ob man zu einem konstruktiven Umgang mit Konflikten zumindest theoretisch in der Lage ist.

Tipps

Wer hier behauptet, das alles nicht zu kennen, lügt schlecht. Konflikte und Auseinandersetzungen gab es schon seit Kain und Abel. Wer sich jedoch als langjähriges, schwer geplagtes Mobbingopfer outet, kann leider nicht mit »Sozialrabatt« rechnen – im Gegenteil. Argumentieren Sie besser im Sinne des vorangegangenen Absatzes.

Frage-Variante

- Was fällt Ihnen zu den Themen Streit/Intrigen/Mobbing am Arbeitsplatz ein?

Schlecht geantwortet: Da kann ich Ihnen Geschichten erzählen …

Besser: *Nein, damit habe ich noch keine wirklich negativen Erfahrungen gemacht und Konflikte und Auseinandersetzungen gehören natürlich zum Arbeitsalltag. Da muss man eben vernünftig miteinander umgehen …*

34 Bei Ihrem beruflichen Werdegang: Warum haben Sie z. B. nicht XYZ gemacht?

Darum geht es wirklich

Wie reagieren Sie auf Vorhaltungen nach der Art eines Stressinterviews (s. S. 66 ff.)? Bei Ihrer Antwort wird mehr auf das »Wie« als auf das »Was« geachtet.

Tipps

Man fühlt Ihnen auf den Zahn, und das kann schmerzhaft sein. Von Problemen haben Sie (hoffentlich) nichts erzählt. Bleiben Sie auf jeden Fall gelassen und moderat. Darum geht es hier.

Frage-Variante

• Wie erklären Sie sich die Probleme an Ihrem jetzigen Arbeitsplatz?

Schlecht geantwortet: Das weiß ich auch nicht, aber ich denke darüber nach … Meinen Sie, ich habe da einen Fehler gemacht?

Besser: *Aus meiner Sicht war das der richtige Weg, die beste Entscheidung … man kann es vielleicht auch anders sehen … Wissen Sie, Probleme wird es immer geben, es kommt darauf an, wie man damit umgeht, ich für mein Teil sehe es als nicht so problematisch an …*

35 Sind Sie der Meinung, auf Ihre möglichen neuen beruflichen Aufgaben gut vorbereitet zu sein?

Darum geht es wirklich

Wie stark ist Ihr berufliches Selbstwertgefühl ausgeprägt?

Tipp

Ohne arrogant und eitel zu wirken, ist hier eine Gelegenheit gegeben, selbstbewusst aufzutreten. Wenn Sie sich selbst die Sache nicht zutrauen, wer denn sonst?

Frage-Variante

• Wie können Sie sicherstellen, in Ihrer neuen Aufgabe bei uns nicht zu versagen?

Schlecht geantwortet: Na, so wie Sie mich fragen, kommen mir jetzt doch echte Zweifel … Alternativ und genauso ungünstig: Aber absolut, was denken Sie denn!

Besser: *Ja, mit einer gewissen Einarbeitungszeit kann ich mir gut vorstellen, dass ich die neue Aufgabenstellung erfolgreich bewältige … Mit Ihrer Unterstützung schaffe ich das sicher!*

36 In welchen Situationen fällt es Ihnen besonders leicht / schwer, Entscheidungen zu treffen, und warum?

Darum geht es wirklich

Interessante Fragen, die Schwierigkeiten liegen in der breiten, sehr allgemeinen Form. Und genau das ist es jetzt, was man beobachten will. Wie gehen Sie damit um? Welchen Themenkreis berührt Ihre Erzählung, das Private oder Geschäftliche? Erinnern Sie sich: Es gibt zwei Gesprächsebenen!

Tipps

Sie könnten jetzt eine Entscheidungssituation beim Kauf einer neuen Waschmaschine, Auto, Reiseziel-Festlegung, Anmietung einer Wohnung etc. aufführen und daran verdeutlichen, wie Sie sorgfältig Pro- und Kontra-Argumente abgewogen haben. Wenn Sie dabei aus dem Nähkästchen plaudern und problematische Situationen beschreiben (wie beispielsweise nach der Party mit doch schon etwas Alkohol selbst fahren oder ein teures Taxi nehmen), bieten Sie eine neue interessante Angriffsfläche im Sinne von: Passiert Ihnen das öfter …

Frage-Variante

• Beschreiben Sie uns mal, wie Sie am häufigsten zu einer Entscheidung gelangen. Und ist das der einzige Weg? Welche Wege noch …?

Schlecht geantwortet: Äh, wie meinen Sie das?
Besser: *Vielleicht kann ich Ihnen das an einem Beispiel (und noch an einem weiteren Beispiel) am besten verdeutlichen. Also, da war … (Gehen Sie davon aus, dass Ihr Gegenüber, wenn es sich um einen Profi handelt, Sie bis zu drei Beispiele erzählen lassen wird. Eins hat fast jeder vorbereitet!)*

37 Was lässt Sie eine Entscheidung revidieren?

Darum geht es wirklich

Sind Sie in der Lage einzugestehen, sich geirrt zu haben? Was bieten Sie dabei an, was geben Sie (von sich und Ihrer Wertewelt) preis?

Tipps

Unbedingt an die beiden Gesprächsebenen denken und kein zu heikles Thema offerieren. Anderseits müssen Sie sich auch nicht ständig als Superman/-woman präsentieren. Schwächen und Fehler einzugestehen kann sehr sympathisch wirken! Vor allem, wenn Sie mitliefern, was Sie dabei gelernt haben!

Frage-Variante

- Erzählen Sie uns ganz konkret, wie Sie mit einem offensichtlichen Irrtum Ihrerseits umgegangen sind.

Schlecht geantwortet: Da fällt mir jetzt nichts zu ein …
Besser: Lassen Sie mich mal nachdenken, also … ich hatte schon eine Reise gebucht … Anschaffungen gemacht … eine Fortbildung gebucht … die Teilnahme zugesagt, als mir erklärt wurde von XYZ (dritter Seite), dass es aber günstiger wäre … und dann habe ich überlegt und mich neu entschieden und … Also auf den Punkt gebracht: die besseren Argumente! (Und mindestens 3–4 Beispiele nennen!)

38 Wie gehen Sie mit Vorgesetzten-entscheidungen um, die Sie eigentlich nicht mittragen möchten?

Darum geht es wirklich

Sind Sie in der Lage, diplomatisch mit einer schwierigen und durch Ambivalenzen gekennzeichneten Situation umzugehen? Wie hoch ist Ihre Glaubwürdigkeit und Überzeugungskraft? Sie haben – es gibt noch krassere Entscheidungssituationen – die Wahl zwischen Pest und Cholera? Würden Sie antworten »Ich sabotiere, arbeite gegen diese Entscheidung«, würde das Gespräch sicherlich schnell zu Ende gehen. »Selbstverständlich unterstütze ich loyal meinen Vorgesetzten, selbst wenn es mir absolut gegen den Strich gehen sollte« wäre aber auch eine Antwort, die Ihnen nicht zur Ehre gereichen würde.

Tipps

Mit dem Hinweis auf »Eine echt schwierige Situation …« gewinnen Sie immerhin ein paar Sekunden und vermitteln, dass es hierauf vielleicht keine Bil-

derbuchantwort gibt und Sie kein »Schleimer« sind. Sollten noch weitere Fragen folgen und Szenarien aufgeboten werden, die ein Mitgehen bei der Vorgesetztenentscheidung wirklich problematisch werden lassen, dann thematisieren Sie den »Quälversuch« (»Sie wollen mich jetzt doch nicht in die Enge treiben …«). Das könnte schon helfen, dem grausamen Spiel ein noch würdiges Ende zu bereiten.

Frage-Variante

- Was machen Sie, wenn Dinge sich anders entwickeln, als Sie es geplant haben?

Schlecht geantwortet: Sie stellen ja Fragen … so etwas ist mir noch nicht untergekommen …
Besser: Letztendlich muss einer die Verantwortung tragen, das ist der Kapitän und dem schulde ich Respekt und auch Gehorsam. Ich würde mich immer wieder fragen, was hinter der Entscheidung steckt, warum ich sie nicht verstehe … was mir daran so schwerfällt, diese mitzutragen. Ich würde mich aber letztlich nicht sperren, wenn Sie das hören wollen …

39 Schildern Sie uns einmal eine schwierige, knifflige Situation aus Ihrem Arbeitsalltag und wie Sie damit umgegangen sind.

Darum geht es wirklich

Hier wird es den meisten nicht gelingen, unvorbereitet eine Bilderbuchgeschichte vorzutragen. Ergo plaudert man aus dem Nähkästchen, was ja auch Sinn und Zweck der Frage ist. Nur bitte was, und wie selbstschädigend ist dies?

Tipps

Unbedingt ein paar dieser Situationen (3–4) geistig vorbereiten. Sie müssen übrigens nicht immer als Gewinner daraus hervorgegangen sein. Zu verlieren, aber zu lernen, ist auch sehr ehrenhaft und wird gern gehört. Außerdem erhöht es Ihre Glaubwürdigkeit!

Frage-Variante

- Mit welcher Sorte von Problemen kommen Sie eher schlechter zurecht?

Schlecht geantwortet: Da muss ich aber weit ausholen … haben wir so viel Zeit …
Besser: Spontan fällt mir ein, letzte Woche … (Und jetzt erzählen Sie etwas, was Sie vorher aber gut durchdacht haben! Und Sie haben wieder 3–4 Beispiele in petto.)

PERSÖNLICHER, FAMILIÄRER UND SOZIALER HINTERGRUND

Ihr persönlicher Hintergrund

 40 **Wir wollen Sie gerne kennenlernen, erzählen Sie uns etwas über sich. ✱✱✱**

Darum geht es wirklich

Ein umfassender Persönlichkeits-Check-up, ein unverstellter Versuch, in die Schränke und Schubladen Ihrer Persönlichkeit zu schauen. Es geht um eine der ganz zentralen Fragen des Vorstellungsgesprächs: Passt der Bewerber in unser Unternehmen?

Tipps

Hier haben Sie es quasi mit aufdringlichen Besuchern, unter Umständen sogar mit »Einbrechern« in Ihre Privatsphäre zu tun. Es liegt an Ihnen, sich auf Derartiges gut vorzubereiten (KBA!). Wichtig: Beginnen Sie bei sogenannten offenen (Erzähl-) Fragen wie dieser immer erst damit, die berufliche Ebene anzusprechen und später – wenn überhaupt notwendig – die private.

Frage-Varianten

- Wie würden Sie sich kurz charakterisieren?
- Was sollten wir über Sie persönlich wissen?
- Was meinen Sie – wie würde Sie ein Freund/ein Gegner beschreiben? Wie Ihr Chef?
- Auf welche menschlichen Qualitäten legen Sie bei sich/bei anderen besonderen Wert?

Schlecht geantwortet: Ja, äh, mein Name ist ..., ich bin also ..., geboren bin ich in ... am Soundsovielten, ich bin aufgewachsen in ... zur Schule gegangen ... habe eine Ausbildung gemacht ... dann gewechselt und zur Firma XY gekommen und und und ... Wie ich wirklich bin, wenn Sie mich also richtig kennenlernen wollen, finden Sie das am besten heraus, wenn Sie mich einstellen ...

Besser: Ich bin (Berufsbezeichnung), *habe meine Ausbildung da und dort gemacht, mein Schwerpunkt liegt in den Bereichen ... Zuletzt habe ich ziemlich erfolgreich das und jenes geleistet ... Mein (letzter) Chef fand des Öfteren positive Worte dafür, dass ..., meine Kollegen schätzen mich dafür, dass ich ..., meine Freunde dafür ... und meine Familie ...*

 41 **Was sind Ihre Stärken, was Ihre Schwächen und wie sind Sie zu dieser Erkenntnis gekommen? ✱✱✱**

Darum geht es wirklich

Wie stellen Sie sich bei solchen Fragen an? Wie glaubwürdig wirken Sie? Wie gut sind Sie vorbereitet? Kennen Sie Ihre Stärken und Schwächen (Selbsteinschätzung)? Sind Sie bereit, an Ihren Schwächen zu arbeiten?

Tipps

Sie sollten mit Gelassenheit sowohl die positiven als auch einige harmlose negative Dinge oder Schwächen, gegen die Sie bereits etwas (Fortbildungen etc.) unternehmen, darstellen. Nennen Sie einige ausgewählte Stärken, die möglichst gut zu den Anforderungen der Position passen, und belegen Sie sie mit konkreten Beispielen. Bei den Schwächen kommt es auf die professionelle Handhabung der beiden Erzählebenen – der offiziellen und der privaten – an. Überlegen Sie genau, welche Offenheit Sie sich bei Schwächen und Misserfolgen leisten können. Vielleicht sind Sie noch immer mit Ihren Spanischkenntnissen unzufrieden, obwohl Sie häufig in Spanien Urlaub machen. Fügen Sie hinzu, dass Sie vorhaben, Ihre Kenntnisse durch einen Sprachkurs zu erweitern, oder, noch besser, bereits mit dem Kurs begonnen haben. Durch diese Antwortstrategie haben Sie von der offiziellen auf die eher private Ebene gewechselt. So weichen Sie der Frage aus. Wenn Ihr Gegenüber sich damit nicht zufrieden gibt und konkret nach berufsrelevanten Schwächen fragt, sollten Sie einen Mittelweg finden zwischen positiver Selbstdarstellung und reflektierter Selbstkritik. Führen Sie z. B. an, dass Sie eine Anforderung aus der Stellenanzeige nicht voll erfüllen (natürlich sollte sie nicht zu den wichtigsten Anforderungen gehören!), aber gerne bereit sind, daran etwas zu ändern. Oder Sie führen ein Defizit an, das sich ohnehin an Ihren Zeugnissen oder an Ihrem beruflichen Werdegang ablesen lässt, z. B. bei einem jungen Bewerber: »Ich habe erst zwei Jahre Berufserfahrung, zeige aber eine hohe Lernbereitschaft und Motivation – das lässt sich z. B. erkennen an ...«

Wichtig ist, dass Sie sich nicht durch die Frage verunsichern lassen, glaubwürdig wirken, sich Ihrer Stärken bewusst sind und zeigen, dass Sie lösungsorientiert mit Ihren Schwächen umgehen.

Schlecht geantwortet: Meine Schwächen, Misserfolge, dazu kann / will ich nichts sagen ...
Besser: Zu meinen Stärken zähle ich 1. ..., 2. ...,3. ... Vorgesetzte, Kollegen und Kunden schätzen an mir, so wurde mir berichtet ...(s. a. vorherige Antwort). Zu meinen Schwächen: Wenn ich vor einer größeren Gruppe einen Vortrag halten soll, werde ich leicht nervös, aber ich besuche jetzt ein Seminar zum Thema Rhetorik und Präsentationen und habe dadurch schon mehr Sicherheit gewonnen.

42 Wie werden Sie von Arbeitskollegen / Vorgesetzten / Freunden / Bekannten eingeschätzt? *

Darum geht es wirklich
Eine sehr raffinierte Form der Fragetechnik, um etwas über Ihre Persönlichkeit in Erfahrung zu bringen. Den meisten Kandidaten fällt es sicherlich viel leichter, auf diese Weise über sich zu sprechen, und sie entdecken vielleicht zu spät, was für ein unter Umständen negatives Bild sie von sich vermitteln.

Tipps
Bedenken Sie: Jede Aussage, die Sie so in den Mund einer anderen Person legen, ist eine Ich-Botschaft. Entscheiden Sie vor dem Aussprechen, ob Sie diese Form der Selbstaussage in der aktuellen Vorstellungsgesprächssituation guten Gewissens im Sinne Ihres Vorhabens vertreten können. Setzen Sie hier Ihre Botschaften ein!

Frage-Variante
- Was würde Ihr Chef über Sie sagen, wenn ich ihn jetzt z. B. zum Thema ... befragen würde?
- Was denkt Ihr Chef über Sie?
- Was hält Ihr Chef von Ihnen und Ihrer Arbeitsleistung?

Schlecht geantwortet: Fragen Sie ihn doch selbst! Hier sind die Nummern ...
Besser: Sie würden zu hören bekommen, dass ich ... (alles Positive, das Sie von sich vermitteln wollen).

43 Was schätzen Sie generell an anderen Menschen, was nicht (Arbeitskollegen / Vorgesetzte / Freunde / Bekannte)?

Darum geht es wirklich
»Persönlichkeitsdiagnostik« (s. a. vorige Fragen).

Tipps
Hier gilt wieder der generelle Hinweis, dass jede Aussage über andere immer auch eine Mitteilung über Sie selbst bedeutet.

Frage-Varianten
- Haben Sie Leitbilder?
- Gibt es in Ihrem Leben eine Person, die Sie besonders beeindruckt hat? Erzählen Sie, warum.
- Was haben Sie an Ihrem Chef / Ihren Kollegen / Mitarbeitern geschätzt?
- Was missfällt Ihnen an Ihrem Chef / Ihren Kollegen / Mitarbeitern?
- Welche Eigenschaften sollte Ihr Vorgesetzter / Vertreter / Nachfolger haben? Und welche nicht?

Schlecht geantwortet: Mein Leitbild sind meine Eltern ... (Das geht höchstens bis zu einem Alter von 14 Jahren, und schon da wäre es etwas auffällig). An anderen schätze ich, wie raffiniert sie lügen können, da muss ich noch viel üben ...
Besser: Ich bewundere z. B. die Kompetenz meines Kollegen XY und die Ruhe und den Gleichmut der Kollegin sowieso, auch die gerechte und faire Art meines (ehemaligen) Vorgesetzten, der hat meinen Respekt und meine Bewunderung ...

Herzlichen Glückwunsch!!!

Ungefähr die Hälfte der wichtigsten und am häufigsten gestellten Fragen im Vorstellungsgespräch haben Sie bereits geschafft.

Dabei geht es nicht darum, dass Sie irgendwelche Antworten stur auswendig lernen. Es kommt vielmehr darauf an, dass Sie vorbereitet sind und in etwa wissen, was Sie auf schwierige Fragen antworten wollen – immer auch im Hinblick auf Ihre entscheidende Werbebotschaft in eigener Sache.

Für die Bearbeitung der restlichen Fragen weiterhin gutes Gelingen!!!

Warum sollten wir gerade Sie einstellen? **

Darum geht es wirklich

Ein fundamentaler Test Ihres Selbstbewusstseins und Selbstvertrauens. Sind Sie in der Lage, die für Sie sprechenden Eigenschaften im Hinblick auf die angestrebte Position prägnant zusammenzufassen?

Tipps

Dabei ist die KLP-Formel der richtige Leitfaden. Sie berichten, was Sie können, was Ihre Leistung war und sein wird, und vermitteln ein Bild von Ihrer Persönlichkeit. Obwohl diese Frage zu den absoluten Standardfragen gehört, trifft sie viele Bewerber völlig überraschend und unvorbereitet. Ihnen sollte es nicht so gehen. Das ist Ihre große Chance. Aber bitte keinen 20-Minuten-Monolog (Vorschlag: Argumentation 1. …, 2. …, 3. … reicht aus. Stichwort: KBA).

Frage-Varianten

- Was haben Sie uns zu bieten?
- Was unterscheidet Sie von anderen Bewerbern?

Schlecht geantwortet: Na, das sollten Sie schon selber herausfinden / beurteilen, da kann ich nicht viel zu sagen …
Besser: Aus meiner Sicht spricht für mich 1. …, 2. …, 3. … Meine Kernkompetenz …, meine wichtigsten Erfolge …, meine Wesensart (KLP). In der Vergangenheit …, aktuell …, zukünftig … (VGZ). (Schauen Sie sich die 9-Felder-Matrix auf S. 50 an.)

 Wenn die Rollen in diesem Gespräch vertauscht wären – welche Fragen würden Sie stellen?

Darum geht es wirklich

Wieder einmal steht Ihre geistige Flexibilität auf dem Prüfstand. Gelingt es Ihnen, aus dem bisher verlaufenen Gespräch eine halbwegs logisch anknüpfende Frage zu entwickeln oder müssen Sie gar passen, weil Ihnen spontan nichts einfällt? Sollten Sie allerdings die Sie schon lange belastende Frage nach Ihren »Leichen im Keller« jetzt nicht mehr zurückhalten können – bitteschön auch gut, denn darum ging es ja auch! Outen Sie sich ruhig selbst.

Tipps

Dieses Buch bietet Ihnen eine reichhaltige Auswahl an Fragen. Nutzen Sie die Gelegenheit, Ihre Botschaft abermals an den Mann bzw. die Frau bringen zu können, und vermeiden Sie es, sich

durch eine ungeschickte, unvorteilhafte Frage selbst einen Strick um den Hals zu legen. Fangen Sie bloß nicht an, zu früh in die Arbeitskonditionen- und Gehaltsverhandlungen einzusteigen.

Frage-Variante

- Gibt es ein Thema, über das wir noch nicht gesprochen haben, das aber wichtig für Sie wäre?

Schlecht geantwortet: Das ist ja 'ne scharfe Frage, da fällt mir so schnell nichts darauf ein …
Besser: Wovon wollen Sie uns überzeugen? (Dann sollten Sie aber auch antworten können!)

46 Welche Interessen, welche Hobbys haben Sie? ***

Darum geht es wirklich

Es geht um das Kennenlernen der »ganzen Person«, um Ihr Interessenspektrum, um Besonderheiten, Hobbys, kulturelle Aktivitäten und Neigungen (z. B. Lesen – Kant oder Konsalik?). Denken Sie auch an Ihre körperliche Fitness (Tennis oder Tischtennis?).

Tipps

Die Beantwortung sollten Sie nicht dem Zufall überlassen. Die Antwort »Polo spielen« macht einen anderen Eindruck als die Beschäftigung mit Briefmarken. (Vorsicht beim Bluffen – auf Nachfragen vorbereitet sein!). Sehr viel Sport ist leider wegen der begrenzten Freizeit nicht möglich, aber zu Ihrem Körper haben Sie natürlich ein gesundes Verhältnis. Vorsicht bei Risikosportarten wie z. B. Drachenfliegen. Seien Sie vorbereitet, auch konkrete Buch- und Filmtitel oder Lieblingsmusik / -komponisten benennen zu können, wenn Sie dies als Freizeitaktivität angeben.

Frage-Varianten

- Wir wollen Sie als Menschen kennenlernen. Was machen Sie neben Ihrer Berufstätigkeit?
- Welche Sportarten betreiben Sie?

Schlecht geantwortet: Mein Herz schlägt für …, also eine richtige Leidenschaft von mir, wobei ich alle Zeit der Welt vergessen kann … Am liebsten würde ich das den ganzen Tag / einen Beruf daraus machen … aber leider … man muss ja noch Geld verdienen / arbeiten gehen.
Besser: Ich tanke am besten auf und gewinne neue Kräfte und Ideen dadurch, dass ich Sport mache / mich dieser oder jener Sache widme …, entspanne.

47 **Womit können Sie sich selbst eine Freude machen – wie tanken Sie auf?**

Darum geht es wirklich
Erneut ein Charaktertest.

Tipps
Harmlose, unverfängliche Angaben sind eher opportun als Extremsportarten oder anderer Nervenkitzel. Hauptsache jedoch, Sie können etwas benennen.

Frage-Varianten
* Haben Sie aktuelle Wünsche außerhalb der beruflichen Thematik?
* Wenn Sie drei Wünsche frei hätten …?
* Ein Riesenlottogewinn – was täten Sie …?

Schlecht geantwortet: Ich faulenze gerne, liege gerne auf der Couch, schlafe gerne, sehe gerne fern, meine Lieblingssendung ist …
Besser: Ich entspanne mich bei Musik oder Gesprächen mit Freunden und Bekannten, tanke am besten auf und gewinne neue Kräfte und Ideen dadurch, dass ich Sport mache / mich dieser oder jener Sache widme …, entspanne.

48 **Was ist Ihr wichtigster Motivator?**

Darum geht es wirklich
Worauf kommt es Ihnen wirklich an: einen unbefristeten Arbeitsvertrag mit halbwegs fairer Vergütung oder neben dem beruflichen Engagement genug Zeit für Familie, Freunde, Freizeit … Alles ziemlich untauglich als Antwort!

Tipps
Geld, Macht, Ruhm … na, wer wird denn gleich über die Stränge schlagen … oder wollen Sie in die Politik? Es lohnt sich schon darüber nachzudenken und mindestens zwei Antworten vorzubereiten. Eine für sich selbst und vielleicht für Ihre Freunde und eine für das Vorstellungsgespräch. Denken Sie an die beiden Gesprächsebenen!

Frage-Variante
* Wofür schlägt Ihr Herz, was ist Ihnen wirklich wichtig?

Schlecht geantwortet: Ja, wenn Sie mich so fragen …
Besser: s. Tipp oben!

49 **Gestatten Sie eine Überraschungsfrage, auf die Sie ganz spontan antworten dürfen? Was für ein Gerät, was für eine Maschine aus dem Küchenbereich wären Sie gerne?**

Darum geht es wirklich
Wie gehen Sie mit einer skurrilen Frage in einer durch Anspannung gekennzeichneten Situation um? Behalten Sie die Nerven – oder lachen Sie nur?

Tipps
Nicht wundern, nicht verzweifeln. Eher Humor zeigen (»Das muss ich mir merken, eine echt gute Frage …«). Nur wer aufsteht und geht, hat verloren … Wie möchten Sie auf so etwas reagieren? Humorvoll oder eher ernst und ein bisschen oberlehrerhaft?

Frage-Varianten
Es gibt jede Menge skurriler Situationen, die man sich ausdenken kann …

Schlecht geantwortet: Oh je, da erwischen Sie mich auf dem falschen Bein … ein Fleischwolf! Warum? Da hat man Respekt vor …
Besser: Spontan würde ich Ihnen antworten … vielleicht eine Kaffeemaschine, die erfreut doch eigentlich jeden … jeden Morgen …

50 **Was bedeutet Teamarbeit für Sie? ***

Darum geht es wirklich
Sind Sie eher extra- oder introvertiert, also ein mehr nach außen gerichteter, kommunikativer Mensch, oder stärker nach innen gekehrt, eher still und verschlossen – das ist hier die Frage. Mit anderen Worten: Sind Sie lieber Einzelkämpfer oder Gruppenmensch?

Tipps
Was wird wohl bei der von Ihnen angestrebten Position eher gewünscht? Heutzutage werden insbesondere teamfähige Leute gesucht – auch wenn dann später in der Realität jeder gegen jeden (an-)tritt.

Frage-Varianten
* Wie gerne / gut können Sie mit anderen zusammenarbeiten?
* Mit wem arbeiten Sie gerne zusammen, mit wem nicht?

Schlecht geantwortet: Teamarbeit, ja, absolut – nein, überhaupt nicht ... äh, natürlich doch, will sagen ...

Besser: Es kommt darauf an, in vielen Dingen kann ein gutes Team sehr viel mehr schaffen als jeder für sich allein ... Solche Teams habe ich schon kennengelernt, ... bin selbst in solchen gewesen ... (Jetzt müssen Sie aber auch auf Nachfragen etwas erzählen können ...)

 51 **Hatten Sie schon mal Schwierigkeiten mit Vorgesetzten und/oder Kollegen? Wenn ja: Mit wem? Und warum? Wie sind Sie damit umgegangen? Was haben Sie daraus gelernt?**

Darum geht es wirklich

Es geht weiter ganz unverstellt zur Sache (Psychodiagnostik), hier um den Aspekt: Wie ist es um Ihr Konfliktlösungspotenzial bestellt, aber auch um Ihre Loyalität?

Tipps

Wenn es Ihnen bei diesen Fragen die Sprache verschlägt, spricht das gegen Sie. Jeder Mensch bevorzugt bestimmte Kollegen und hat schon mal Schwierigkeiten mit seinem Chef gehabt. Nur gerade jetzt müssen Sie wissen, was Sie darüber preisgeben wollen und auf welche Weise. An dieser Stelle sei noch einmal der Hinweis wiederholt, dass es auf keinen Fall empfehlenswert ist, kritisch oder gar schlecht über Vorgesetzte und Kollegen zu reden.

Frage-Variante

• Mit welchen Menschen arbeiten Sie gern/ungern zusammen?

Schlecht geantwortet: Ob ich schon mal Ärger hatte, na und ob ... Mein Vorgesetzter war aber auch ein sehr schwieriger Mensch ...

Besser: Das gibt es wohl überall, meistens klappt die Zusammenarbeit, aber manchmal auch nicht (die Realität ist vielleicht eher andersherum, jedoch ...) Ärger, so richtigen, nein ... das haben wir immer gemeinsam auflösen können ...

52 **Was erwarten Sie von Ihrem zukünftigen Vorgesetzten?**

Darum geht es wirklich

Wollen Sie »an die Hand genommen werden« oder beanspruchen Sie als Spät-68er absolute Freiheit – das sind nur die Extrempositionen, die die Bandbreite dieser Frage kennzeichnen. Welchen Führungsstil wünschen Sie sich? Und natürlich geht es um Gerechtigkeit, Unterstützung, Förderung, Anerkennung etc.

Tipps

Achtung: Jeder Satz ermöglicht einen tiefen Einblick in Ihr Seelenleben. Mögliche Keywords wären: Vertrauen entgegenbringen/einen klaren Handlungsspielraum einräumen/Vorbild sein/bei Fragen und Problemen ein offener und zuhörbereiter Gesprächspartner sein etc.

Frage-Variante

• Wie und was wäre für Sie ein idealer Vorgesetzter?

Schlecht geantwortet: Ja, das ist gar nicht so einfach auf den Punkt zu bringen ... Er muss vor allem perfekt sein ...

Besser: Nicht ganz einfach, aber in vielen Dingen sollte er Vorbildcharakter haben ... offen, fair sein.

 53 **Worüber können Sie sich so richtig ärgern?**

Darum geht es wirklich

Fortsetzung der Psychodiagnostik. Wie gehen Sie mit derartigen Fragen um? Kann man Sie damit ärgern oder gar verängstigen?

Tipps

Machen Sie nicht ganz zu (verkrampfen Sie nicht), aber lassen Sie auch nicht die Katze völlig aus dem Sack (oder noch drastischer: »die Sau raus«). Bei diesen Fragen ständen Sie ohne Vorbereitung ziemlich geschockt mit dem Rücken an der Wand.

Da Sie hier eigentlich nur die Wahl zwischen Pest und Cholera haben, also nur schlechte Zensuren ernten können, kommt es darauf an, diese kritische Phase nach Art eines Stressinterviews mit Format und Gelassenheit durchzustehen. Weichen Sie nicht auf, sondern aus – z. B. auf (relativ) Unverfängliches (die letzte Heimniederlage Ihres Lieblingsclubs, Ihre Schwiegermutter, Hundekot auf der Straße, die Vernichtung von Lebensmitteln im EU-Raum, schlechte Theater- und Konzertaufführungen Ihrer Lieblingsstücke usw.). Auch das Sorgenthema (s. u.) müssen Sie ähnlich geschickt umschiffen.

Frage-Varianten

• Was macht Sie wütend?
• Was bereitet Ihnen Sorgen?

Schlecht geantwortet: Nichts. / Haben Sie wirklich so viel Zeit, dass ich jetzt mal ausholen darf ...?
Besser: Da gibt es immer etwas, worüber man sich so richtig aufregen könnte, jedoch frage ich mich oft, lohnt es sich, und überlege dann, und nehme diese Energie lieber dafür, etwas zu verändern ... z. B. neulich in unserem Verein ... (hier zunächst eher etwas aus der privaten Ebene anbieten).

54 Wie gehen Sie mit Kritik um?

Darum geht es wirklich
Wieder eine Persönlichkeits-Testfrage.

Tipps
Es kommt sicherlich immer darauf an, wer Sie wann, wie und weshalb kritisiert. Kritik bringt Sie nicht um (selbstverständlich auch nicht solche Fragen), sondern hoffentlich weiter. Ein anderes Stichwort: Gelassenheit und Selbstreflexion sowie die positive Kraft, konstruktive Anregungen daraus zu schöpfen!

Frage-Varianten
- Sind Sie leicht zu kränken?
- Wie gehen Sie generell mit Kränkungen um?

Schlecht geantwortet: Kritik, an mir ... wieso, können Sie mir das mal erklären, wie kommen Sie darauf ... was wollen Sie mir damit eigentlich sagen / vorwerfen ... Ich bin stets offen für Kritik ...
Besser: Wenn ich die Kritik nachvollziehen kann, bin ich vielleicht nicht froh darüber, aber kann es doch verstehen und einsehen ... und vor allem daraus lernen ...

55 Was sind Ihre ganz persönlichen Lebensziele?

Darum geht es wirklich
Eine gewisse Lebensplanung mit beruflichen und privaten Zielsetzungen (die beiden Ebenen) rundet das Idealbild eines guten Bewerbers ab.

Tipps
Lernen, Leistung, Vorwärtskommen. Haben Sie ein Gespür dafür, was man hier wohl von Ihnen hören will? Achtung: Es geht primär um Berufliches – vermeiden Sie allzu private Offenbarungen.

Frage-Variante
- Was möchten Sie persönlich für sich in naher / ferner Zukunft erreichen?

Schlecht geantwortet: Darüber muss ich erst mal nachdenken, also ... ich würde gerne mit 50 in Rente gehen, spätestens Mitte 50.
Besser: (Kurze Überlegungspause, dann ...) beruflich wäre ein Ziel ... (bitte einsetzen: z. B. Abteilungsleiter) zu werden.

56 Was sind Ihrer Meinung nach die größten Missstände in der Welt, in unserem Land, in Ihrer Heimatstadt, in dem Unternehmen, in dem Sie zurzeit arbeiten? *

Darum geht es wirklich
Wie differenziert ist Ihre Kritikfähigkeit, welchen Einblick erlauben Ihre Antworten in persönliche Grund- und Werthaltungen, ja sogar in Ihre Persönlichkeitsstruktur? Im letzten Frageteil geht es um Ihre Loyalität zu Ihrem jetzigen Arbeitgeber.

Tipps
Wer z. B. auf allen vier Ebenen (Welt, Land, Stadt, Firma) das unerträgliche Umsichgreifen der Korruption in markant-larmoyanten Worten beklagt, sagt damit (unwissentlich) mehr über sich als über die beklagten objektiven Missstände. Sie können das Wort »Korruption« durch Pornografie, Werteverfall, Egoismus auf allen Ebenen usw. ersetzen – jede Aussage beleuchtet mehr die Persönlichkeit des Antwortenden als die vordergründig abgefragten Missstände. Achtung: Damit ist diese Frage ein knallharter (unzulässiger) Persönlichkeitstest!

Übrigens: Der Interviewer will mit den Fragen auch herausfinden, welche Kritikbereitschaft Sie Ihrem aktuellen Arbeitgeber gegenüber einnehmen (Stichwort Loyalität).

Bei den globalen Missständen könnten Sie auf Kriege, Umweltzerstörung, Hunger in der Dritten Welt etc. hinweisen, in unserem Land eventuell auf die Arbeitslosigkeit und das Problem der Steuerumverteilung, in Ihrer Stadt auf Verkehrs-, Bau- und Umweltprobleme, in Ihrer Firma sehr vorsichtig auf die noch nicht optimal organisierte Gleitarbeitszeit etc. Aber aufgepasst.

Frage-Variante
- Wenn es in Ihrer Macht stünde: Was würden Sie ändern ...?

Schlecht geantwortet: Haben Sie Zeit? Dazu hätte ich eine Menge zu sagen ...
Besser: Sicher, ein großes Thema, natürlich würde ich das eine oder andere ändern wollen, wenn es in meiner Macht stünde. Nun bin ich aber nicht

Bundeskanzler/-in… und in unserem Unternehmen, da setzen wir uns ganz regelmäßig zusammen und besprechen alles, neulich z. B. … und da hat sich das dann auch wirklich geändert.

 57 **Nennen Sie bitte spontan die fünf Menschen, die Sie am meisten bewundern. Warum?**

Darum geht es wirklich
Ein Projektionstest, das heißt, die Antwort lässt direkte Rückschlüsse auf Ihre Seelenverfassung zu.

Tipps
Also bloß nicht Papa, Mama, Onkel Franz und den älteren Bruder, aber auch nicht Micky Maus, Hape Kerkeling, Cindy aus Marzahn, Käpt'n Iglo oder Meister Proper. Dann schon lieber einen Zen-Meister, Spitzensportler, den Behinderten des Jahres. Ganze Generationen vor Ihnen sind mit John F. Kennedy, Martin Luther King und Albert Schweitzer gut gefahren. Das wirkt aber heutzutage angestaubt. Überlegen Sie auch, welche Persönlichkeiten irgendwie einen gewissen Bezug zu Ihrem beruflichen Vorhaben aufzeigen. Und bedenken Sie Ihre Begründung.

Frage-Variante
• Benennen Sie uns Ihre Vorbilder …

Schlecht geantwortet: Jesus, aber nein, besser doch Gandhi und mein Chef und noch äh …
Besser: Als ich etwa 14 Jahre alt war, da schwärmte ich für (vielleicht besser kein Popstar, sondern eher einen Forscher, Sportler, eventuell sogar Politiker …!) Heutzutage fällt es mir doch schon etwas schwerer … jemanden, den ich aber aufrichtig bewundere für dies und das, ist … (Überlegen Sie aber vorher genau, was Sie damit auch von sich vermitteln. Cindy aus Marzahn oder Günther Jauch stehen eben für etwas …)

 58 **Angenommen Zeit und Geld spielten überhaupt keine Rolle: Wie würden Sie Ihr Leben gestalten?**

Darum geht es wirklich
Die psychologische Ausleuchtung!

Tipps
Bleiben Sie ruhig auf dem Teppich, aber kommen Sie runter von der Couch!

Frage-Variante
• Was für einen Lebenstraum haben Sie?

Schlecht geantwortet: Oh, ich würde sofort kündigen und mich auf die Bahamas absetzen …
Besser: Kann ich mir nur sehr schwer vorstellen, ich glaube, ich würde gar nicht so viel ändern wollen, ich mag das, was ich tue … Und bin eigentlich recht glücklich …

Ihr familiärer Hintergrund

 59 **Wie sieht Ihre aktuelle Lebenssituation aus? ****

Darum geht es wirklich
Wie und möglichst noch mit wem leben Sie zusammen? Als Single, mit Lebens- oder Ehepartner? Und was lässt sich daraus schließen?

Tipps
Verliebt, verlobt, verheiratet, geschieden, verwitwet, Kinder? Alles Themen, die den Arbeitgeber eigentlich absolut nichts angehen. Aber allzu häufig fragt er nun mal leider unzulässigerweise danach. Und wenn Sie dann beichten müssen, noch immer mit Ihrer 93-jährigen Frau Mama zusammenzuleben, entstehen vielleicht grundsätzliche Zweifel an Ihrer Motivation.

Frage-Variante
• Wie ist Ihr Familienstand?

Schlecht geantwortet: Besuchen Sie mich doch mal zu Hause, ich stelle Ihnen dann meine Familie gerne vor … worauf wollen Sie eigentlich hinaus …
Besser: Ich bin glücklich liiert/verheiratet … Wir haben zwei Kinder, einen Hund …

 60 **Stellen Sie uns doch bitte einmal kurz Ihre Familie vor.**

Darum geht es wirklich
Zunächst die Gegenfrage: »Welche? Meine Ursprungsfamilie oder meine jetzige?« Hier dominiert ein neugieriges Informationsbedürfnis über den Bewerber und das Milieu, das ihn umgibt bzw. aus dem er kommt. Hintergrund: Abchecken der sozialen Verhältnisse. Devise: Zeige mir deinen Partner, und ich weiß ein bisschen besser, wer und wie du bist.

Tipps

Gehen Sie nicht zu sehr ins Detail, Sie müssen sich nicht rechtfertigen, warum Sie z. B. geschieden, wieder verheiratet oder überhaupt nicht verheiratet oder liiert sind. Ebenso: warum Sie sich keine oder zahlreiche (ab 3) Kinder leisten und was Ihre eigenen Eltern gemacht bzw. versäumt haben oder wie es bei Ihnen zu Hause damals zuging. Seien Sie sich darüber im Klaren, dass Sie eine relativ konfliktfreie, weitgehend problemlose und heile Welt präsentieren müssen.

Frage-Variante

- Was macht Ihre Frau/Ihr Mann beruflich?

Schlecht geantwortet: *Also da ist meine 96-jährige Mutter, die lebt mit uns, und der Sohn meiner Lebensgefährtin hat seine Freundin bei uns einfach einquartiert, die ist ja so …*

Besser: *Meine Partnerin/Frau/mein Partner/ Mann … macht das und das, die Kinder gehen zur Schule … meine Katze/Hund freut sich immer, wenn ich nach Hause komme* (Denken Sie sich was Nettes aber auch Unauffälliges aus, bloß keine Probleme erkennen lassen).

 61 **Welche Haltung hat Ihr Lebenspartner/ Ihre Umgebung zu Ihrem Beruf? ***

Darum geht es wirklich

Werden Sie vonseiten Ihres Partners/Ihrer Familie unterstützt oder gibt es Vorbehalte? Auch hier lässt die Antwort Rückschlüsse auf Ihre eigene Einstellung zu Ihrem Beruf und zur aktuellen Bewerbung zu.

Tipps

Was man hier natürlich von Ihnen hören will: Sie haben in beruflicher Hinsicht alle Unterstützung Ihrer Angehörigen. Seien Sie auf Nachfragen vorbereitet, wie man sich das denn konkret vorzustellen habe.

Frage-Varianten

- In welcher Weise werden Sie von Ihren … unterstützt?
- Was sagt Ihr Lebenspartner zu Ihren Plänen? Gibt es da eventuell Probleme? (Umzug/Arbeitszeiten etc.)
- Haben Sie Ihr Bewerbungsvorhaben mit Ihrer Familie diskutiert?

Schlecht geantwortet: *Na, der ist nicht so glücklich …*

Besser: *Ich werde voll und ganz unterstützt, der/die stehen alle hinter mir …*

Ihr sozialer Hintergrund

 62 **Gibt es Bereiche oder Themen, in denen Sie sich besonders engagieren?**

Darum geht es wirklich

Wie sieht es mit politischen oder sozialen Prioritäten aus? Wo haben Sie sich bisher engagiert (Parteien, Gewerkschaften, Bürgerinitiativen, Kirche, Vereine, soziale Institutionen – z. B. Telefonseelsorge, Anonyme Alkoholiker, Spastikerhilfe, Greenpeace, Amnesty International, DRK, Mütter-Genesungswerk etc.)?

Tipps

Machen Sie sich bewusst, welches Bild Sie von sich entwerfen, wenn Sie sich zu dem einen oder anderen sozialen oder politischen Engagement bekennen, und wie das wohl von Ihrem potenziellen Arbeitgeber eingeschätzt wird.

Frage-Varianten

- Sind Sie ehrenamtlich/sozial engagiert?
- Sind Sie ein politischer Mensch?
- Für wen oder was können Sie sich engagieren?

Schlecht geantwortet: *Das geht Sie gar nichts an … Ich schaue immer fern … bin aktiv in der Gewerkschaft … Haha, nur ein kleiner Scherz … da haben Sie aber eben geguckt …*

Besser: *Sie meinen neben dem Beruflichen und so … Natürlich, meine Familie/Partner/-in, die Kinder … Ich bin aktiv im Sport-/Gesangsverein, spiele ein Instrument/Schach …*

 63 **Mit welchen Menschen sind Sie gerne zusammen und was verbindet Sie mit diesen?**

Darum geht es wirklich

»Zeige mir deine Freunde und ich sage dir, wer du bist.« Hier gilt abermals die Regel: Informationen, Aussagen und (Wert-)Urteile über Dritte sind Informationen über sich selbst. Ein weiterer Schwerpunkt: Sind Sie kontaktorientiert oder eher kontaktscheu?

Tipps

Natürlich geht es nicht wirklich um Herrn oder Frau XY aus Ihrem Freundes- und Bekanntenkreis, sondern um Sie. Wie sehen Ihre sozialen, zwischenmenschlichen Beziehungen aus – quantitativ und qualitativ?

Frage-Variante

- Wer kommt mit Ihnen gut klar, wer nicht, und warum?

Schlecht geantwortet: Was soll ich Ihnen da sagen, was/wie genau wollen Sie es eigentlich wissen, ich habe eigentlich seit dem letzten Umzug vor X Jahren keine wirklichen Freunde mehr…

Besser: Ach, da gibt es eine ganze Menge netter Menschen, die ich kenne, also angefangen bei unserer/meiner Familie, die Nachbarn, Freunde, ehemalige Kollegen…

64 | Was machen Sie lieber zusammen mit anderen/was lieber alleine?

Darum geht es wirklich

Soziale Kompetenz und Teamfähigkeit sind hier die Stichwörter. Zeigen Sie Anzeichen eines Eigenbrötlers oder gar verbissenen Einzelkämpfers, oder brauchen Sie stets den Schutz und die Nestwärme einer Gruppe?

Tipps

Sicher kommt es darauf an, was Sie beruflich anstreben, wie hier die Mischung von Team-, aber auch individueller Leistung aussieht.

Frage-Variante

- Was bedeutet Teamarbeit für Sie?

Schlecht geantwortet: Schwer zu sagen, ich gehe gerne allein spazieren, also mit meinem Hund… Oder wenn ich Sport betreibe, dann bin ich lieber für mich, also beim Krafttraining…

Besser: Ich pflege den Austausch mit Freunden und Bekannten und selbstverständlich auch mit der Familie und den Verwandten. Einen besonders guten Draht habe ich zu… Es mag auch Dinge geben, die ich lieber alleine mache, also z. B. lesen oder joggen, aber eigentlich ziehe ich die Gemeinschaft anderer in vielen Dingen vor. Ich bin kein Einzelgänger…

GESUNDHEITSZUSTAND

65 | Waren Sie schon mal ernsthaft krank? **

Darum geht es wirklich

Wie steht es um Ihre uneingeschränkte gesundheitliche Leistungsfähigkeit?

Tipps

Absolute Gesundheit gibt es heutzutage wohl kaum. Lassen Sie trotzdem keine Zweifel daran aufkommen, dass es bei Ihnen keine berufsrelevanten Beeinträchtigungen gibt (Sie sind hier ja nicht beim Arzt; s. Rechtsprobleme des Vorstellungsgesprächs, S. 70).

Der Arbeitgeber darf sich nur nach aktuellen Erkrankungen erkundigen, die die berufliche Leistungsfähigkeit einschränken. Hier werden sehr häufig die rechtlich zulässigen Fragegrenzen überschritten – also aufgepasst! Sollten Sie nicht sicher sein, ob Sie ganz gesund sind, fragen Sie Ihren Arzt, aber lassen Sie keine Zweifel im Vorstellungsgespräch aufkommen. Bagatellerkrankungen wie z. B. auch ein kleinerer, jährlich wiederkehrender Heuschnupfen gehen den Arbeitgeber nichts an.

Frage-Varianten

- Bestehen bei Ihnen gesundheitliche Einschränkungen mit beruflichen Auswirkungen?
- Gab es Krankenhausaufenthalte/Unfälle, leiden Sie an Allergien?
- Waren Sie im letzten Jahr mehr als zweimal beim Arzt?
- Haben Sie einen Hausarzt?

Schlecht geantwortet: Wissen Sie, neulich, da hatte ich so ein Reißen in der Schulter, da hat meine Frau gesagt, geh doch wieder mal zum Doktor…

Besser: Lassen Sie mich überlegen, also nein, Unfälle, nein, ernsthafte Erkrankungen, nein, Allergien, keine…

66 Unter welchen chronischen Erkrankungen leiden Sie, wenn auch vielleicht nur ganz geringfügig?

Darum geht es wirklich

Das liegt auf der Hand: Ihre Gesundheit und der Versuch des Arbeitgebers, Ausfallrisiken zu mildern.

Tipps

Erkrankungen, die keine direkte Einschränkung der unmittelbar angebotenen Arbeitskraft darstellen, gehen den Arbeitgeber nichts an. Eine Schwerbehinderung (ab 50 Prozent aufwärts) muss auf Nachfrage angegeben werden.

Frage-Varianten

- Sind Sie gesundheitlich eingeschränkt?
- Sind Sie bereits einmal über einen längeren Zeitraum krank gewesen?

Schlecht geantwortet: Ja, Heuschnupfen und ich habe auch eine Allergie gegen Milben und Hausstaub und gelegentlich bekomme ich Migräneanfälle, aber höchstens ein, zwei im Monat… Und mein Rücken…
Besser: Keine!

67 Treiben Sie Sport?

Darum geht es wirklich

Das alte Sprichwort: gesunder Geist in gesundem Körper. Der Rückschluss liegt nahe: Wer sich sportlich betätigt, ist fitter und weniger eine »Couch-Potato«. Hinzu kommt, dass die betriebene Sportart immer auch etwas zur Persönlichkeitsbildung beiträgt bzw. aussagt. Marathonlaufen ist eben etwas anderes als Angeln.

Tipps

Durch eine interessante Sportart können Sie bestimmte Persönlichkeitszüge hervorragend unterstreichen, illustrieren etc.

Frage-Varianten

- Wie halten Sie sich fit?
- Was tun Sie für Ihre Gesundheit?
- Gibt es in Ihrer persönlichen/familiären Umgebung Probleme, die Ihren Einsatz/Ihr Engagement erfordern?

Schlecht geantwortet: Sport ist Mord, soll doch mal Churchill gesagt haben… Nein! Nur ganz unregelmäßig…
Besser: Ja, ganz regelmäßig… hin und wieder auch…

BERUFLICHE KOMPETENZ UND EIGNUNG

68 Wie gut kennen Sie sich in unserer Branche / in unserem Metier aus? **

Darum geht es wirklich

Wie sieht Ihr aktueller Wissensstand aus? Können Sie kompetent mitreden, einschätzen, beurteilen?

Tipps

Es gilt das schon mehrfach zum Thema Vorbereitung/Recherche Gesagte. Sollten Sie bei einer dieser Fragen trotz guter Vorbereitung nicht genug Hintergrundwissen haben, bekennen Sie sich dazu. Es macht Sie nicht unsympathisch, wenn Sie in Maßen auch einmal Kenntnislücken zugeben.

Frage-Variante

- Wie schätzen Sie die aktuelle (zukünftige) Marktsituation ein?

Schlecht geantwortet: Da fragen Sie jetzt aber den Falschen… Sehr negativ, wenn Sie meine ehrliche Meinung hören wollen… Gar nicht gut…
Besser: Nun, ich bin optimistisch, deshalb schätze ich die Situation so und so ein…

69 Was sind aus Ihrer Sicht die wichtigsten Anforderungen, die großen Herausforderungen, die mit dieser Aufgabe und Position verbunden sind?

Darum geht es wirklich

Lassen Sie erkennen, dass Sie wissen, worauf es im Wesentlichen ankommt, was die entscheidenden Keywords sind. Es geht dabei um Qualifikationsmerkmale, um Eigenschaften, aber auch Wertvorstellungen.

Tipps

Keine dumme Frage! Damit müssen Sie sich unbedingt vorher beschäftigen.

Frage-Varianten

- Welche Eigenschaften, welches Können sind bei dieser Aufgabe, die Sie übernehmen wollen, wohl etwa die wichtigsten?

Schlecht geantwortet: Darüber muss ich erst noch einmal nachdenken ...
Besser: Da wären zum einen ... und zum anderen ... Hier gilt: Vorbereitet gewinnt!

 70   Kennen Sie ... (dieses Verfahren, die Person, die Diskussion etc.)? *

Darum geht es wirklich

Test von Informationsstand und Fachwissen bis hin zur Aufforderung, spontan im Gespräch eine »Mini-Arbeitsprobe« abzulegen.

Tipps

Hier werden Sie selbst am besten wissen, wie Sie auf diese Fragen zu reagieren und zu antworten haben. Möglicherweise handelt es sich auch um eine Testfrage, mit der man Sie aufs Glatteis führen will, und das XYZ-Verfahren, von dem man suggestiv behauptet, dass Sie es doch sicherlich kennen würden, existiert in Wirklichkeit überhaupt nicht. Also bekennen Sie sich gegebenenfalls zum Nichtkennen.

Frage-Varianten

- Was ist Ihre Meinung über ...?
- Wie beurteilen Sie ...?
- Was würden Sie machen, wenn ...?

Schlecht geantwortet: Ähhh, nein, das sagt mir überhaupt nichts, was wollen Sie wissen?
Besser: Ich denke / schätze das so ein, natürlich kann ich mich irren, da ich nicht den ganzen Überblick habe ... Aber aus meiner Sicht spricht einiges dafür, dass ...

 71   Welche Weiterbildungen, Kongresse, Fachtagungen etc. haben Sie in der letzten Zeit besucht?

Darum geht es wirklich

Überprüfung von Engagement, Motivation und Kompetenz in fachlicher Hinsicht.

Tipps

S. Hinweis zur vorherigen Frage. Eine aktuelle, auch fachwissenbezogene Vorbereitung (in Maßen) zahlt sich hier aus.

Frage-Varianten

- Welche Publikation (Fachbuch / Artikel) aus Ihrem Arbeitsgebiet hat Sie in der letzten Zeit besonders beschäftigt?
- Welche Fachpublikationen haben Sie abonniert / lesen Sie regelmäßig?

Schlecht geantwortet: Keine, leider – wir hatten immer so viel zu tun, die Firma hat es mir nicht erlaubt ...
Besser: Ich besuche ganz regelmäßig die Messe / den Kongress, lese die Fachzeitschriften ... bin im Internet bei diesen Foren aktiv, habe mir selbst diese Weiterbildung gegönnt ...

72   Wie halten Sie sich über berufs- / fachspezifische Entwicklungen und Neuerungen auf dem Laufenden?

Darum geht es wirklich

Das Weiterbildungsengagement ist in jedem Vorstellungsgespräch ein wichtiger Themenblock und lässt Rückschlüsse zu auf Ihre generelle berufliche Motivationslage und Persönlichkeitsdynamik.

Tipps

Vorbereitet sein und wissen, was man anzubieten hat: Notfalls sind es nur Fachzeitschriften und Fachbücher. Besser, Sie nennen zusätzlich auch Seminare, Kongresse und andere Weiterbildungsangebote und Expertengespräche, an denen Sie aktiv teilgenommen haben.

Frage-Variante

- Wie bilden Sie sich fort?

Schlecht geantwortet: Ach, wissen Sie, in der tagtäglichen Praxis lernt man ja doch immer so viel ...

Besser: Ich versuche, jedes Jahr zwei Fortbildungen zu besuchen, eine über die Firma, eine privat, außerdem besuche ich ganz regelmäßig ... (lesen Sie die Besser-Vorschläge zu Frage 71).

73 Welche richtungsweisenden neuen Trends erkennen Sie in Ihrem Arbeitsgebiet?

Darum geht es wirklich

Eine Überprüfung Ihrer Fachkompetenz bezogen auf die aktuellen Themen Ihres Arbeitsgebietes.

Tipps

Die Vorbereitung auf eine Bewerbung erfordert auch die Berücksichtigung dieses Aspekts. Vielleicht könnten Sie darauf spontan antworten – besser jedoch: Sie durchdenken vor dem Vorstellungsgespräch, was Sie darauf antworten würden. Und noch etwas: Ein Schuss Optimismus sollte zu Ihrer Antwort gehören, egal wie die Lage auch wirklich ist. Also nicht nur Hinweise auf Wegrationalisierung, Downsizing, Kosten- und Konkurrenzdruck, sondern unbedingt auch etwas Optimistisch-Erfreuliches. Wer hier Resignations- und Hoffnungslosigkeitsgefühle vermittelt, darf sich nicht wundern, wenn diese auf ihn selbst zurückfallen.

Frage-Variante

- Erzählen Sie uns etwas über die aktuellen Entwicklungen in der X-Branche.

Schlecht geantwortet: Neue Trends, dazu kann ich nicht sehr viel sagen ...
Besser: Ich sehe eine Chance für ... Neulich habe ich gelesen, dass ...

74 Wie organisieren Sie sich Ihre Arbeit?

Darum geht es wirklich

Bleiben Sie hier die Antwort schuldig oder können Sie angemessen auf so ein komplexes Thema reagieren? Können Sie (unter Umständen sehr komplexe) Arbeitsabläufe systematisch analysieren und effizient organisieren?

Tipps

Einige Stichworte: das Wichtigste zuerst/Erkennen und Setzen von Prioritäten/Unwichtiges zurückstellen oder auch delegieren. Sie sollten präpariert sein, konkrete Beispiele aus Ihrem Arbeitsalltag referieren zu können.

Frage-Variante

- Schildern Sie uns den Anfang eines typischen Arbeitstages.
- Was, glauben Sie, ist wichtig bei der Besetzung dieser Position?

Schlecht geantwortet: Na so, dass ich immer rechtzeitig fertig werde und pünktlich rauskomme ...
Besser: Zunächst verschaffe ich mir einen guten Überblick, es geht ja auch immer um Orientierung, auch Einschätzung. Dann frage ich mich, aber auch andere Personen, wo es ähnliche Probleme/Aufgaben schon gegeben hat, was ich daraus für Hilfen ziehen könnte – jetzt in diesem Fall der Herausforderung–, dann plane ich und setze meine Ideen um und schaue immer wieder, komme ich so ans Ziel oder muss ich etwas grundsätzlich anders machen ... um es einmal etwas konkreter zu veranschaulichen ... (Hier hilft Ihnen jetzt Ihre gute Vorbereitung.)

75 Was schätzen Sie: Wie lange brauchen Sie, um sich bei uns in Ihr neues Aufgabengebiet einzuarbeiten? *

Darum geht es wirklich

Wie realistisch ist Ihre Selbsteinschätzung und wie gehen Sie mit kritischen Fragen zu Ihrer Person um?

Tipps

Bei dieser Frage wären Hinweise auf Unterstützung und Kooperation durch den Arbeitgeber, durch Fachvorgesetzte und Kollegen angemessen, auf die Sie in der ersten Zeit angewiesen sind. Natürlich haben Sie Defizite, die Sie aber vielleicht jetzt noch nicht ganz überblicken und dank der betrieblichen Unterstützung und Ihres besonderen Einarbeitungsengagements sowie Ihrer Fortbildungsbereitschaft schnellstens beheben werden können. Empfehlung: bloß nicht kränken oder provozieren lassen.

Frage-Variante

- Auf welchem (für uns wichtigen) Gebiet haben Sie noch größere Defizite und was gedenken Sie dagegen zu tun?

Schlecht geantwortet: Ach, wissen Sie, das wird schon ziemlich schnell gehen ... schwer zu sagen, da habe ich ja leider noch keine Erfahrung, weiß einfach nicht ...
Besser: Eine fundierte Einarbeitung braucht sicherlich etwas Zeit, ist aber immer gut investiert. Ich lerne gerne und schnell, aber bestimmt werde ich auch Fehler machen.

76 Warum sind Sie für uns der/die richtige/beste Kandidat/-in? *

Darum geht es wirklich

Abermals ein Test zur Selbsteinschätzung und -darstellung.

Tipps

Eine Kurzzusammenfassung der Botschaften und Argumente, die für Sie sprechen, ist jetzt gefordert. Gut, dass Sie darauf vorbereitet sind … An Einwänden gegen Ihre Person fällt Ihnen höchstens ein recht harmloser, maximal anderthalb ein. Natürlich etwas relativ Belangloses, das jeder potenzielle Arbeitgeber leicht entkräften könnte. Sie werden doch nicht selbst den Stab über sich brechen.

Frage-Varianten

- Können Sie uns noch einmal verdeutlichen: Was spricht für und was gegen Sie als unseren Kandidaten?
- Was wäre Ihr Beitrag zum Unternehmenserfolg?

Schlecht geantwortet: Wenn Sie es nach diesem Gespräch noch nicht wissen, kann ich es nicht ändern … habe ich Sie etwa nicht überzeugt …
Besser: Nun, das sind erstens …, zweitens …, drittens … Und jetzt fällt mir noch ein …

77 Haben Sie berufliche Vorbilder?

Darum geht es wirklich

Wieder wird über einen Umweg eine Selbstaussage angestrebt. Vorbilder bewirken berufliche und persönliche »Prägungen«, die den Arbeitgeber in seinem offenbar oft schier unermesslichen Ausforschungsbedürfnis interessieren – frei nach dem Motto: Zeige mir deine Vorbilder und ich sage dir, wer und wie du bist.

Tipps

Mit diesem Hintergrundwissen gut vorbereitet, stellt diese Frage eigentlich keine Hürde dar.

Frage-Variante

- Wer hat Sie beruflich beeinflusst/geprägt?

Schlecht geantwortet: Ich weiß nicht, was Sie jetzt hören wollen … NEIN!
Besser: Durchaus, vielleicht nicht so ganz typische Vorbilder, aber es gibt doch die und die Person, die ich aus diesen und jenen Gründen für dieses oder jenes aufrichtig bewundere … Mein Lehrer für …, mein Ausbilder, erster Vorgesetzter, Professor, ein Kollege …

 78 Welche Kompetenzen sehen Sie für die Zukunft als besonders erfolgskritisch an?

Darum geht es wirklich

Können Sie verdeutlichen, darüber bereits nachgedacht zu haben, bzw. jetzt spontan etwas Kluges von sich geben?

Tipps

Eine spannende Frage, über die sich ein Nachdenken wirklich lohnt. Im Gespräch stellt so etwas schon eine besondere Herausforderung dar und deshalb ist es gut, sich vorher darüber klar zu werden, wie man die Dinge beurteilt. Sicher gibt es hier keine wirklich allgemeingültige, verbindliche Antwort, aber Lesen, Rechnen, Schreiben reicht als Antwort heutzutage nicht aus. Nachdenken können – vielleicht schon besser, Lernen, nicht schlecht … Kommunikationskompetenz (Sprachen inkl. IT), soziale Kompetenz … wir nähern uns einer guten Antwort. Denken Sie weiter darüber nach! Übrigens sind Kompetenzen hier nicht immer ganz genau von Persönlichkeitsmerkmalen abzugrenzen, sondern eher fließend zu verstehen. Mut, Durchhaltevermögen, Unsicherheit ertragen können, Konzentrationsfähigkeit, Zielorientierung, eine Vision haben und vermitteln zu können, wären auch schon gute Beispiele.

Frage-Variante

- Was sind Ihrer Meinung nach die wichtigsten Auswahlkriterien für eine optimale Besetzung eines/dieses Arbeitsplatzes?

Schlecht geantwortet: Echt schwer zu sagen, ich kann leider nicht in die Zukunft blicken …
Besser: Je nach Branche und Aufgabe, aber auch Position und Verantwortungsumfang gibt es hier sicherlich doch gewisse Unterschiede. Allgemein ist heutzutage sicherlich … von ganz großer Bedeutung … Und für die Zukunft – glaube ich – ist noch zu berücksichtigen, dass …

INFORMATIONEN FÜR DEN BEWERBER

Früher oder später im Gespräch kommt der Moment, in dem Ihr Gegenüber berichten will, wie es bei ihm in der Firma/Institution zugeht. Das ist eine wichtige Gesprächsphase, in der es vor allem auf Ihre demonstrative Zuhörfähigkeit ankommt – im Psychojargon »aktives Zuhören« genannt.

Darum geht es wirklich
Um Selbstdarstellungslust und Imagepflege auf Arbeitgeberseite.

Tipps
Hören Sie wirklich aufmerksam zu, unterbrechen Sie nicht leichtfertig, machen Sie einen stark interessierten Eindruck, fragen Sie nach und eröffnen Sie Ihrem Gegenüber auf diese Weise neue Selbstdarstellungsfelder. Er wird es Ihnen danken.

Häufig steht ein Teil der Informationen für den Bewerber bereits am Anfang des Gesprächs. Dann haben diese unter anderem die Funktion, das Gespräch einzuleiten und die Aufregung des Bewerbers abzubauen. Dennoch besteht auch immer mitten im Gespräch die Chance, den Gesprächspartner zur Selbstdarstellung anzuregen und so viele angenehme (Zuhör-)Minuten mit leicht verdienten Sympathiepunkten zu verbringen. Spätestens in dieser Phase des Gesprächs ist nun auch Ihr Gegenüber in einer Bewerbungsposition, und das Rollenspiel wechselt ein bisschen.

Übrigens: An der Qualität und Quantität des Informationsangebotes und seiner Vermittlung können Sie durchaus das Interesse an Ihrer Person sowie Ihren Stellenwert als Bewerber erkennen.

ARBEITSKONDITIONEN

 79 Welche Gehaltsvorstellung haben Sie? *

Darum geht es wirklich
Das alte Spiel: Der Preis ist heiß.

Tipps
Können Sie den Wert Ihrer Arbeitsleistung angemessen einschätzen? In welchem Verhältnis steht Ihre Forderung zu Ihren jetzigen Bezügen?

Frage-Variante
• Wie hoch sind Ihre aktuellen Bezüge?

Schlecht geantwortet: Machen Sie mir doch ein Angebot …
Besser: Ich wüsste sehr gern, wie die angebotene Position bei Ihnen vergütet wird … Meine Vorstellungen bewegen sich um 36.000 Euro Jahresbruttoeinkommen/zwischen 35.000 und 40.000 etc. … Ich würde mir etwa monatlich so 2.000 bis 2.400 Euro wünschen, brutto …

 80 Wären Sie bereit, in der Probezeit eine Gehaltsstufe niedriger eingruppiert zu werden?

Darum geht es wirklich
Wie flexibel, wie anpassungsbereit sind Sie? Aber auch: Kann man Sie leicht runterhandeln, weil Sie selbst nicht davon überzeugt sind, von Anfang an Ihre volle Leistung bringen zu können?

Tipps
Je nach Ausgangsposition ist für eine gewisse Startphase eine etwas niedrigere Gehaltsgruppe nichts Ehrenrühriges. Aber machen Sie gleich schriftlich fest, dass Sie nach einem genau abgestimmten Zeitraum eine angemessene Entlohnung bekommen. Gehen Sie keinesfalls zu schnell auf solche Angebote ein. Das kann nur gegen Sie ausgelegt werden.

Frage-Variante
• Machen Sie uns ein Angebot bezogen auf Ihr Einstiegsgehalt.

Schlecht geantwortet: Das kommt darauf an, aber am besten Sie machen mir jetzt ein ganz konkretes Angebot …
Besser: Im Prinzip schon, wenn wir uns sonst einig sind, sollte es an der Bezahlung nicht scheitern … Ich wüsste schon sehr gern, wie bei Ihnen die angebotene Position vergütet wird …

81 Wie flexibel sind Sie bezüglich Arbeitsvergütung, Arbeitszeit, Arbeitsort oder Aufgabengebiet? *

Darum geht es wirklich

Um Ihre Bereitschaft, sich anzupassen, um Ihre Flexibilität. Was sind Sie bereit aufzugeben, um diesen Job zu bekommen? Dies ist auch eine Motivationsfrage, immer unter Berücksichtigung Ihrer Ausgangsposition.

Tipps

Flexibilität schön und gut – aber wer sich nicht selbst treu bleibt, verspielt auch jede Menge Ansehen. Bei zu großen und vor allem zu schnellen Kompromissen ruinieren Sie Ihr Image.

Frage-Variante

• Wie weit können Sie uns entgegenkommen, in Bezug auf …?

Schlecht geantwortet: Das kommt immer darauf an …
Besser: Ich bin sicher flexibel und am besten besprechen wir das jetzt an einem ganz konkreten Beispiel …

82 Wann könnten Sie bei uns anfangen? **

Darum geht es wirklich

Wie integer sind Sie, wie loyal Ihrem alten Arbeitgeber gegenüber? Wie weit lassen Sie sich unter Druck setzen und manipulieren?

Tipps

Tappen Sie nicht in die Loyalitätsfalle, auch wenn Ihnen viel an diesem neuen Job liegt. Sie verlassen Ihren alten Arbeitsplatz nicht Hals über Kopf und laufen nicht einfach davon, weder jetzt bei Ihrem alten noch später bei dem neuen Arbeitgeber. Die vertraglichen und arbeitsrechtlichen Spielregeln sind allgemein bekannt. Trotzdem: Gegen eventuelle Sondierungsgespräche mit Ihrem alten Arbeitgeber bezüglich eines früheren Austrittstermins ist nichts zu sagen.

Frage-Variante

• Wenn wir uns für Sie entscheiden, brauchen wir Sie sofort. Ist das möglich?

Eventuell außerdem noch Besprechung der folgenden Themen: Kündigungsfristen; Kompetenzen und Vollmachten; Urlaubsregelung; Geheimhaltungspflichten; Konkurrenz-/Wettbewerbsschutz; Nebenbeschäftigung; Vertragsänderungen; sonstige Abmachungen und Sondervereinbarungen wie z. B. Dienstwagen, Altersversorgung, Umzugskosten, Trennungsentschädigung, Reisekostenvergütung, Unfallversicherung, Sonderzahlungen bei längerer Erkrankung etc.

Schlecht geantwortet: Wenn Sie wollen, sofort …
Oder: *Das kann ich Ihnen so jetzt gar nicht sagen, da muss ich erst mal … nachdenken, … in meinen alten Arbeitsvertrag sehen …*
Besser: Im Prinzip schon recht bald, was wäre denn Ihre Vorstellung …

83 Welche Fragen haben Sie von unserer Seite vermisst?

Darum geht es wirklich

Verraten Sie sich in letzter Minute und bringen ein ganz unerwartetes Thema aufs Tapet? Hoffentlich nicht bzw. gut vorbereitet ist das eine wunderbare Vorlage für eine Ihrer Wunschfragen …

Tipps

Nur wenn Sie sich vorher eine Wunschfragenliste überlegt haben und wirklich gut vorbereitet sind, lohnt sich hier eine etwas andere Antwort.

Frage-Variante

• Was wollten Sie uns in diesem Gespräch unbedingt nicht sagen …?

Schlecht geantwortet: Nein, überhaupt nichts …
Besser: Eine sehr außergewöhnliche Frage, da muss ich überlegen … eigentlich vermisse ich keine Frage, die ich mir von Ihnen gewünscht hätte … Sie hätten mich fragen können: Warum …

FRAGEN DES BEWERBERS

84 **Haben Sie Fragen an uns? *****

Darum geht es wirklich
In jedem Vorstellungsgespräch gibt es einen programmierten Rollenwechsel in der Art, dass Sie als Bewerber nun Fragen stellen dürfen, die Ihr Gesprächspartner beantworten wird. An den klugen Fragen erkennt man einen klugen Kopf, einen motivierten und kompetenten Bewerber. Was Sie jetzt wissen wollen, wird hinterfragt und auf Sinngehalt und aktives Interesse hin überprüft.

Tipps
Sollten Sie mit Themen auffallen, die Sie eigentlich im Vorfeld hätten klären können oder durch aufmerksames Zuhören an einer anderen Stelle des Gesprächs längst hätten speichern müssen, erzielen Sie einen negativen Effekt.

Frage-Variante
- Was soll ich Ihnen über unser Unternehmen erzählen?

Ihre möglichen Fragen
- *Ist diese Position / dieser Arbeitsplatz neu geschaffen worden oder seit Längerem fester Bestandteil in Ihrem Unternehmen?*
- *Wer hat diese Aufgabe bisher wahrgenommen?*
- *Mit welchem Erfolg, was gab es für Probleme?*
- *Warum ist der Arbeitsplatz frei geworden?*
- *Haben Sie eine detaillierte Stellenbeschreibung, darf ich diese sehen, mitnehmen?*

- *Was macht der ehemalige Stelleninhaber jetzt?*
- *Gibt es ein Organigramm (Organisationsplan), in dem der ausgeschriebene Arbeitsplatz dargestellt wird?*
- *Mit welchen Personen / Abteilungen werde ich zusammenarbeiten?*
- *Welche speziellen Erwartungen haben Sie an den neuen Stelleninhaber?*
- *Was, meinen Sie, sollte dieser als Erstes tun, was ist das Wichtigste?*
- *Ist die Möglichkeit gegeben, die neuen Kolleginnen und Kollegen, mit denen ich zusammenarbeiten würde, vorab kennenzulernen?*
- *Welchen beruflichen Hintergrund haben die zukünftigen Kollegen, Vorgesetzten?*
- *Wie ist die Einarbeitungsphase geplant? (Ansprechpartner, Programm, auch: wo und wie lange?)*
- *Welche späteren Entwicklungsmöglichkeiten gibt es für mich von dieser Position aus?*
- *Welche Fort- und Weiterbildungsangebote gibt es in Ihrem Unternehmen?*
- *In Ihrer Anzeige (in Ihren Unterlagen) schreiben Sie … Was verstehen Sie darunter?*
- *Welche aktuellen Vorhaben stehen in Ihrem Hause an?*

Schlecht geantwortet: *Nein danke, ich habe keine Fragen …*
Besser: S. Liste / Vorschläge oben, aber bitte auch nicht mehr als drei Fragen!

ABSCHLUSS DES GESPRÄCHS UND VERABSCHIEDUNG

85 **Warum sollten wir gerade Ihnen den Arbeitsplatz geben? ****

Darum geht es wirklich
Es geht in dieser typischen Abrundungs- und Abschlussphase noch einmal um positive Eigenschaften, um Verkaufsargumente, die Sie in prägnanter Weise charakterisieren und vor allem einen beeindruckenden Bezug zum angestrebten Arbeitsplatz herstellen sollen.

Tipps
Diese Aufforderung können Sie gut benutzen, um noch einmal die wichtigsten Argumente für Ihre Person und Bewerbung zusammenfassend vorzutragen (im Stil etwa: 1. …, 2. …, 3. …, also KBA bedenken!). Achtung: Eventuell handelt es sich um eine Wiederholungsfrage!

Frage-Varianten
- Was unterscheidet Sie von den anderen Bewerbern?
- Können Sie bitte noch einmal kurz zusammenfassen, was Ihre Stärken, aber auch Ihre Schwächen sind?

Schlecht geantwortet: Diese Beurteilung über-
lasse ich Ihnen …
Besser: Auf den Punkt gebracht: erstens … zwei-
tens … drittens … das sind aus meiner Sicht die
Hauptgründe, außerdem … (Denken Sie an Ihre
Botschaften!)

86 Was machen Sie, wenn Sie den Arbeits-platz bei uns nicht bekommen, wenn wir uns für einen anderen Bewerber entscheiden? *

Darum geht es wirklich
Ein erneuter Motivationstest, wie wichtig diese ak-
tuelle Bewerbung für Sie ist. Auch: Wie verarbeiten
Sie Frustrationen und inwieweit zeigen Sie dies?
Überhaupt: Wie reagieren Sie, wenn Sie »ange-
piekst« werden?

Tipps
Weder wären Sie völlig zerknirscht oder am Boden
zerstört noch heilfroh und glücklich, wenn Ihnen
dieser Job erspart bliebe. Bringen Sie zum Ausdruck, dass Sie eine Entscheidung gegen Sie als
Kandidat bedauern, aber akzeptieren würden (was
bleibt Ihnen auch übrig!). Sie sind – wie auch immer – derzeit gut verankert und keinesfalls auf den
neuen Arbeitsplatz absolut angewiesen.

Frage-Varianten
• Haben Sie zurzeit noch andere Bewerbungsver-
fahren laufen?
• Wie nötig brauchen Sie einen neuen Job?

Schlecht geantwortet: Na, was denken Sie, soll
ich mich umbringen … Nichts.
Besser: Dann werde ich in mich gehen und sehr
darüber nachdenken, woran es gelegen hat, dass
ich Sie nicht überzeugen konnte …

87 Wie gelangen Sie in schwierigen Situationen zu einer Entscheidung?

Darum geht es wirklich
Sie denken, jetzt ist fast schon alles gelaufen, fühlen sich hoffentlich wohl und plötzlich kommt doch
noch so eine Art Hammerfrage.

Tipps
Nicht aus der Ruhe/Reserve bringen lassen. Das ist
der eine Hintergrund dieser Frage. Natürlich will
man jetzt noch in letzter Minute sehen, ob Sie sich
konzentrieren können und diese doch recht schwierige Frage einigermaßen vernünftig beantworten.

Frage-Variante
• Wie lösen Sie unter Zeitdruck Probleme?

Schlecht geantwortet: Uff, das wüsste ich
auch gern … das fragt mich meine Frau auch
immer …
Besser: Leider auch nicht immer so schnell und sicher, wie ich es mir wünschte, aber sich ein wenig
Zeit nehmen, nachdenken, vergleichen, sich aus-
tauschen mit anderen, das sind schon wesentliche
Momente, die mir jetzt spontan einfallen, wenn ich
Ihre Frage so höre …

88 Wie schaffen Sie es in Ihrem privaten Umfeld, Menschen zu über-zeugen, für sich und Ihr Anliegen zu gewinnen?

Darum geht es wirklich
Abermals der Versuch, Ihnen die Maske vom Gesicht zu reißen, Sie zu testen … Wie belastbar sind
Sie, wann brechen Sie (Ihre Fassade aus Freundlichkeit) zusammen?
  Natürlich gibt es einen Bezug zur aktuellen
Situation. Auch hier und jetzt wollen Sie ja Ihr Gegenüber überzeugen … na dann erklären Sie sich
bitte!

Tipps
Und wieder: Nicht aus der Ruhe/Reserve bringen
lassen, denn genau darum geht es ja. In letzter Minute will man sehen, ob Sie sich konzentrieren und
diese heikle Frage einigermaßen vernünftig beantworten können. Gelassenheit zeigen!

Frage-Variante
• Was machen Sie, wenn Ihr Gegenüber nicht so
will, wie Sie wollen?

Schlecht geantwortet: Weiß nicht … das wüsste
ich selber gerne … dann explodiere ich, fange an zu
schreien …
Besser: Sehr gute Frage, also zunächst versuche ich
mir zu verdeutlichen, was andere Menschen bewegen könnte, dies oder jenes für mich zu tun … also
aus deren Sicht die Lage zu beurteilen … dann …

Worauf es in der Abschlussphase des Gesprächs ankommt

Zum Schluss geht es um den Versuch eines angenehmen »Abgangs«, wobei auf Arbeitgeberseite meist auch der Aspekt der Imagepflege eine Rolle spielt. Man wird sich bei Ihnen für den Besuch, die Bewerbung und das gezeigte Interesse bedanken. Das sollten Sie dann ebenfalls tun.

Wichtig ist nun eine Klärung, wie es weitergeht, wer voraussichtlich wann zu einer Entscheidung gelangt. Dies muss jedoch Ihrerseits ohne Bedrängung, Ungeduld oder gar Verzweiflung vorgetragen werden.

Ihre mögliche Frage wäre also: »Was meinen Sie, wie sollten wir verbleiben? Soll ich Sie anrufen – sagen wir in einer Woche –, oder melden Sie sich, bekomme ich Nachricht von Ihnen? Und wann kann ich damit ungefähr rechnen?«

Noch ein Hinweis: »Keep smiling«. Beim Rausgehen sollten Sie vor der Bürotür auf jeden Fall die Contenance bewahren. Lassen Sie die Tür möglichst nicht zuknallen; bitte atmen Sie nicht erleichtert auf (und wenn, dann nur ganz leise …), lassen Sie sich nicht zu Flüchen hinreißen, gegen wen auch immer, und gehen Sie unbedingt auch weiterhin aufrecht angemessenen Schrittes …

 89 ### Wie können Sie als Mitarbeiter zum Erfolg eines/unseres Unternehmens beitragen?

Darum geht es wirklich
Was ist Ihr USP (Alleinstellungsmerkmal), warum sollen wir uns für Sie entscheiden? Eigentlich eine Frage, die Sie in unterschiedlichen Formen schon gestellt bekommen und hoffentlich ausreichend beantwortet haben.

Tipps
Hier ist es wichtig, über ausreichend Synonyme zu verfügen, aber eben auch konkrete Botschaften entwickelt zu haben, die verdeutlichen, was man für den Arbeitsplatzanbieter und Auftraggeber alles bewirken kann.

Frage-Variante
• Was spricht für Sie, was können Sie uns bzw. allgemein anbieten?

Schlecht geantwortet: Das kommt darauf an, das sind ja eigentlich zwei Fragen, also abhängig von dem was gebraucht wird …
***Besser:** Ich denke, meine drei wichtigsten und besten Qualitäten, die ich Ihnen anbieten kann im Zusammenhang mit der Aufgabe, um die es hier geht, sind … Allgemein möchte ich aber auch anmerken, dass ich soundso bin … und dass ich dies und jenes kann, die und die Erfahrung mit- und einbringe …*

90 ### Welche Fragen, welche Themen hätten Sie sich in unserem Gespräch noch gewünscht?

Darum geht es wirklich
Haben Sie sich gut vorbereitet, sind Sie echt motiviert und zeigen Sie eine gewisse geistige Qualität und Flexibilität oder schauen Sie nur mit tellergroßen Augen verständnislos drein?

Tipps
Selbst das können Sie als Vorlage benutzen, um zu verdeutlichen, was Sie für den Arbeitsplatzanbieter Positives tun können. Beispielsweise: Sie stellen sich selbst eine Frage, die genau auf Ihr Angebot, Ihren USP, Ihre Botschaft zielt … und beantworten Sie im gleichen Atemzug.

Schlecht geantwortet: Nein, überhaupt nichts …
***Besser:** Wenn Sie mich so fragen, dann habe ich schon erwartet, Sie hätten mehr wissen wollen über … hätte ich mir gewünscht, wir würden noch etwas tiefer/intensiver darauf zu sprechen kommen, dass …*

Und nach dem Gespräch ist vor dem Gespräch: Fertigen Sie unbedingt ein ausführliches Protokoll an. Dadurch werden Sie schneller lernen, was Sie möglicherweise beim nächsten Gespräch noch besser machen können.

SPEZIALFRAGEN AN FRAUEN

Nun folgen einige Spezialfragen an besondere Bewerbergruppen. Leider sehen sich vor allem Frauen beim Vorstellungsgespräch immer noch häufig mit speziellen Vorbehalten, Vorurteilen und daraus resultierenden Fragen konfrontiert. Hierzu haben wir eine gesonderte Fragenübersicht vorbereitet.

Fragen an Frauen, oder: Vom Umgang mit Männervorurteilen

Über 65 Prozent der Frauen im Alter zwischen 15 und 65 Jahren sind in Deutschland berufstätig. In Spitzenpositionen der Wirtschaft, der Industrie und des Handels findet man dagegen nicht einmal 8 Prozent von ihnen. Selbst im öffentlichen Dienst ist die Quote nicht viel besser. Die Vorstellungsgespräche leiten oft Männer.

Bei Vorstellungsgesprächen mit Bewerberinnen stehen die Themen Motivation, Kompetenz und Persönlichkeit noch deutlicher als bei männlichen Bewerbern im Vordergrund. Die entsprechenden generellen Fragen zu diesen drei Themenbereichen haben wir Ihnen ja bereits vorgestellt: Was wollen Sie, was können Sie, und trauen Sie sich diese Aufgabe wirklich zu?

Diese drei Grundfragen werden Ihnen möglicherweise von männlichen Interviewern mit einem besonders skeptischen Unterton gestellt. Nicht selten kommt es sogar zu dem Versuch des Fragestellers, Ihnen die ganze Bewerbung um den zu besetzenden Arbeitsplatz auszureden – ein übler Motivationstest! Spätestens mit der Frage …

• Was sagt denn Ihre Familie (sagt Ihr Partner/sagen Ihre Kinder, so Sie welche haben) dazu?

… wird sicherlich die spezifische »Frauenfragerunde« eingeläutet. Weitere mögliche Fragen sind:

• Wie regeln Sie das mit den Kindern (sofern Sie welche haben, die noch zu versorgen sind)? Oder Ihren Haushalt?

Und wenn Sie ledig, aber im »heirats- und gebärfähigen Alter« sind, können Fragen auftauchen wie:

• Wie stellen Sie sich Ihre Zukunft vor?
• Wie sieht Ihr Lebensplan aus?

Diese haben für Sie als Bewerberin noch einen etwas anderen Hintergrund als den im Hauptfragenblock beschriebenen: Es geht hier eindeutig um die Themen Heirat und Kinderkriegen.

Generelle Tipps

Bleiben Sie cool, lassen Sie sich nicht provozieren – denn das ist es, was man unter Umständen erreichen will: Sie aus der Fassung zu bringen. Da Sie dies aber längst durchschaut haben und über eine große Sozialkompetenz verfügen, bewältigen Sie diesen Teil des Frage-und-Antwort-Spiels ganz leicht. Weiter geht's mit Fragen in der Richtung:

• Familie oder Beruf – wofür würden Sie sich im Zweifelsfall entscheiden?

Sie müssen leider der Tatsache ins Auge sehen: Frauen werden im Vorstellungsgespräch häufig mit unzulässigen Fragen konfrontiert. Dabei gehen den Arbeitgeber Themen wie Schwangerschaft, Partnerbeziehung und Familienleben absolut nichts an. Typische Beispiele für unzulässige Fragen sind:

• **Erzählen Sie mir/uns bitte etwas über Ihre aktuelle Lebenssituation.**
• **Wie sind Ihre Kinder versorgt, während Sie arbeiten?**
• **Wie sieht Ihre Familienplanung aus?**

Worum es geht

Der Arbeitgeber befürchtet ökonomische Einbußen infolge von Fehlzeiten der potenziellen Arbeitnehmerin aufgrund einer Schwangerschaft, aufgrund von Krankheiten der Kinder etc.

Tipps

Ihre aktuelle Lebenssituation – im Klartext: ob Sie mit jemandem und mit wem Sie zusammenleben – geht den neuen Arbeitgeber nichts an. In der Regel jedoch wird trotzdem danach gefragt. Eine Ehefrau und drei reizende Kinder sind für einen männlichen Kandidaten ein gutes Aushängeschild. Bei Frauen kann dies im umgekehrten Fall das entscheidende Kriterium für eine Absage sein. Seien Sie daher sehr, sehr gut vorbereitet und stellen Sie unmissverständlich klar, dass Ihre Kinder während Ihrer beruflich bedingten Abwesenheit hervorragend betreut sind.

Fragen nach der Familienplanung und nach einer bestehenden Schwangerschaft sind prinzipiell verboten. Hier dürfen Sie ungestraft lügen. Nach einem Urteil des Europäischen Gerichtshofs vom 8.11.1990 (Rs. C – 177/88) ist die Frage nach einer Schwangerschaft selbst dann unzulässig, wenn sich nur Frauen für den Arbeitsplatz bewerben. Diese Gerichtsentscheidung hat bindende Wirkung. Damit ist diese Frage jetzt nur noch für Stellen zulässig, die eine schwangere Frau gar nicht antreten könnte (z. B. als Erzieherin im Kindergarten oder als Chemikerin, die Umgang mit Gefahrgut hat).

Ob Sie in absehbarer Zeit Kinder haben möchten oder wie Ihre Familienplanung überhaupt aussieht, sind ebenfalls unzulässige Fragen, die in Ihre Intimsphäre eingreifen. Also dürfen Sie auch hier so antworten, wie es für Sie vorteilhaft ist (s. S. 70).

- **Was sagt Ihr Lebenspartner zu Ihren Plänen?**
- **Wie können Sie Beruf und Familie miteinander vereinbaren?**

Worum es geht

Hier dreht es sich darum, welche Unterstützung Sie von Ihrem Partner erhalten bzw. mit welchen Schwierigkeiten Sie zu Hause konfrontiert sind.

Tipps

Für Bewerberinnen ist dies eine Frage, bei der die Antwort gut überlegt sein sollte. Frauen mit Kindern brauchen einen Mann, der hundertprozentig hinter den beruflichen Plänen seiner Partnerin steht. Sie sollten ihn auf jeden Fall gegenüber dem Interviewer als solchen darstellen, damit der potenzielle neue Arbeitgeber nicht daran zweifelt, dass der Partner im Notfall auch für die Kinder da sein wird.

Auch für Bewerberinnen ohne Kinder kann die Frage nach der Einstellung des Partners zu ihrer Berufstätigkeit prekär sein: Inwieweit würde der Partner beruflich zurückstecken, um seiner Frau eine Karriere zu ermöglichen? Und was würde bei einem berufsbedingten Ortswechsel des Partners passieren?

- **Wollen Sie sich wirklich beruflich engagieren oder …?**

Worum es geht

Dies ist eine Frage, die einem Mann so wohl nie gestellt würde, aber eventuell Ihnen als Bewerberin. Hier handelt es sich um ein klassisches männliches Vorurteil nach dem Motto: »Meinen Sie es wirklich ernst mit Ihrem Beruf bzw. Ihren beruflichen Ambitionen?«

Tipps

Wenn Sie sich während des Vorstellungsgesprächs durch die Frage nach Ihrem »wahren« beruflichen Engagement in die Enge getrieben sehen, heißt das oberste Gebot: cool bleiben. Was auch immer Sie hierauf sagen – es könnte zu Ihrem Nachteil ausgelegt werden. Deshalb gibt es für die Antwort auch kein Patentrezept, Sie müssen einfach situationsbedingt reagieren und versuchen, die Bedenken Ihres Gegenübers zu zerstreuen.

- **Sind Ihre Kinder öfter krank?**

Worum es geht

Nicht die altruistische Sorge um die Gesundheit Ihrer Kinder, sondern die egoistische Sorge um Ausfallzeiten und damit Kosten beschäftigt hier den Arbeitgeber.

Tipps

Ihre Kinder haben Gott sei Dank die einschlägigen Krankheiten schon hinter sich. Und Sorgen wegen der Schule oder anderer Probleme brauchen Sie sich glücklicherweise nicht zu machen – bei Ihnen zu Hause ist alles prima organisiert und in bester Ordnung. Jedoch Vorsicht vor einer zu glatten Darstellung: Diese könnte den Neid Ihres Gegenübers erregen.

Nicht nur Frauen sehen sich mit ganz speziellen Fragen konfrontiert. Auch ältere Arbeitsuchende, Hochschulabsolventen, Arbeitslose und Führungskräfte müssen sich damit auseinandersetzen. Sollten Sie zu einer der genannten Zielgruppen gehören, dann empfehlen wir Ihnen, die jeweiligen Spezialfragen gezielt vorzubereiten und sich Stichpunkte zu deren Beantwortung zu notieren. Die Fragen folgen nun in einer Übersicht:

SPEZIALFRAGEN AN ÄLTERE ARBEITSUCHENDE

- Erzählen Sie doch mal etwas über sich. Welche Hobbys haben Sie?
- Waren Sie schon einmal ernstlich krank?
- Bestehen bei Ihnen gesundheitliche Einschränkungen mit beruflichen Auswirkungen?
- Gab es bei Ihnen Krankenhausaufenthalte?
- Haben Sie einen Hausarzt?
- Waren Sie im letzten Jahr mehr als zweimal beim Arzt?

- Was sind Ihre ganz persönlichen Lebensziele?
- Was möchten Sie für sich in naher bzw. ferner Zukunft noch erreichen?
- Wie haben Sie sich in der letzten Zeit fortgebildet?
- Wie flexibel sind Sie bezüglich Arbeitszeit und Verdienst?

SPEZIALFRAGEN AN HOCHSCHULABSOLVENTEN

- Warum entscheiden Sie sich jetzt für diesen Beruf bzw. diese Fachrichtung?
- Haben Sie mit unserem Unternehmen/unserer Institution/dieser Branche während Ihres Studiums Erfahrungen gemacht?
- Gibt es sonstige Berührungspunkte außerhalb Ihres Studiums?
- Welche anderen beruflichen Interessenschwerpunkte haben Sie?
- Auf welche berufsrelevanten Leistungen in Ihrem bisherigen Leben bzw. Werdegang sind Sie stolz?
- Wie sehen Sie Ihre Zukunft?
- Wie sah Ihr Ausbildungsgang aus?
- Aus welchen Gründen haben Sie sich für das Studium XY entschieden?
- Welche Schwerpunkte, Praktika etc. haben Sie gewählt und warum?
- Wie war es für Sie an der Universität?
- Sind Sie mit Ihren universitären Leistungen zufrieden?
- Beim Rückblick auf Ihre Ausbildung – was sehen Sie kritisch, was würden Sie ändern wollen?

- Welche anderen Fähigkeiten als die jetzt für diesen Beruf relevanten haben Sie sich noch zusätzlich angeeignet?
- Was würden Sie gegebenenfalls noch gern im Anschluss studieren?
- Würden Sie das gleiche Fach noch einmal studieren?
- Welche Erfahrungen mit der Berufswelt haben Sie bereits gemacht?
- Wie haben Sie Ihr Studium finanziert?
- Wie lange haben Sie studiert und warum?
- Warum promovieren Sie nicht bzw. warum haben Sie promoviert?
- Was machen Ihre Eltern (und gegebenenfalls Geschwister) beruflich?
- Wie stellen Sie sich Ihre familiäre Zukunft vor?
- Mit welchen Menschen sind Sie gerne zusammen?
- Was machen Sie lieber zusammen mit anderen, was lieber alleine?
- Warum haben Sie an der X-Uni studiert, wo doch die Experten auf dem Gebiet Y an der Uni Z sind?

- Welche besonderen Studien- und Ausbildungs-schwerpunkte haben Sie sich selbst gesetzt und warum?
- Wie sind Sie zu dem Thema Ihrer Bachelor-/Master-/Doktor-/Examensarbeit gekommen?
- Stellen Sie uns bitte einmal kurz die Ergebnisse Ihrer Abschlussarbeit dar.

- Mit welchen Fachbüchern/-artikeln/-proble-men haben Sie sich in letzter Zeit intensiver beschäftigt?
- Stimmen Sie uns zu, dass Sie noch sehr viel lernen müssen?
- Auf welchem Gebiet haben Sie noch große Defizite und was gedenken Sie dagegen zu tun?

SPEZIALFRAGEN AN ARBEITSLOSE

- Wie kam es zu der Arbeitslosigkeit?
- Wie lange dauert diese Arbeitslosigkeit bereits an?
- Wie oft haben Sie sich schon erfolglos beworben?

- Was haben Sie zwischenzeitlich gemacht?
- Sind Sie förderungsberechtigt durch die Arbeitsagentur?
- Trauen Sie sich die Aufgabe wirklich zu?

SPEZIALFRAGEN AN FÜHRUNGSKRÄFTE

- Was bedeutet Mitarbeiterführung?
- Wie definieren Sie die Hauptaufgaben einer Führungskraft?
- Welchen Führungsstil bevorzugen Sie?
- Was schätzen Sie: Wie lange brauchen Sie zur Einarbeitung in Ihr neues Arbeitsgebiet?
- Auf welchem Gebiet haben Sie größere Defizite und was gedenken Sie dagegen zu tun?
- Was sind Ihre ganz persönlichen Lebensziele?
- Was möchten Sie persönlich für sich in naher bzw. ferner Zukunft erreichen?
- Welche Eigenschaften sollte Ihr potenzieller Nachfolger für Ihren alten Arbeitsplatz haben?
- Ganz allgemein: Welche Eigenschaften sollte Ihr Stellvertreter haben?

- Was zeichnet Ihrer Meinung nach eine gute Führungskraft aus?
- Was einen guten Vorgesetzten?
- Was einen guten Mitarbeiter?
- Was schätzen Sie an Ihren Arbeitskollegen bzw. Vorgesetzten und was nicht?
- Worin unterscheiden Sie sich Ihrer Meinung nach von Ihrem jetzigen Vorgesetzten?
- Wie bereiten Sie Ihre Mitarbeiter auf die Übernahme von mehr Verantwortung vor?
- Wie sind Sie selbst darauf vorbereitet worden?

6. Lerntest: Offene Fragen zum Vorstellungsgespräch

a) Was sind die drei wichtigsten Fragen in einem Vorstellungsge-spräch?
b) Wofür stehen die Buchstaben KLP?
c) Wofür stehen die Buchstaben VGZ?

Die richtige Lösung finden Sie auf S. 122.

Lösung 5. Lerntest: Die Möglichkeiten d, e oder f sind eine gute Idee. Laufen Sie oder fahren Sie mit dem Fahrrad, kommen Sie vielleicht ins Schwitzen und fühlen sich danach unwohl. Auch sollten Sie lieber nicht selbst mit dem Auto fahren: Stichwort Aufmerksamkeit und Ablenkungsgefahr.

AUF DEN PUNKT GEBRACHT

Das ganze Fragenrepertoire und die Hintergründe

Am Vorstellungsgespräch führt kein Weg vorbei. Wie es aber konkret abläuft, liegt auch mit in Ihrer Hand. Sie können den Gesprächsverlauf beeinflussen, ja wesentlich mitbestimmen. Der Beweis: Wetten, dass ein relativ ausgefallenes Hobby wie Geocaching, das Sie in Ihrem Lebenslauf erwähnt haben, Ihr Gegenüber mit an Sicherheit grenzender Wahrscheinlichkeit im Vorstellungsgespräch dazu veranlassen wird, mehr darüber von Ihnen erfahren zu wollen? Auch wenn das obige Beispiel ein wenig konstruiert klingen mag – es geht uns darum, Ihnen zu verdeutlichen, dass ein Teil der im Vorstellungsgespräch auf Sie zukommenden Fragen sich bereits aus Ihren Angaben im Bewerbungsanschreiben, im Lebenslauf und aus der Art der Anlagen (z. B. Ihren Arbeitszeugnissen) ableiten lässt. Die Tatsache im Lebenslauf beispielsweise, dass Sie Ihre beiden vorletzten Arbeitgeber jeweils bereits nach einem Dreivierteljahr wieder verlassen haben, wird unweigerlich intensiveres Nachfragen provozieren.

Mit anderen Worten: Die Art und Weise, wie Sie antworten, wie glaubwürdig und nachvollziehbar Sie sich darstellen, was Sie wie ausführlich und in welchem Stil mitteilen, hat einen deutlichen Einfluss auf den weiteren Verlauf des Gesprächs.

Abgesehen von der Begrüßungs- und Verabschiedungsphase kann selbstverständlich die Reihenfolge der Themen variieren. Auch müssen nicht gleich beim ersten Vorstellungsgespräch alle Fragen und jedes Detail (z. B. Arbeitskonditionen) ausführlich behandelt werden. Die in diesem Buch vermittelte Übersicht gibt Ihnen jedoch einen optimalen Eindruck, welche Themenbereiche insgesamt auf Sie zukommen können, und informiert Sie, welche Fragen Ihnen im Einzelnen gestellt werden können.

Sehr wichtig war uns, Sie mit dem eigentlichen Hintergrund der einzelnen Fragen vertraut zu machen, der sich – insbesondere in der Stresssituation Vorstellungsgespräch – nicht auf den ersten Blick erschließt. So klingt z. B. die aufmunternde Aufforderung »Erzählen Sie doch mal etwas über sich« wie eine Einladung zum harmlos-lockeren Partygeplauder. In Wirklichkeit steckt dahinter ein komplexer Persönlichkeitstest. Sie sollten entscheiden, wie weit Sie Einblick gewähren wollen!

Wenn Sie sich jedoch gut vorbereitet haben, wenn Ihr Kommunikationsziel ausgereift ist, wenn Ihre Botschaften glaubwürdig und beeindruckend sind und wenn auch Ihre Argumentation überzeugend ist, dann kann Ihnen fast nur noch eines passieren: Sie bekommen den Job angeboten.

Unsere Tipps und Hinweise sind keine Antwortvorgaben oder gar konkrete Formulierungsvorschläge, sondern sollen Chancen und Gefahren einzelner Beantwortungsmöglichkeiten verdeutlichen. Sie können Ihr Bemühen, zu jeder Frage jeweils Ihre ganz persönliche Antwortstrategie zu entwickeln, nicht ersetzen.

Für die hier vorgestellten 90 entscheidenden Haupt- und die zahlreichen weiteren Synonymfragen gilt: Nicht alle können Ihnen in einem ersten Gespräch gestellt werden. Rechnen Sie mit einer Auswahl von etwa 15–20, eventuell je nach Länge der zur Verfügung stehenden Zeit 25 Fragen. Sie wissen aber nach dem Studium unseres umfassenden Fragenkatalogs, was potenziell auf Sie zukommen kann, und können sich entsprechend vorbereiten. Böse Überraschungen sind somit ausgeschlossen, Angst und Aufregung wirksam reduziert.

Verdeutlichen Sie sich noch einmal, wie die beiden Königsfragen in jedem Vorstellungsgespräch lauten:

- **Warum bewerben Sie sich bei uns?**
- **Warum sollten wir uns für Sie entscheiden?**

In einer Erweiterung folgen dann diese typischen Fragen (vielleicht nicht, wenn es sich um einen ganz einfachen oder Aushilfsjob handelt):

- **Warum haben Sie im Jahr 20XX den Job aufgenommen?**
- **Was waren die Herausforderungen?**
- **Was waren Ihre Resultate?**
- **Warum wechselten Sie dann?**

Die alles entscheidende Frage, die sich auch hinter diesen beiden Königsfragen verbirgt, ist der Wunsch, Sie kennenzulernen, zu erfahren:

• Wer sind Sie?

Diese natürlich nie so klar und deutlich ausgesprochene Frage interessiert Ihr Gegenüber, den Entscheidungsträger, über alle Maßen. Sie soll beim Beurteilungs- und Entscheidungsprozess dazu dienen, herauszufinden, ob man Sie will oder nicht, ob Sie zum Unternehmen passen oder eben nicht. Eigentlich verständlich – Sie würden sich wahrscheinlich in der Position Ihres Gegenübers ganz genauso verhalten. Und auch Sie als Bewerber sind Ihren ganz persönlichen Karrierewünschen gegenüber verpflichtet, sich ein Urteil zu bilden – über das Unternehmen.

Also: Seien Sie vorbereitet, Sie bekommen das Startzeichen, etwas Wesentliches von sich zu erzählen, so oder ähnlich formuliert. Nutzen Sie diese Zeit, um wirklich wichtige Punkte zu vermitteln. Gehen Sie optimistisch von 1–2 Minuten Redezeit aus. Es kann kürzer oder länger werden, Hauptsache ist, Sie haben sich vorbereitet und können hier abliefern!

Aber nicht nur die klare Vorab-Beantwortung der drei entscheidenden Vorstellungsgesprächsfragen ist Ihre Aufgabe, sondern bei der Vorbereitung müssen Sie für sich selbst zunächst einmal folgende Fragen klären:

* Welches Kommunikationsziel verfolge ich?
* Was ist meine Botschaft und wie vermittle ich diese?
* Wie argumentiere ich?

Die ausführliche Vorbereitung dieser drei Punkte, die ja Ihr persönliches, für Sie äußerst wichtiges Anliegen widerspiegeln, mit Ihrem Mitarbeitsangebot zu überzeugen sowie auf der Auswählerseite die zwei Königsfragen und eigentliche Kardinalfrage zu beantworten, bestimmen den erfolgreichen Ablauf Ihres Vorstellungsgesprächs. Die von Ihnen vorbereitete Erzählversion (1, 2–3, 5 Minuten) stellt die Chance dar, sich angemessen und auf den Punkt konzentriert vorzustellen. Ob Sie nun aufgefordert werden, Ihnen beruflichen Werdegang oder allgemein etwas über sich zu erzählen: Nutzen Sie diese Chance, um sich Ihrem Gegenüber gut zu präsentieren, damit schlussendlich die Wahl auf Sie fällt.

Ohne Zweifel befinden Sie sich als Bewerber im Vorstellungsgespräch auf dem Prüfstand – die andere Seite aber auch: Sie sollten sorgfältig prüfen, ob Sie für diesen Arbeitgeber auf diesem Arbeitsplatz überhaupt wirklich arbeiten wollen und können. Ihre Lebenszeit und Ihre Energie sind begrenzt, Sie haben schließlich nichts zu verschenken – oder?

Verdeutlichen Sie sich: Das Gespräch mit Ihnen findet auf zwei Ebenen statt, der beruflichen und der privaten. Auf diesen beiden Ebenen können und sollen Sie auch – je nach Angemessenheit und Opportunität – antworten. Es ist verständlich, dass man von Ihnen wissen will, was Sie Besonderes anzubieten haben (USP, offizielle Ebene, klar das Berufliche!), aber auch, wie Sie so als Mensch sind (private Ebene, Interessen, Freizeitgestaltung, Hobbys, Engagement). Dabei geht es immer um die wichtigsten drei Themen: Ihre Kompetenz, Ihr Leistungsvermögen und Ihre Persönlichkeit (KLP), und das in Relation zu VGZ (s. a. 9-Felder-Matrix, S. 50). Sie fahren besser, wenn Sie sich vorher verdeutlichen, was Ihr Kommunikationsziel ist, was Ihre Botschaften sind und mit welchen Geschichten (Argumenten) aus Ihrem (Berufs-)Leben Sie diese unterfüttern, um die Glaubwürdigkeit und den Erinnerungswert dessen, was Sie erzählen, zu verbessern (KBA).

Und noch etwas: Machen Sie direkt nach Ihrem Vorstellungsgespräch ein Protokoll. Wenn Sie wieder eingeladen werden, profitieren Sie davon – aber auch für jedes andere Bewerbungsgespräch.

Ergänzungen

KÖRPERSPRACHE

Wie viele Sprachen beherrschen Sie? Ihre Muttersprache, Fremdsprachen – sehr schön. Viele Personalchefs und Taschenpsychologen glauben jedoch, außerdem noch die Körpersprache zu beherrschen, oder besser: zu verstehen. Der Körper lügt angeblich nicht – schließlich haben Lügen ja bekanntlich kurze Beine! Ein erhobener Zeigefinger, hochgezogene Augenbrauen, eine gerümpfte Nase und eine in Falten gelegte Stirn sprechen eine deutliche Sprache. Wer die Hände im Schoß faltet oder hinter dem Kopf verschränkt, gibt seiner Umwelt bewusst oder unbewusst Signale. Nur welche, das ist hier die Frage.

Personalauswähler hantieren gerne mit Listen, aus denen sie schnell ablesen können, was eine bestimmte Haltung, Geste, Mimik etc. angeblich für eine Bedeutung hat. Diese Technik bewegt sich auf ähnlich düsterem Niveau wie die diversen Traumdeutungsbücher, die einem angeblich aufs Stichwort verraten, was der Traum der vergangenen Nacht bedeutet. Im Wesentlichen geht es hierbei um:

- Blickverhalten
- Mimik
- Gesten
- Körperhaltung
- Sprechweise
- Geruch

Bitte nehmen Sie die Liste auf S. 116 nicht allzu ernst – aber Sie sollten schließlich wissen, wie Ihr Verhalten möglicherweise interpretiert werden könnte.

Körpersprache als Garant?

In Fachtexten für Personalbeurteiler werden zehn Merkmale aufgelistet, die angeblich aufgrund der Körpersignale des Bewerbers zu beurteilen seien:

- die Gepflegtheit, der gesamte äußere Eindruck
- gute Manieren, Verhalten, Benehmen (z. B. im Restaurant)
- die Kontaktfähigkeit
- das körpersprachliche Ausdrucksvermögen
- das Verhalten in der Zweierkommunikation
- die Dominanz, der Führungsanspruch
- die Vitalität, Dynamik, Extrovertiertheit
- die körperliche Verfassung und Belastbarkeit
- die nervliche Belastbarkeit
- die Selbstsicherheit

Mögliche Gründe für eine Ablehnung

Eine amerikanische Personalberatungsfirma hat 200 Vorstellungsgespräche ausgewertet, in denen die Bewerber gescheitert sind. Die Analyse ergab sechs Aspekte, die für das Misslingen verantwortlich zu machen waren:

1. keine überzeugende äußere Erscheinung, unpassende Kleidung bzw. ungepflegtes Äußeres
2. Mängel in der Fähigkeit, die eigene Meinung deutlich zum Ausdruck zu bringen
3. Mängel in der Fähigkeit, die eigene Person weitgehend objektiv darzustellen
4. unzureichende Ausstrahlung von Selbstvertrauen und Begeisterungsfähigkeit
5. zu starke Kritik an früheren Arbeitgebern
6. zu häufiger Stellenwechsel

Erneut wird deutlich, dass der Faktor Persönlichkeit im Vorstellungsgespräch entscheidend ist: Die ersten fünf Ablehnungsgründe hängen eindeutig mit angeblichen Persönlichkeitsmängeln zusammen. Zieht man aus der obigen Negativliste die Konsequenz, so sind die folgenden Persönlichkeitsmerkmale für Ihren Erfolg im Vorstellungsgespräch von besonderer Relevanz:

- Auftreten
- Ausstrahlung
- Autorität
- Integrität
- Selbstsicherheit
- Glaubwürdigkeit
- Lebendigkeit
- Begeisterungsfähigkeit
- Entschlossenheit
- Bestimmtheit
- Rücksicht
- Einfühlungsvermögen
- Verständnis
- (angemessene) Vertrautheit

Auch Ihr Körper kommuniziert

In der Bewerbungs-, Vorstellungs- und damit auch Begegnungs- und Prüfungssituation werden Sie beurteilt und beurteilen auch selbst – nämlich Ihr Gegenüber und alles, was Sie zu sehen und zu hören bekommen. Auch von Ihnen wird mehr wahrgenommen, als Sie sich wahrscheinlich vorstellen (z. B. Ihre Schuhe, wie Sie gehen, Ihre Haare, Hände, Fingernägel, das Make-up, wie gut Sie rasiert sind, ob Sie angenehm oder aufdringlich duften bzw. riechen).

Dass in der Arbeitswelt Kommunikationsfähigkeit ein ganz wichtiger Erfolgsschlüssel ist, haben wir schon aufgezeigt, und dass es jetzt in der persönlichen Begegnung darauf ankommt, zu überzeugen, wissen Sie. Ihre verbal vorgetragenen Argumente sind dabei nicht allein entscheidend. Sie müssen mit Ihrer ganzen Person glaubhaft vermitteln können, dass Sie der oder die Richtige sind. Das teilt sich Ihrem kritisch prüfenden Gegenüber auch in Ihrem Auftreten, Ihrer Mimik, Ihrer Stimme und in all Ihren Bewegungen mit. Kurzum: Es geht um Ihre Körpersprache, Ihren körpersprachlichen Ausdruck und den Eindruck, den Sie damit meist mehr unbewusst als bewusst vermitteln.

Über die Körpersprache sind bereits viele dicke Bücher geschrieben worden, unsere Liste auf S. 116 liefert Ihnen Ansatzpunkte für eine mögliche Interpretation der Körpersignale. Hier nun die wichtigsten Tipps für Sie als Kandidaten beim Vorstellungsgespräch zu den Fragen: Wie gehen, stehen, und vor allem, wie sitzen Sie da, was machen Ihre Füße, Beine, Arme, Hände und Finger? Wie sind Ihre Kopfhaltung und Ihr Blick und wie haben Sie Ihren Oberkörper positioniert?

Zunächst begrüßen Sie Ihr Gegenüber. Achten Sie dabei auf Ihren Händedruck. Weder der »Knochenbrecher« noch die »tote Hasenpfote« vermitteln einen überzeugenden Eindruck von Ihrer Persönlichkeit. Lassen Sie Ihre Hand nicht von oben kommen, aber präsentieren Sie sie auch nicht flach offen mit der Handfläche nach oben. Ein kräftiger, nicht zu starker und angemessen lang anhaltender Händedruck (nicht klebrig, bitte!) kann und sollte gegebenenfalls von Ihnen geübt werden. Und wischen Sie sich ja nicht vorher noch schnell Ihr vor Aufregung feuchtes Händchen an der Hose bzw. am Rock ab. Blicken Sie Ihr Gegenüber leicht lächelnd an. Falls Ihr Name noch nicht gefallen ist, stellen Sie sich vor: »Guten Tag, ich bin Markus Müller!« Bitte vergessen Sie nicht: Nennen Sie Vor- und Zunamen. Ihr Vorname wirkt als Sympathieträger. Es wäre schade, wenn Sie darauf verzichten würden.

Beim Laufen sollten Sie sich mit gehobenem Haupt, keinesfalls mit hängenden Schultern oder schlurfenden Schrittes vorwärtsbewegen. Sie werden schließlich nicht zu einer Anklagebank geführt, sondern sind eher in der Rolle des Retters und Problemlösers.

Körpersignal	Bedeutung
Blickverhalten	
Augen betont weit offen	Aufmerksamkeit, Aufnahmebereitschaft, Sympathie, Weltoffenheit, Flirtverhalten
Augen wenig offen	Konzentration, Entschlossenheit, Eigensinn, Kleinlichkeit, überkritische Haltung
zugekniffene Augen	Abwehr, Unlust
gerader Blick	Offenheit, Gewissensreinheit, Vertrauen
schräger Blick	abschätzende Zurückhaltung
häufiger Blickkontakt	Sympathie
häufiges Wegsehen	mangelnde Sympathie oder Verlegenheit
auffällig häufiger Lidschlag	Unsicherheit, Befangenheit, unter Umständen nervöse Störung
Mimik	
offenes Lächeln	offene Heiterkeit, uneingeschränkte Mitfreude
gequältes Lächeln	ironisch, schadenfroh, blasiert, ängstlich
überwiegend geöffneter Mund	Mangel an Selbstkontrolle
zusammengepresster Mund	Zurückhaltung, Reserviertheit, Verkniffenheit, Kontaktarmut
Mundwinkel nach unten	Bitterkeit, Pessimismus, depressiv
Mundwinkel nach oben	Aktivität bis Abwehr
Heben der Augenbrauen	Ungläubigkeit oder Arroganz
Gesten	
übertrieben kräftiger Händedruck (»Knochenbrecher«)	Rücksichtslosigkeit, Angeberei
kräftiger Händedruck ohne Übertreibung	Aufrichtigkeit, Sicherheit
schlaffer Händedruck (»tote Hasenpfote«)	Unsicherheit, kontaktarm, leicht beeinflussbar
Hand wegziehend	Verschlossenheit
verschränkte Arme	Ablehnung, Verschlossenheit, Selbstschutz, Angst
Hand vor den Mund halten – während des Sprechens – nach dem Sprechen	Unsicherheit will das Gesagte zurücknehmen
Sprecher hält Armlehnen mit beiden Händen fest	Aggressivität, aber etwas unsicher, neigt zur Weitschweifigkeit
Kopf auf Hände stützen	Nachdenklichkeit, Erschöpfung, Langeweile
Spitzdach mit den Händen formen	Arroganz, Abwehr gegen Einwände
Hände reiben	selbstgefällig, selbstzufrieden
spielende Hände	Zeichen von Erregung, Nervosität, Befangenheit, Angst, Verwirrung
mit dem Finger auf den Gesprächspartner zeigen	Angriff, Wut
Hand zur Faust ballen	Wut, verhaltener Zorn
Anfassen der Nase	Nachdenklichkeit, kritische Haltung, Verlegenheit
über den Hinterkopf streichen, Zupfen an den Ohren	Verlegenheit, Unbehagen, Ärger
Streichen des Kinns	Nachdenklichkeit, Zufriedenheit

Körpersignal	Bedeutung
Finger zum Mund nehmen	verlegen, unsicher
mit den Fingern trommeln	Nervosität, Ungeduld
häufiges Spielen mit dem Ring	Unruhe, Nervosität
häufiges Abnehmen der Brille	Ablehnung, Angriff, Nervosität
Körperhaltung	
Achselzucken, die Handflächen nach außen	Hilflosigkeit
übereinandergeschlagene Beine – zum Gesprächspartner hin – vom Gesprächspartner weg	Aufbau eines Sympathiefeldes Ablehnung, Unwillen
übergeschlagene Beine Knie in die Hand gestützt	kritisch, skeptisch
dicht aneinandergestellte Füße beim Sitzen	schuldhafte Ängstlichkeit, Einzelgänger, überkorrekte Grundeinstellung
breit auseinanderklaffende Beine beim Sitzen	sorglose Unbekümmertheit, Rücksichtslosigkeit
alarmbereite Sitzweise (Auf-dem-Sprung-Sein)	Mangel an Selbstvertrauen und Sicherheit, auch Misstrauen, innere Unruhe, Angst
Füße um die Stuhlbeine legen	Unsicherheit, Suche nach Halt
Füße nach hinten nehmen	Ablehnung
mit den Füßen wippen	Arroganz, Ungeduld, Sicherheit, Aggressivität
steife, militärische Körperhaltung, geziert aufrecht	Unterdrückung von Angst
breitbeinig dastehen	Selbstsicherheit
den Oberkörper weit nach vorn lehnen	Interesse, Sympathie, Wunsch zu unterbrechen
den Oberkörper weit zurücklehnen	Desinteresse, Ablehnung
Sprechweise	
lautstarke Stimme	Vitalität, Selbstbewusstsein, Kontaktfreude, aber auch Unbeherrschtheit, Geltungsdrang
leise, flüsternde Stimme	Schwäche, mangelndes Selbstbewusstsein, aber auch Sachlichkeit, Bescheidenheit
schnelles Sprechtempo	Impulsivität, Temperament, aber auch ungezügelt, nervös
langsames Sprechtempo	antriebsschwach, aber auch Sachlichkeit, Besonnenheit, Ausgeglichenheit
wechselndes Sprechtempo	innere Unausgeglichenheit
ausgeprägte Pausengestaltung	Disziplin, Selbstbewusstsein
starke Akzentuierung	Lebhaftigkeit, Gefühlsstärke
schwache Akzentuierung	Desinteresse, mangelnde geistige Flexibilität
Geruch	
parfümiert	werbend
überstark parfümiert	unsicher, vernebelnd
Schweißgeruch	ängstlich, unordentlich

Sie haben Platz genommen. Wahrscheinlich sind Sie in dieser Situation mehr oder weniger nervös und angespannt. Das könnte dazu führen, dass Sie sich auf Ihrem Stuhl so präsentieren:

| vorn auf dem Stuhl sitzend, fluchtbereit, angespannt | lasch, völlig saft- und kraftlos, zurückgelehnt | mit Bein-Schutzbarriere |

Hier sehen Sie auf einen Blick, wie schlecht diese Körperhaltungen wirken, wie deutlich die Anspannung zu erkennen ist. Das sollten Sie unbedingt vermeiden und sich immer wieder ganz bewusst in eine der folgenden Sitzpositionen bringen:

Verständlich, dass Ihnen in dieser angespannten Situation typische Verlegenheitsgesten unterlaufen können. Immer wenn es heikel wird, wenn unangenehme Fragen auftauchen, wenn Sie sich in einer schwierigen Antwortsituation erleben, könnte Folgendes passieren:

kritische Grübelhandposition

Krawattenhand

Gurgelhand

Ohrläppchen-Geste

Kopfschmerz-Geste

»Es fällt mir gleich ein, äh ...«-Nuckel-Geste

Lippen berühren mit dem Finger

Hand im Nacken

Zwei wichtige generelle Empfehlungen könnten also lauten: Vermeiden Sie in so einer Situation, Ihre Hände an Ihren Kopf oder gar ans Gesicht zu führen, und verschränken Sie nicht Ihre Arme vor Ihrer Brust.

Sie können sich bereits in der Vorbereitungsphase selbst mit für Sie unangenehmen Fragen konfrontieren. Machen Sie sich eine Liste und schreiben Sie sich alle vorstellbaren schwierigen Fragen auf, die Sie in Verlegenheit bringen könnten. Was würden Sie auf jede einzelne dieser Fragen antworten? Jetzt haben Sie die Gelegenheit, Ihre Antworten vorzu-

bereiten. Mittels Frage-Karteikarten spielen Sie das Ganze durch und zeichnen Ihre Antworten auf. Sie können auch ein Vorstellungsgespräch mit einer Person, die den Personalauswähler spielt und sich mit Fragen für Sie vorbereitet, durchspielen und ein Video davon machen.

Sie werden erstaunt sein, wie schnell Sie anhand der visuellen Selbstkontrolle im geschickten Umgang mit der Gesprächssituation und auch in einer angemessenen, unauffälligen Körpersprache eine gewisse Souveränität entwickeln.

Doch weiter in unserer Beispiel-Vorstellungsgesprächssituation: Am häufigsten bietet man Ihnen einen Stuhl vor einem Tisch an und das Interview beginnt. Seltener sitzen Sie in einem Sessel oder auf einem Stuhl und vor Ihnen ist ein Freiraum, während Ihr Interviewpartner schräg oder seitlich von Ihnen sitzt. Achten Sie darauf, sich weder über den Tisch hinweg auf Ihr Gegenüber zuzubewegen oder sich hinüberzulehnen noch sich extrem in die andere Richtung, also von ihm weg, zu strecken.

Für den Abschluss des Vorstellungsgespräches gilt übrigens wieder dasselbe wie für die Begrüßung und für unsere Ausführungen zum Gehen.

KLEIDUNG – WAS SIE ANZIEHEND MACHT

Dass die Kleidung – auch in Ergänzung zur Körpersprache – ein ganz wesentlicher Signalträger und -geber unserer Befindlichkeit ist, hören Sie sicherlich nicht zum ersten Mal. Worin spiegelt sich unser Selbstbild deutlicher als in unserer Kleidung, unserem Outfit? An ihrer (Berufs-)Kleidung erkennen wir sie sofort: den Koch, Schornsteinfeger oder Arzt, die Stewardess oder die Polizistin. Es gibt viele Be-Kleidungssignale, die uns bei der Einordnung und Orientierung behilflich sind. Ergo:

Was ziehen Sie an?

Die Sozialpsychologie hat mithilfe eines Experiments herausgefunden, dass deutlich mehr Personen bereit sind, bei einer Rot zeigenden Fußgängerampel die Straßenkreuzung mit zu überqueren, wenn ein besonders gut gekleidetes »Modell« (Vorbild) es vormacht. Einer eindeutig bescheiden bzw. eher ärmlich gekleideten Person folgen deutlich weniger Passanten bei Rot über die Straße. Wundert Sie das? Es sollte Sie nachdenklich stimmen …

Klar ist: Wer sich z. B. um einen qualifizierten Arbeitsplatz in einem Versicherungskonzern bewirbt, kommt besser nicht in Joggingschuhen und Jeans daher, auch wenn dies auf der Überlegung basiert, damit seine dynamische Note unterstreichen zu wollen. Sollten Sie nun aber glauben, dass diese Bekleidungsutensilien bei einem Sportartikelkonzern automatisch dazu angetan sind, Pluspunkte zu sammeln, irren Sie.

Gibt es Patentrezepte?

Das sicherlich nicht. Aber generell gilt: Heutzutage kleidet man sich für ein Vorstellungsgespräch wieder gediegen, zurückhaltend-vornehm, eher konservativ. Gefragt ist auch bei Damen die schlichte Eleganz. Unsere Empfehlung lautet daher: Schauen Sie sich doch einfach mal typische Berufsvertreter in der von Ihnen angestrebten Position an und orientieren Sie sich für Ihr Vorstellungs-Outfit an deren Kleidung. Verdeutlichen Sie sich, dass Sie nach Ihren schriftlichen Bewerbungsunterlagen mit Ihrem Erscheinungsbild eine weitere Arbeitsprobe und Visitenkarte abgeben.

Vermeiden Sie es möglichst, besser gekleidet zu sein als Ihr Gegenüber, und verzichten Sie auf jede Extravaganz, also auf eine grelle, poppige, übertriebene Maskerade und eine ebensolche Schminke – mit vielleicht zwei Ausnahmen: wenn Sie sich bei einer Werbeagentur oder in der »Kunstszene« bewerben.

Gepflegte Gesamterscheinung

Diese Kurzempfehlungen ersetzen keinen Besuch beim Modeberater oder einem »Dress-to-success«-Farb- und Stilberatungsstudio. Sollen sie ja auch gar nicht. Aber wir können es nicht oft genug sagen: Für die gepflegte Gesamterscheinung, angefangen bei der Frisur über das Make-up bei Damen bis hin zu Kleidung, Schuhen und Accessoires (Brille, Uhr, Schmuck, Tasche und Tuch), muss alles aufeinander abgestimmt sein, zu Ihnen passen, Ihre persönliche Note unterstreichen, Sie vorteilhaft »verkaufen«.

Vorstellungsgespräch

»Jetzt sitze ich hier schon zum zweiten Mal – und das innerhalb von zehn Monaten«, grübelt Paul vor sich hin. Ein bekanntes Unternehmen aus der Fernsehbranche hat ihn zu einem neuen Vorstellungsgespräch gebeten. Fast die gleiche Stelle wie bei der ersten Runde. Nur diesmal mit etwas mehr Verantwortung, kein Traineeprogramm mehr. Paul dachte nach der ersten Ablehnung: »Okay, vielleicht war ich für ein Einstiegsprogramm schon zu weit.« Denn erste berufliche Erfahrungen hat er bereits. Seine Erwartungen sind entsprechend deutlich höher als bei der ersten Begegnung. Aber was ist das nun wieder? Der Personalleiter kommt mit halbstündiger Verspätung zum Gespräch und der Kommunikationsdirektor monologisiert vor sich hin. Was wollen die? Ist das ein Witz?! Paul zweifelt an sich und seinen Gastgebern. Er fühlt sich immer weniger wohl, glaubt, er sei overdressed – er im Anzug, »hochgerüstet«, die anderen in Polohemd und Designerjeans. »Was fällt Ihnen denn zu München so ein?«, fragt unversehens der Kommunikationschef. »Oh je«, rattert es in Pauls Gehirn, »jetzt kommt das Relaxte, das Persönliche ins Gespräch«, das bislang gar keins war – und was nun?

Ob es Ihnen nun gefällt oder nicht, die Spiel-, das heißt in diesem Fall Verkleidungsregeln sind streng. Sie selbst entscheiden, wie Sie sich an Ihrem potenziellen Arbeitsplatz einordnen und anpassen wollen. Und genau das ist es, was man anhand Ihrer Kleidung überprüfen möchte: ob Sie wissen, was man von Ihnen erwartet, und ob Sie mitspielen. Ein noch so talentierter Mitarbeiter kann, ja darf einfach auch an einem heißen Sommertag nicht in kurzen Hosen auftauchen. Zugegeben, ein etwas überspitztes Beispiel, aber sehr plastisch!

Auf die vielen Details kommt es an: Die preisgünstigen Schuhe mit Plastiksohle und schief gelaufenen Absätzen, der schon etwas angestoßene Aktenkoffer, unechter Schmuck, der unvorteilhafte Haarschnitt, das gebrauchte Papiertaschentuch, weiße Socken zum dunklen Anzug – all dies sind Indizien, die bei der Beurteilung und Entscheidung für oder (in diesen Fällen eher) gegen Sie sprechen.

Kleidung vorher probetragen

Die Garderobe für Ihren wichtigen »Bühnen«-Auftritt sollten Sie kennen, das heißt vorher wenigstens an- und ausprobiert, besser bereits einige Stunden getragen haben. Drückende Schuhe, einquetschende, fast platzende Hemden, rutschende Hosen, knallenge Röcke, fehlende Knöpfe, kaputter Saum, Flecken – all das stellt in dem Moment, wo Ihr Auftritt kurz bevorsteht, eine furchtbare Falle, eine Quelle von Verunsicherung, Gefährdung und Unwohlsein dar.

Gehen Sie kein unnötiges Risiko ein, machen Sie eine Generalprobe, stimmen Sie sich selbst vor dem Spiegel in Ihre Rolle ein, aber auch in Ihre Kleidung. Ihr Selbstwertgefühl wird es Ihnen danken.

Sollten Sie zu einem »Auswärtsspiel« fernab der Heimat anreisen, gilt es, auch an Ersatz-Vorzeigekleidung zu denken, falls z. B. im Flugzeug eine Tasse Kaffee auf Ihrem Anzug oder Kostüm landet. Ersparen Sie sich den Stress, noch in letzter Minute eine Schnellreinigung ausfindig machen zu müssen.

Aber nicht nur Ihre Kleidung sollte Sie vorteilhaft erscheinen lassen. Auch das, was Sie über sich erzählen, darf ruhig weitgehend Ihre »Schokoladenseite« präsentieren.

ORGANISATORISCHES UND ANREISE

Wenn Sie mit dem Auto kommen, hier noch ein Wort zum »Anreisemittel Ihrer Wahl«. Während die Kleidung etwa die Funktion einer zweiten Haut übernimmt, bildet unser Auto die dritte. Es verrät viel über seinen Besitzer. Ob Sie nämlich im nostalgischen Käfer, einem knallroten Porsche, einem Smart oder Golf GTI vorgefahren kommen, wird nicht lange unregistriert bleiben. Spätestens bei einem zweiten Treffen schaut man Ihnen zu bzw. hinterher und sieht, womit Sie abfahren.

Abgesehen davon, dass längere Autoanfahrten zu einem so wichtigen Termin wie dem Ihres Bewerbungs- und Vorstellungsgesprächs eine Qual sein können, bedenken Sie besonders auch die Risiken: Stau, Panne, Unwetter, Glatteis, Unfall, auch z. B. infolge mangelnder Konzentration wegen der Prüfungssituation, in der Sie sich befinden. Unsere Empfehlung: besser nicht selbst fahren, eher auf die öffentlichen Verkehrsmittel ausweichen, aber etwas mehr Zeit einplanen!

Machen Sie sich rechtzeitig auf den Weg

»Wer zu spät kommt, den bestraft das Leben« – so der auch auf das Thema Vorstellungsgespräch übertragbare legendäre Tipp von Michail Gorbatschow. Also planen Sie genügend Zeit für Ihre Anreise ein, mit Berücksichtigung eventuell auftretender Verzögerungen wie Staus, Baustellen etc. Sollten Sie zu einem Vormittagstermin eingeladen sein, ist es von Vorteil, einen Tag oder spätestens am Abend vorher schon am Zielort zu sein.

Es empfiehlt sich auch, den Ort dieses für Sie bedeutsamen Treffens vorab wenigstens einmal von außen aus einer gewissen Entfernung besichtigt zu haben. So kennen Sie den Anreiseweg und wissen, wo man parkt und wie man zu dem Hauptgebäude, in dem das Vorstellungsgespräch z. B. stattfindet, gelangt. Sie kennen die Wegzeiten, haben sich mental und auch emotional schon ein bisschen eingestimmt.

Auf diese Weise können Sie sich psychisch auch ganz anders vorbereiten, haben Sie doch jetzt eine realistische Vorstellung, wie das äußere Szenario aussieht. Lassen Sie die Atmosphäre auf sich einwirken, schauen Sie sich an, was die Fenster und das andere Drumherum Ihnen sagen! Aus den vielen Details werden Sie sich ein Bild zusammensetzen können, das Ihnen hilft, den Geist des Hauses, der Firma, des potenziellen neuen Arbeitgebers besser zu erfassen.

Auch wenn Sie glauben, den Weg gut zu kennen, können Sie nicht sicher sein, z. B. in einem labyrinthischen Bürogebäudekomplex gleich den kürzesten Weg und das richtige Zimmer zu finden.

Nicht auf die letzte Minute

Besser ist also, Sie sind eine Viertelstunde zu früh da als zehn Minuten zu spät. Natürlich dürfen Sie nicht übertreiben. Insbesondere sollten Sie nicht mehr als fünf Minuten vor dem vereinbarten Termin im Vorzimmer des Geschehens eintreffen. Wer 20 Minuten zu früh aufkreuzt, macht einen denkbar schlechten Eindruck.

Entscheidend ist, so ausgeruht wie nur irgend möglich zu sein. Sollten Sie sich wider Erwarten an einem so wichtigen Tag krank fühlen – aus welchen Gründen auch immer –, ist es sinnvoller, den Termin abzusagen, als beispielsweise mit allen sichtbaren und unsichtbaren Befindensbeeinträchtigungen einer schweren Erkältung anzutreten und sich nicht optimal präsentieren zu können.

Und noch ein wichtiger Hinweis: Ist das Vorstellungsgespräch für Sie mit Fahrt-, Verpflegungs- und Unterbringungskosten verbunden, so gilt für die Erstattung folgende Regelung: Bei einer Einladung zum Vorstellungsgespräch muss der potenzielle Arbeitgeber für alle angemessenen Kosten aufkommen, die Ihnen entstehen, egal ob ein Arbeitsvertrag zustande kommt oder nicht. Sollte ein potenzieller Arbeitgeber dazu nicht bereit sein, so muss er Ihnen diesen Sachverhalt vorher ausdrücklich mitgeteilt haben – was Sie dann sicherlich schon nachdenklich gestimmt hätte.

Wenn Sie allerdings anfangen, bei der Abrechnung der Ihnen entstandenen Kosten das Parkhausticket oder den Fahrschein des öffentlichen Nahverkehrs in Rechnung zu stellen, so lassen Sie – gelinde gesagt – den adäquaten Blick für Proportionen vermissen. An der Art und Weise, wie Sie Ihre Abrechnungsunterlagen zusammenstellen und die Gegenseite die Zahlungsabwicklung gestaltet, ist wechselseitig viel abzulesen. Hier sieht man schnell, mit wem man es zu tun hat. Das gilt für die Bewerber- wie für die Unternehmensseite. Stellen Sie sich bei einem Arbeitgeber aus Eigeninitiative vor, ohne die ausdrückliche Verabredung, dass dieser für die Reisekosten aufkommt, müssen Sie alle Auslagen selbst tragen.

Wenn man Sie warten lässt

Sie hatten einen Termin für 15 Uhr, nun ist es schon fast eine Viertelstunde später und Ihre Nervosität wird auch nicht gerade weniger. Als die Sekretärin Sie begrüßte, verwies sie darauf, dass es noch ein wenig dauern könne, der Chef hätte noch ein wichtiges Gespräch. Sie sollten doch bitte in dem Raum nebenan Platz nehmen. Da sitzen Sie nun, wie bestellt und nicht abgeholt. Zunächst waren Sie vielleicht froh, noch ein paar Minuten zu haben, um sich zu sammeln. Doch so langsam könnte es dann doch schon losgehen … Ein wenig dauern – was das wohl heißen mochte?

Wenn man Sie vor dem Vorstellungsgespräch warten lässt, dann kann der Grund natürlich darin liegen, dass Ihrem Interviewer wirklich etwas Wichtiges dazwischengekommen ist. Es ist aber auch möglich, dass diese Wartepause schon Teil der Prüfung ist. Man will herausfinden, wie schnell Sie entnervt sind. Die dritte Möglichkeit: Das Ganze ist eine Art Machtdemonstration. Man zeigt Ihnen deutlich, wer hier was zu sagen hat, nach dem Motto: »Schließlich will der Bewerber etwas von uns und nicht wir von ihm.« Manch ein Kandidat lässt sich davon schon im Vorfeld einschüchtern, weil ihm auf diese Weise mehr oder weniger deutlich übermittelt wird: So wichtig bist du nicht, dass wir uns pünktlich an den Termin halten müssten.

Unter Beobachtung

Was auch immer der Grund für die Wartezeit sein mag – bedenken Sie, dass Sie möglicherweise bereits jetzt unter Beobachtung stehen. Ihre »Vorstellung« beginnt also im Grunde bereits ab dem Zeitpunkt, an dem Sie einen Fuß in das Gebäude setzen, und ist erst beendet, wenn Sie außer Sicht- und Hörweite des Hauses sind. Denn vielleicht sieht man Ihnen aus dem Fenster noch hinterher, schaut sich an, mit was für einem Auto Sie gekommen sind etc.

Zeichen der Wertschätzung

Aber noch einmal zurück zur Wartezeit vor einem Vorstellungsgespräch. Wie lange lässt man Sie da sitzen? Und wie lange nehmen Sie das hin, ohne zu murren? Es ist sicher kein Grund zur Beschwerde, wenn man Sie fünf oder zehn Minuten warten lässt. 15 Minuten sind vielleicht auch noch gerade akzeptabel, aber danach wird es Zeit, dass Sie in Aktion treten. Fragen Sie die Sekretärin freundlich, aber bestimmt, ob sie einmal nachfragen könnte, wie lange es noch dauert. Wenn die Sekretärin sich erkundigt hat und Ihnen mitteilt, dass es noch einen Moment dauert, dann gedulden Sie sich wieder etwas. Fragen Sie aber, was »ein Moment« ungefähr heißt, damit Sie sich darauf einstellen können.

Kann die Sekretärin auch das nicht näher beantworten, sollten Sie sich bis zu einer weiteren Viertelstunde gedulden. Hat sich bis dahin jedoch noch immer nichts getan, so bitten Sie die Sekretärin, den Chef zu fragen, ob er nicht lieber einen neuen Termin vereinbaren möchte, an dem es günstiger ist. Sie müssen nämlich nicht geduldig wie ein Schaf ewig herumsitzen. Demonstrieren Sie, dass Sie nicht irgendwer sind. Das heißt nicht, dass Sie ausfallend werden sollen. Bleiben Sie freundlich und gelassen, wenn irgend möglich, aber zeigen Sie auch, dass Sie es nicht nötig haben, ewig zu warten. Schließlich haben auch Sie wichtige Termine.

Gerade wenn Ihnen dieser Schritt jetzt sehr drastisch erscheint und eine gute Portion Selbstbewusstsein erfordert, spricht einiges dafür. Denn es hat immer auch mit Wertschätzung zu tun, wenn man Termine pünktlich einhält oder eben auch nicht. Wenn Ihr Interviewpartner es nicht mal für nötig hält, konkretere Angaben zu machen als »es kann noch eine Weile dauern«, dann scheint die Wertschätzung nicht gerade sehr ausgeprägt zu sein. Und das spricht eindeutig gegen das Unternehmen und die Verantwortlichen.

Denken Sie daran: Nicht nur Sie stehen bei einem Bewerbungsgespräch auf dem Prüfstand, sondern auch das Unternehmen und dessen Vertreter. Beide sollten Sie genau unter die Lupe nehmen und überlegen, ob Sie sich in einer solchen Firma wohlfühlen würden. Schließlich möchten Sie ja nicht nach kurzer Zeit schon wieder den Arbeitsplatz wechseln.

LERNTEST

7. Lerntest: Ihr Wissensstand zum Vorstellungsgespräch
Achtung! Es können auch mehrere Antworten richtig sein.

Sie erhalten einen Anruf nach dem zweiten Vorstellungsgesprächstermin und man bittet Sie, nochmals zu kommen. Was denken Sie?

a) Die in der Firma können sich wohl überhaupt nicht entscheiden
b) Die tun sich aber extrem schwer
c) Das ist heutzutage gar nicht so außergewöhnlich
d) Das lassen Sie sich nicht gefallen und sagen ab
e) Das hängt davon ab, wie sehr Sie sich den Job wünschen

Die richtige Lösung finden Sie auf S. 127.

Lösung 6. Lerntest:
a) Antwort: Erzählen Sie uns etwas über sich ...; Warum haben Sie sich beworben? Warum sollen wir Sie nehmen?
b) Antwort: Kompetenz, Leistungsmotivation, Persönlichkeit
c) Antwort: Vergangenheit, Gegenwart, Zukunft

Nützliches

NACHBEREITUNG

Nach der Schwerstarbeit Vorstellungsgespräch haben Sie sich eine Belohnung verdient – unabhängig davon, wie das Ganze für Sie gelaufen ist. Lassen Sie sich verwöhnen oder tun Sie sich selbst etwas Gutes. Sie brauchen neue, frische Kräfte für eine eventuelle nächste Runde. Und die kommt unweigerlich auf Sie zu, wenn Sie Ihre Chancen ernsthaft wahrnehmen wollen.

Nach der Belohnung sollte unbedingt die Nachbereitung des zurückliegenden Vorstellungsgesprächs erfolgen. Sie als Arbeitskraftanbieter haben zwar schon während des Gesprächs Ihre Fragen an das Unternehmen gestellt, müssen aber jetzt noch einmal über die folgenden Punkte nachdenken: Mit welchen Persönlichkeitsstrukturen sind Sie bei Ihren potenziellen Vorgesetzten konfrontiert? Was könnte deren Motivation sein – allgemein, bezogen auf das Unternehmen, bezogen auf Sie? Wie schätzen Sie die menschliche und fachliche Kompetenz Ihrer Gesprächspartner, des Unternehmens ein? Schwant Ihnen da etwas oder sind Sie im Gegenteil angenehm berührt und optimistisch gestimmt?

Mit der Ausgangsposition Ihres Gegenübers hatten Sie sich ja bereits vorab beschäftigt, ebenso wie mit der Informationsrecherche zu Ihrer möglichen Arbeitsaufgabe, zu Position und Branche. Aber was läuft da, nachdem Sie nun einen kurzen Einblick erhalten haben, wirklich ab, was hat man mit Ihnen vor? Wie ist man mit Ihnen umgegangen, wie sind Sie angesprochen worden, wie wurden Ihre Fragen beantwortet?

Denn: Nicht nur Sie sind gemustert worden, auch das Unternehmen und seine Repräsentanten haben ein Äußeres. Welcher (Ver-)Kleidungsstil kennzeichnet das Unternehmen und wie ist man vor Ort ausgestattet? Wie sind die Wände dekoriert, wie ist der Fußbodenbelag beschaffen, was steht bei Ihrem Gesprächspartner auf dem Schreibtisch und welche Bildchen oder Sprüche hat die Sekretärin an der Wand?

In welchem Zustand ist das Mobiliar und welcher technische Standard herrscht bei der Bürokommunikation vor? Welche Größe haben die Räume, wie gestaltet sich der Blick nach draußen? Wie sieht es einige Hundert Meter vor dem »Tatort« Ihres Vorstellungsauftrittes aus? Brüllen sich die Mitarbeiter auf dem Flur an? Grüßt man sich und Sie (»Mahlzeit«)? Wie ist die allgemeine Unternehmenskultur?

Sie sehen schon: Das alles sind wichtige Orientierungspunkte, die Ihr Vorwissen und Ahnen über den potenziellen Arbeitgeber entscheidend ergänzen und abrunden. So tragen diese Impressionen wesentlich zu Ihrer Entscheidung bei, ob Sie Ihre Lebenszeit und Arbeitskraft hier investieren sollten oder besser nicht. Denken Sie an Ihren jetzigen Arbeitsplatz und dass es Ihre ursprüngliche Intention war, sich zu verbessern.

Wir empfehlen Ihnen nach einem Vorstellungsgespräch auf jeden Fall einen Blick zurück. Wie ist das Gespräch gelaufen? Mit welchen Fragen haben Sie gerechnet, mit welchen nicht? Was ist Ihnen gelungen, was weniger? Was könnten Sie jetzt mit mehr Gelassenheit und Nachdenkzeit besser beantworten? Worauf müssen Sie sich beim nächsten Mal intensiver vorbereiten? Was haben Sie aus all dem gelernt?

Die 6 folgenreichsten Versäumnisse im Zusammenhang mit Vorstellungsgesprächen

1. Schwache Vorbereitung und miese / keine Nachbereitung

2. Nicht ausreichend genug recherchieren über das Unternehmen, die voraussichtlichen Gesprächspartner, die Branche und Mitbewerber

3. Sich nicht bedanken: weder vorher für die Einladung noch während des Gesprächs und auch nicht danach

4. Das laute / deutliche Sprechen Ihres Vortrages und Ihrer Antworten nicht üben

5. Keine Argumentationskette vorbereiten, was Sie an der Aufgabe reizt und was Sie anbieten können

6. Einen Einstellungstest unterschätzen

Zu den wichtigen Nachbereitungsaktivitäten gehört die Erstellung eines möglichst ausführlichen Gedächtnisprotokolls des gesamten Gesprächsablaufes inklusive aller Personen, die Ihnen begegnet sind, und deren Namen. Wenn Sie wissen, wie die Sekretärin des Personalchefs heißt, können Sie diese beim nächsten Telefonat persönlich ansprechen. Vielleicht hilft's und Sie bekommen durch Ihre nette Ansprache den Chef persönlich ans Telefon.

Hoffentlich haben Sie am Ende Ihres Vorstellungsgesprächs eine Information erbeten bzw. erhalten, wie und wann der Entscheidungsprozess weitergeht. Auch diese Information sollten Sie unter dem Stichwort Rückmeldung in Ihr Protokoll eintragen. Natürlich müssen Sie jetzt erst einmal einige Tage abwarten und sehen, ob sich etwas tut – es sei denn, Sie haben etwas anderes vereinbart. Üben Sie sich in Geduld und fragen Sie nicht vor Ablauf einer Frist von etwa fünf bis maximal sieben Tagen telefonisch nach, was aus Ihrer Bewerbung geworden ist.

Sollten Sie allerdings vier Wochen verstreichen lassen, ohne sich interessiert zu zeigen und nachzufragen, wird das sehr wahrscheinlich gegen Sie ausgelegt. Eine von Ihrem Gesprächspartner zu verantwortende lange Wartezeit spricht aber auch gegen Ihren potenziellen Arbeitgeber, denn man lässt Kandidaten nach einem Vorstellungsgespräch nicht längere Zeit ohne Zwischenbescheid im Unklaren.

Nachfassen: Brief, Mail, Telefonat

Zu den besonderen Tricks, sich als Bewerber von anderen deutlich abzuheben, gehört der Nachfassbrief. Einen bis maximal drei Tage nach Ihrem Auftritt abgeschickt, wird dieses Schreiben Ihren Gesprächspartner dazu veranlassen, sich erneut mit Ihnen zu beschäftigen. In diesem Brief bedanken Sie sich nicht nur für das interessante Gespräch, sondern knüpfen an das an, was offengeblieben ist, was Sie noch nachtragen möchten etc. Hier ist natürlich wichtig, dass Sie sich den Namen Ihres Gegenübers notiert haben, damit Sie ihn im Brief persönlich ansprechen können.

Im Wesentlichen geht es beim Nachfassbrief – eine Seite, eventuell sogar handschriftlich, reicht vollkommen aus – darum, deutlich zu machen, dass Sie sehr interessiert bzw. motiviert sind, verstanden haben, worum es geht, und gerne bereit sind, das interessante Gespräch jederzeit fortzusetzen, und dass Sie am liebsten Ihre ganze Arbeitskraft für das Unternehmen einsetzen wollen.

Wenn Sie so etwas plump, vielleicht auch nur ungeschickt oder langweilig machen bzw. wenn das Vorstellungsgespräch eher schwierig und schleppend verlaufen ist, gewinnen Sie mit einem Nachfassbrief natürlich nichts – logisch, vielleicht gehören Sie ja bereits nicht mehr in die engere Kandidatenwahl. Gelingt es Ihnen aber, nach einem gut verlaufenen Vorstellungsgespräch mit dieser Briefaktion intelligent »einen draufzusetzen« (s. Beispiel auf der nächsten Seite), so verbessern Sie Ihre Chancen, unter die ersten drei Plätze oder gleich an die Spitze zu kommen.

Dabei kann es sich sogar lohnen, maßgeschneiderte individuelle Briefe an die unterschiedlichen Hauptakteure des Vorstellungsgesprächs zu schicken, wenn Sie mehrere Gesprächspartner hatten. Wir denken dabei z. B. an den Personalchef oder seinen Vertreter auf der einen und den Fach-Abteilungsleiter bzw. den unmittelbaren Vorgesetzten auf der anderen Seite, wenn Sie deren Bekanntschaft gemacht haben. Bisweilen tut es aber auch ein einzelner Brief an den potenziellen zukünftigen Chef.

Caroline Kessler Bachstraße 11 52066 Aachen Tel.: (02 41) 6 78 13 77

Internationale Liegenschaftsbank
Personalabteilung
Herrn Werner Thamm
Richard-Wagner-Platz 12
10585 Berlin

Aachen, 10.12.2014

Vorstellungsgespräch am 08.12.2014
Meine Bewerbung als Organisationsentwicklerin

Sehr geehrter Herr Thamm,

vielen Dank für das informative Gespräch.
Besonders die offene, herzliche Gesprächsatmosphäre und Ihre Erläuterungen über Aktivitäten und Ziele bis hin zur Unternehmenskonzeption der ILG Bank fand ich äußerst spannend. Dies alles bestärkt mich in meinem Wunsch, bei Ihnen tätig zu werden, mein Wissen und Engagement für die Optimierung der Organisation voll einzubringen.

In einem so kurzen Zeitraum des Sichkennenlernens wie in einem Vorstellungsgespräch fällt es mir nicht leicht, die Eigenschaften herauszustellen, die mich besonders für die zu besetzende Position qualifizieren.

Im Nachhinein möchte ich gern hinzufügen, dass
– meine fundierten kaufmännischen Kenntnisse als Groß- und Außenhandelskauffrau
– meine Erfahrungen in der Projektarbeit (Stichwort: Konzernumwandlung)
– meine Kommunikations- und Lernfähigkeit
– mein persönliches Organisationstalent
– sowie meine Eigenschaft, Ziele nicht aus dem Auge zu verlieren,
gute Voraussetzungen für die Organisationsentwicklung darstellen.

Nachdem Sie mir eine Hotelunterkunft für den Start in Aussicht gestellt haben, bin ich gern bereit, meinerseits alles Erforderliche zu tun, um am 2. Januar 2015 bei Ihnen anfangen zu können.

Ich freue mich darauf, von Ihnen zu hören, und verbleibe

mit freundlichen Grüßen aus Aachen

Caroline Kessler

Beispiel für einen Nachfassbrief

Dass in diesem Brief/dieser Mail allergrößte Sorgfalt an den Tag gelegt und die Verkaufsbotschaft sorgfältig abgewogen werden muss, versteht sich eigentlich von selbst. Worum kann es in so einem Schreiben gehen? Folgende Punkte sind zu berücksichtigen:

- Sie danken Ihrem Gesprächspartner für Zeit und Interesse.

- Sie arbeiten noch einmal die drei wichtigsten Verkaufsargumente heraus, die für Sie sprechen und von denen Sie annehmen können, dass der Briefempfänger diese wertzuschätzen weiß. Dieser von Ihnen wohlformulierte Briefabsatz wird Sie vor dem geistigen Auge Ihres potenziellen Arbeitgebers neu aufleben lassen und als wichtigen und ernst zu nehmenden Kandidaten weit nach vorne in sein Bewusstsein rücken.

- Setzen Sie etwaigen Negativeindrücken bzw. Mankos, die im Vorstellungsgespräch offensichtlich geworden sind, etwas entgegen. Räumen Sie z. B. ein, dass Ihre Erfahrungen auf dem Sektor XY noch nicht so fundiert sind, dass Sie jedoch aufgrund von … meinen, Sie hätten etwas anzubieten. Vermeiden Sie, alles rechtfertigen zu wollen oder sogar neue gravierende Negativmerkmale zu zementieren. Führen Sie keine negativen Aspekte an, die Ihr Gegenüber übersehen, vergessen oder als unwichtig eingeschätzt haben könnte. Wiederholen Sie auch keine Schwachpunkte, denen Sie nicht wirklich etwas entgegenzusetzen wissen.

- Als positiver Abschluss des Briefes könnte Ihnen ein gut formulierter Absatz dienen, der einen neuen, zusätzlichen Kompetenzaspekt in Bezug auf die angestrebte Position beinhaltet und im Vorstellungsgespräch noch nicht von Ihnen herausgestellt werden konnte.

Aus gutem Grund wollen wir Ihnen hier nur ein detailliertes Formulierungsbeispiel für einen Nachfassbrief geben. Sie sollten Ihrer Fantasie und Ihrer Kreativität freien Lauf lassen, ansonsten müssen Sie befürchten, dass Mitbewerber ähnliche Texte aufsetzen. Versuchen Sie also, Ihren eigenen Stil zu entwickeln.

VORBEREITEN AUF DAS ZWEITE VORSTELLUNGSGESPRÄCH

Im zweiten Vorstellungsgespräch geht es darum, offengebliebene Fragen ausführlich abzuklären, noch einen besseren persönlichen Eindruck zu bekommen und Sie als Kandidaten Ihren potenziellen Kollegen vorzustellen, um gegebenenfalls auch deren Meinung mit zu berücksichtigen.

Ziel eines zweiten Vorstellungsgespräches ist es, über die reduzierte Gruppe von Bewerbern – in der Regel zwei bis maximal vier Kandidaten – durch intensives Fragen noch mehr Informationen zu bekommen. Dabei geht es um die Überprüfung, ob der Sympathiebonus, den sich der Bewerber im ersten Gespräch erworben bzw. erarbeitet hat, standhält und möglichst noch verstärkt werden kann.

Eine geschickte Gesprächsführung und neue interessante Fragen Ihrerseits sowie Ihre angemessene, im Rahmen bleibende Bereitschaft, etwas mehr von Ihrer Privatseite zu zeigen, können Ihre Position im kleinen Kreis der wichtigsten Bewerber stärken. Jetzt geht man schon mehr in die Details, und sehr bald ist auch der Zeitpunkt erreicht, an dem die Gehaltsfrage intensiver erörtert wird.

Unter *www.berufsstrategie-plus.de* finden Sie eine Liste mit Fragen, die Ihnen im zweiten Vorstellungsgespräch gestellt werden können.

FRUSTRATIONSTOLERANZ – VOM UMGANG MIT ABSAGEN

Sie hatten eine Einladung zu einem oder sogar mehreren Vorstellungsgesprächen und die Gelegenheit, das Unternehmen und seine Repräsentanten kennenzulernen, aber ebenso auch umgekehrt. Für den Fall, dass das Ergebnis eine Absage beinhaltet – egal ob von Ihrer oder von Unternehmensseite –, bedenken Sie bitte Folgendes:

Bewerbungssituationen und insbesondere Vorstellungsgespräche sind klassische Prüfungssituationen, die uns im Grunde genommen lebenslänglich begleiten. Prüfungen sind Rituale, in denen eine Anpassungsleistung gefordert wird. Meistens handelt es sich um eine Art von Initiationsriten, deren erfolgreiches Über- und Bestehen mit der Prämie eines Ein- oder Aufstiegs honoriert wird, z. B. von der Auszubildenden zur Angestellten, von der Sachbearbeiterin zur Abteilungsleiterin, vom Arbeitsuchenden zum Mitarbeiter.

Wer Bewerbungsrituale, Auswahlprozeduren und Vorstellungsgespräche »erfolgreich« im Sinne des Arbeitgebers überstanden hat, bietet gute Gewähr, an die herrschenden Normen angepasst zu sein und auch in Zukunft nicht »aufzumucken«. So gesehen ist das ganze Leben eine Art Prüfung, eine Kette von Anpassungsleistungen und Bewerbungssituationen.

Wir möchten nochmals zu bedenken geben, dass jede/-r für sich selbst überprüfen und entscheiden muss, wie weit sie/er in ihrer/seiner Anpassungsbereitschaft und damit auch Anpassungsleistung in einer Bewerbungssituation gehen will. Diese Leistung muss sich um der Zielerreichung willen lohnen. »Lohnt diese sich wirklich?«, ist daher die Frage, die Sie sich selbstkritisch immer wieder stellen müssen. Und vergessen Sie nicht, dass die Prüfer sich in der Prüfungssituation Vorstellungsgespräch ebenfalls auf dem Prüfstand befinden. Auch Sie als Bewerberin oder Bewerber haben das Recht und die Pflicht zu wählen.

Was immer die Gründe für eine Absage sein mögen: Es muss nicht an Ihnen liegen. Bedenken Sie, was Ihnen bei dem Unternehmen vielleicht erspart geblieben ist. Bewerben Sie sich weiter und geben Sie auf keinen Fall auf.

8. Lerntest: Ihr Wissensstand zum Vorstellungsgespräch
Achtung! Es können auch mehrere Antworten richtig sein.

Sie haben auf Ihre vielfach versandten Bewerbungsunterlagen jede Menge Gesprächseinladungen erhalten (auf 50 Bewerbungen 18 Gespräche), aber immer noch kein Angebot. Woran könnte das möglicherweise liegen?

a) Kann man so überhaupt nicht beantworten
b) Sicher an Ihnen und Ihrer fehlenden Überzeugungskraft
c) An der Art und Weise, wie Sie auftreten
d) An fehlender Qualifikation und Erfahrung
e) An Fehlern, die Sie unbewusst immer wiederholen
f) An der Auswahl der Angebote, auf die Sie sich bewerben
g) An Mitbewerbern, die den Entscheidern einfach besser gefallen

Die richtige Lösung finden Sie auf S. 131.

Lösung 7. Lerntest: Richtig gedacht haben Sie bei Antwortmöglichkeit c.

ZUSAMMENGEFASST

Worauf kommt es wirklich an, wenn man einen Arbeitsplatz bekommen möchte?

Viele Faktoren sind mitentscheidend, aber die wichtigsten sind zweifelsohne, dass man sein Gegenüber von seinem Können, seiner Leistungsstärke und seiner Wesensart überzeugt. Dafür gibt es die KLP-Formel. Dabei geht es viel um Sympathie, Vertrauen und letztlich Zutrauen.

Wie wichtig ist der Faktor persönliche Chemie zwischen dem Personalentscheider und dem Bewerber?

Im Leben spielt Sympathie immer eine ganz wichtige Rolle. Besonders aber im Berufsleben, wo wir wechselseitig aufeinander angewiesen sind, ist der Sympathie-Faktor – ob ich mit jemandem »kann« und dieser mit mir – von ganz entscheidender Tragweite.

Welche Faktoren spielen bei der Sympathie die entscheidende Rolle?

Sympathie erklärt sich dadurch, dass man sich im anderen wiedererkennt. Und wenn man sich nicht selbst wiedererkennt, dann vielleicht den Bruder, die Lieblingstante, den besten Schulfreund usw. Uns sind in der Regel Menschen sympathisch, die uns an jemanden erinnern, mit dem uns etwas positiv verbindet. Das funktioniert aber auch mit negativem Vorzeichen.

FEHLER

Die häufigsten Bewerbungsfehler

1. Mangelndes Bewusstsein und deshalb mangelnde Vorbereitung

2. Die eigenen Potenziale nicht kennen und nicht vermitteln können

3. Kein Marketing in eigener Sache zu betreiben

4. Sich zu wenig mit dem potenziellen Auftraggeber auseinandergesetzt zu haben und nicht zu wissen, was dieser will

5. Auf die wichtigsten Fragen keine überzeugenden Antworten vorbereitet zu haben

Wie wichtig ist der erste Eindruck beim Vorstellungsgespräch?

Er ist oftmals Weichen stellend und mit entscheidend. Wenn man sympathisch auftritt, sich für die Einladung bedankt und sagt, wie wunderbar alles ist, wie gut alles geklappt hat (Anreise etc.), dann gibt man der ganzen Sache eine andere Klangfarbe, als wenn man ankommt und sagt: »So ziemlich alles ist heute schiefgelaufen, nichts hat auf Anhieb geklappt, die Wegbeschreibung war miserabel, der Zug unpünktlich, der Taxifahrer unfreundlich, und überhaupt, jetzt brauche ich erst mal einen Kaffee.«

Was sind ganz typische, oft gemachte Fehler, wenn es um ein neues Arbeitsverhältnis geht?

Die meisten Kandidaten denken: »Ich habe den neuen Job, ich bin der Größte!« Sie kommen zur neuen Arbeitsstelle und glauben, alle neuen Kollegen würden sich über sie freuen. Möglicherweise denken die neuen Kollegen aber auch: »Da kommt jemand, den wir einarbeiten müssen und der zudem potenziell eine Gefahr darstellt – da müssen wir uns um unsere eigene Position Gedanken machen.« Infolgedessen sind die Kollegen vielleicht erst einmal reserviert bis sehr vorsichtig. Und dann kann sehr vieles sehr schief laufen.

Wie kann man es besser und sympathischer machen?

Man sollte die neuen Kollegen freundlich begrüßen, sich selbst vorstellen und nicht warten, dass diese auf einen zukommen. Seien Sie geduldig und hören Sie vor allen Dingen zu, kommentieren oder bewerten Sie nicht gleich alles, versuchen Sie nicht, sofort alles besserwisserisch zu verändern usw. Oft testen die Kollegen den Neuen auch aus, um zu sehen, wie er sich anstellt. Da ist es doppelt wichtig, nicht zu sagen: »… hättet ihr mir das besser erklärt, hätte ich den Fehler nicht gemacht.« Es ist besser, den Fehler einzugestehen und zu sagen: »Entschuldigung, ich muss noch viel lernen«, das hören die Kollegen gerne.

Gehaltsverhandlungen

Oftmals werden erst in der zweiten Vorstellungsgesprächsrunde die Arbeitsbedingungen und Gehaltswünsche richtig verhandelt. Aber auch wenn die Entlohnung schon im ersten Vorstellungsgespräch thematisiert werden sollte oder wenn es überhaupt nur eines gibt, sollten Sie sich vorher informiert haben, was man für die Position, für die Sie sich bewerben, in der Regel an Gehalt erwarten kann. Je nachdem, welche Qualifikation, vielleicht sogar Vorerfahrung Sie einbringen und welche zukünftige Leistung Sie glaubwürdig in Aussicht stellen, werden sich Ihre Gehaltswünsche realisieren lassen.

Zeigen Sie aber auch bei den Gehaltsverhandlungen Besonnenheit und vermitteln Sie nicht den Eindruck, dass es Ihnen nur ums Geld geht. Beide Seiten – Arbeitgeber und Arbeitnehmer – müssen einen tragbaren Kompromiss in der Gehaltsfrage finden. Vereinbaren Sie z. B., dass nach einer Einarbeitungsphase, die ein halbes, ein Dreiviertel- oder maximal ein ganzes Jahr dauern kann, Ihr Gehalt automatisch um x Prozent angehoben wird.

Verdeutlichen Sie sich und dem Arbeitsplatzanbieter: Sie sind nicht bereit, Ihre Arbeitsleistung unter Wert zu verkaufen. Den richtigen Preis für Ihre Leistung zu bestimmen, ist eine Aufgabe, die mit zu den wichtigen Vorüberlegungen gehört. Dass es da unterschiedliche Auffassungen geben kann, liegt in der Natur der Sache.

Sicherlich ist es nicht ganz leicht für Sie, den Wert Ihrer Arbeitskraft realistisch einzuschätzen, wenn Sie z. B. als Bewerberin nach einer längeren »Familienphase« wieder in den Beruf einsteigen. Als Wiedereinsteiger sollten Sie sich Informationen über die aktuellen Tarifgehälter und Sonderleistungen von den jeweiligen Gewerkschaften, Industrie- und Handelskammern, Verbänden oder Interessengemeinschaften besorgen.

Wenn Sie Ihre Stelle wechseln möchten, haben Sie es einfacher. Etwa 10 bis maximal 20 Prozent mehr als Ihr derzeitiges Gehalt dürfen Sie Ihrem neuen Arbeitgeber vorschlagen, in seltenen Ausnahmen sind auch mal mehr als 20 Prozent möglich. Begehen Sie dabei nicht den Fehler, bei der konkreten Nachfrage nach Ihrem aktuellen Gehalt zu sehr zu mogeln – Personalchefs wissen in der Regel, was woanders gezahlt wird.

Was verdienen Sie zurzeit?

Verhandeln Sie immer über das Jahresgehalt, nicht über das Monatsgehalt, und verdeutlichen Sie sich, bevor Sie in die Verhandlungen gehen, mithilfe einer präzisen Aufstellung sämtlicher Neben- und Sonderleistungen, wie sich Ihr Gehalt in Ihrer alten Firma zusammengesetzt hat. Nur so können Sie wirklich einen genauen Vergleich anstellen und sich entsprechend finanziell verbessern.

»Wie hoch ist denn Ihr jetziges Einkommen?«, fragt der Personalchef den Bewerber nach etwa 45 Minuten Gesprächsdauer. Dieser hatte sich auf das Stellenangebot eines Teamleiters bei einer Versicherung beworben. Gesucht wurde ein Spezialist mit besonderer Erfahrung in der Schadensregulierung. Im Anzeigentext wurden als Jahresanfangsgehalt 42.000 Euro angeboten. Nicht zu Unrecht befürchtet der Bewerber, dass bei Nennung seines jetzigen Gehalts – knapp 30.000 Euro, also etwa ein Viertel weniger als das Angebot dieses potenziellen Arbeitgebers – Zweifel an ihm als Kandidaten für die neue gehobene Position auftauchen würden.

Die 30.000 Euro Jahresgehalt waren für den Bewerber dann auch mit ein wichtiger Grund, sich nach einer neuen, besser bezahlten Position umzuschauen. Damals, vor dreieinhalb Jahren, ein Jahr nach dem Ausbildungsabschluss und noch quasi als Berufsanfänger, schien ihm die Bezahlung nicht so wichtig. Insbesondere das Aufgabengebiet bei seiner aktuellen Firma fand er damals attraktiv und den Einstieg wert. Aufgrund verschiedener Einflüsse und Entwicklungen war für ihn allerdings inzwischen der Zeitpunkt gekommen, sich nach einer neuen Position in einem anderen Unternehmen umzusehen.

Dem Bewerber war schon vor dem Vorstellungsgespräch klar, dass er sich mit der Frage auseinanderzusetzen hatte, wieso er bisher für lediglich 30.000 Euro Jahresgehalt (auch abgekürzt mit p. a. = pro anno) arbeitete. Er befürchtete nicht ohne Grund, dass die Konsequenz daraus bedeuten könnte, bei einem Wechsel mit etwa 34.000 Euro »eingekauft« zu werden. 42.000 Euro lagen sehr deutlich über dem, was neue Arbeitgeber in der Regel in Relation zum vorherigen Gehalt zu zahlen bereit sind.

Die Frage nach der früheren Arbeitsvergütung ist unzulässig weil sie, ja unter anderem dazu dient, eventuelle Lohnansprüche des Bewerbers zu dämpfen. Doch nicht selten versucht der potenzielle Arbeitgeber, durch direktes Erfragen das aktuelle Gehalt, die Jahresbezüge des Bewerbers in Erfahrung zu bringen, um daran sein Angebot ausrichten zu können.

Hintergrund ist die Überlegung, dass ein Kandidat mit bisher knapp 30.000 Euro Jahreseinkommen nicht unbedingt auf einen Schlag einen so großen Gehaltssprung zu machen braucht, um jetzt 42.000 Euro im Jahr zu verdienen. Dieser Kandidat – so der Gedankengang – wäre wahrscheinlich auch mit einer Steigerung auf 38.000 Euro zufrieden und damit für den Arbeitgeber eventuell »preisgünstiger« als ein anderer Bewerber. Aus diesem Grund findet sich bei Stellenangeboten häufig der Hinweis, man möge sich im Bewerbungsschreiben auch zu seinen »Gehaltsvorstellungen« äußern.

Aber nicht nur bei einer großen Differenz zwischen dem aktuellen Gehalt des Bewerbers und einem deutlich höheren Gehalt in einer neuen Position gibt es Probleme, sondern auch besonders im umgekehrten Fall. Wenn also ein Bewerber gegenwärtig z. B. 60.000 Euro im Jahr verdient, sich nun aber, aus welchem Grund auch immer, neu orientieren möchte und sich auf ein Stellenangebot meldet,

das pro Jahr 50.000 Euro in Aussicht stellt, also 10.000 Euro weniger, tauchen ganz besondere Probleme auf. Der potenzielle Arbeitgeber wird sich über diesen freiwilligen Gehaltsverzicht wundern und den Bewerber möglicherweise nicht in die engere Wahl ziehen, weil er davon ausgeht, dass bei einer Gehaltsverschlechterung die Motivation des Arbeitnehmers zu wünschen übrig lassen könnte.

Nun mag es sowohl für den Arbeitnehmer wie auch für den Arbeitgeber gute Gründe geben, die diese Annahme bestätigen. Verallgemeinern sollte man sie jedoch besser nicht. Sind Sie als Arbeitnehmer in der schwierigen Situation, wechseln zu wollen, und bereit, auch einen gewissen Gehaltsabschlag dafür in Kauf zu nehmen, dann sollten Sie auf jeden Fall davon ausgehen, dass man Ihnen mit Misstrauen begegnen wird. Ein sogenannter Gehaltsabstieg ist unbedingt erklärungsbedürftig. Es gibt also gute Gründe, einem potenziellen neuen Arbeitgeber sein derzeitiges Gehalt nicht sofort und detailliert zu offenbaren. Dieser Abschnitt im Vorstellungsgespräch könnte daher so aussehen:

»Wie hoch ist Ihr Einkommen zurzeit?«, fragt der Personalchef den Bewerber.
»Ich kann mir gut vorstellen, mit den von Ihnen im Inserat angebotenen 42.000 Euro Jahresanfangsgehalt zunächst auszukommen«, antwortet der Bewerber.
»Wie darf ich das verstehen, wie meinen Sie das?«, fragt der Personalchef, der das »zunächst‹ nicht überhört hat.
»Wenn ich ›zunächst‹ gesagt habe, dann gehe ich davon aus, dass sich im Laufe der Zeit vielleicht Gehaltserhöhungen ergeben werden.«
»Aber sicher doch, selbstverständlich«, bemerkt der Personalchef, »wenn Sie die Leistung bringen«, und er setzt noch einmal nach: »Wie sieht denn Ihr aktuelles Monatseinkommen aus?«
»Nun, meine Jahresbezüge bei meinem jetzigen Arbeitgeber unterscheiden sich schon etwas von dem, was Sie in Ihrem Angebot genannt haben. Gibt es bei Ihnen im Hause bereits Vorstellungen, wann Sie bereit wären, über eine Gehaltsverbesserung – z. B. im Anschluss an die Einarbeitungszeit – nachzudenken?«

Wieder ist der Personalchef beschäftigt und hoffentlich abgelenkt. Es ist nicht unwahrscheinlich, dass es dem Bewerber auf diese Weise gelingen könnte, das Gespräch von der Frage nach seinen aktuellen Bezügen wegzuführen, ohne sich offenbart zu haben bzw. krass lügen zu müssen. Bisweilen hilft auch der Hinweis, dass der aktuelle

Arbeitgeber es nicht wünscht oder sogar vertraglich verboten hat, dass über die Gehälter Auskunft gegeben wird.

Mit dem obigen Beispiel soll aufgezeigt werden, dass es durchaus ohne größere Schwierigkeiten gelingen kann, sich beim Thema »aktuelles Gehalt« in Relation zum potenziellen neuen Gehalt nicht sofort in alle Karten schauen zu lassen. Natürlich kann man sich als Bewerber auf die direkte Frage nach den aktuellen Bezügen nur sehr schlecht verweigern und hier den »stummen Fisch« markieren. Andererseits sitzt Ihnen weder ein Finanzbeamter der Steuerfahndung gegenüber noch Ihr Steuerberater, sodass Sie sehr wohl etwas großzügiger und weniger präzise auf- bzw. abrunden können und gegebenenfalls auf weitere Vergünstigungen, Sozialleistungen besonderer Art, Extras etc. hinweisen dürfen oder diese überschlägig mit einrechnen können, um den Jahreseinkommensbetrag schön gerundet zu präsentieren.

»Ich erwarte im Jahr mindestens 42.000 Euro«, wäre auch eine Antwortmöglichkeit auf die Frage nach den konkreten Jahresbezügen. Es liegt auf der Hand, dass ein Arbeitnehmer, der seinen Arbeitsplatz wechseln möchte, damit die Hoffnung verbindet, auch sein Einkommen zu verbessern. Insbesondere bei einer stärker ausgeprägten Karriereorientierung ist ein Wechsel, der sich auch auf die Bezüge auswirkt, die natürlichste Sache der Welt. Eine Verbesserung von etwa 15 Prozent ist dabei für den Um- bzw. Wiedereinstieg der Regelfall.

Sollten Sie dagegen bereit sein zu wechseln und Ihr Gehalt würde sich dadurch um weniger als 10 Prozent verbessern, erzeugen Sie als Kandidat Misstrauen. Der Hintergedanke des Arbeitsplatzanbieters lautet in diesem Fall: Was motiviert den Bewerber wirklich und welche Probleme hat er eventuell am jetzigen Arbeitsplatz, dass er beispielsweise für nur 5 Prozent mehr Gehalt bereit ist zu wechseln?

Ihre Leistung ist es wert

Wer dagegen gleich zwei oder mehr Stufen auf einmal nehmen will und einen Wechsel anstrebt, der mehr als 20 Prozent Gehaltsverbesserung einbringt, provoziert Überlegungen seines potenziellen neuen Arbeitgebers, ob er das Geld auch wirklich wert ist bzw. ob nicht etwas weniger auch ausreichend wäre. Letzteres wird dann schnell gerechtfertigt durch Argumente wie geringes Alter, wenig Erfahrung, Einarbeitungszeit und Ähnliches. Auf jeden Fall lassen sich immer Gründe ins Feld führen, warum Sie nicht der ideale Kandidat für diese Position sind.

Das Fazit lautet: Zur Vorbereitung auf das Bewerbungsverfahren gehört unbedingt eine Marktanalyse unter dem Aspekt, was gezahlt wird und was Ihre Arbeitsleistung wert ist. Informationen dazu erhalten Sie bei Berufs- und Interessenverbänden, Gewerkschaften und in Wirtschaftszeitungen oder -zeitschriften (z. B. *Capital, WirtschaftsWoche, Handelsblatt*), die regelmäßig Übersichten abdrucken, was in den verschiedenen Branchen und Positionen verdient wird. Nun liegt es bei Ihnen, die eigenen Fähigkeiten und Ihren Erfahrungsschatz zu »taxieren« und ein Preismarketing für Ihre »Ware Arbeitskraft« vorzunehmen.

LERNTEST

9. Lerntest: Ihr Wissensstand zum Vorstellungsgespräch

Achtung! Es können auch mehrere Antworten richtig sein.

Auf welchen Ebenen findet ein Vorstellungsgespräch statt?

a) Immer nur auf einer, der offiziellen Ebene
b) Meistens auf zwei Ebenen, der offiziellen und der privaten gleichermaßen
c) Stärker auf der offiziellen, aber immer wieder auch in die inoffizielle, private wechselnd
d) Kann man so nicht sagen

Die richtige Lösung finden Sie auf S. 133.

Lösung 8. Lerntest: Infrage kommen die Antworten b, c, e und womöglich auch g.

Merksätze zum Vorstellungsgespräch

⊛ Vorbereitung ist das A und O. Sie können sich ganz ausgezeichnet auf Ihr Vorstellungsgespräch vorbereiten. Scheuen Sie nicht die Mühen. Es lohnt sich!

⊛ Vergessen Sie nie: Es geht um Werbung in eigener Sache, um Ihr »Produkt« Arbeitskraft.

⊛ Selbstdarstellung will vorbereitet und geübt sein. Auch ein Schauspieler muss seine Rolle gut einstudieren, muss sich vorbereiten und üben.

⊛ Überlegen Sie: Was ist Ihr Kommunikationsziel, was sind Ihre Botschaften und mit welchen Argumenten wollen Sie überzeugen?

⊛ Die Fragen des Vorstellungsgespräches stehen bereits vorher fest. Überlegen Sie sich vorab Ihre Antworten und die Tendenz Ihrer Präsentation.

⊛ Bereiten Sie sich gezielt auf Ihr Gegenüber vor (Person, Firma/Institution, Position, Aufgabe).

⊛ Als Bewerber sollten Sie wissen, was Sie und wie Sie etwas sagen wollen. Insbesondere aber muss Ihnen klar sein, was Sie nicht sagen wollen und wie Sie mit Worten schweigen.

⊛ Es geht im Vorstellungsgespräch primär um Sympathie, also Ihre Persönlichkeit, um Ihre Leistungsmotivation und Kompetenz. Sympathie müssen Sie gewinnen, Leistungsmotivation und Kompetenz werden Ihnen attribuiert.

⊛ Verdeutlichen Sie sich: Sie bestimmen den Vorstellungsgesprächsverlauf weitestgehend mit.

⊛ Angemessene, selbstbewusste Gelassenheit und höfliche Konzentration kennzeichnen einen erfolgreichen Bewerber.

⊛ Das per Grundgesetz geschützte Persönlichkeitsrecht setzt dem Fragerecht des Arbeitgebers Grenzen. Wo er es überschreitet, dürfen Sie ungestraft lügen.

⊛ Es gibt keine unangenehmen Fragen im Vorstellungsgespräch, wenn Sie die richtige Einstellung haben, gut vorbereitet sind und somit angemessen antworten können.

⊛ Was immer man in der Gesprächssituation gegen Sie einwendet – es kommt darauf an, wie Sie damit umgehen.

⊛ Sprechen Sie nie negativ über ehemalige Vorgesetzte, Kollegen oder Arbeitsplatzbedingungen.

⊛ Versuchen Sie nicht, perfekt zu erscheinen, räumen Sie auch ruhig mal ein, etwas nicht zu wissen, getan oder bedacht zu haben. Präsentieren Sie sich auf keinen Fall rechthaberisch oder kleinkariert.

⊛ Hören Sie aufmerksam und konzentriert zu und bestärken Sie gelegentlich Ihr Gegenüber durch interessiertes, zustimmendes Kopfnicken bzw. »mmh« und »ja«.

⊛ Halten Sie angemessenen Blickkontakt.

- Beobachten Sie genau, ohne jedoch zu mustern.

- Überlegen Sie, bevor Sie antworten, nehmen Sie sich die Zeit.

- Scheuen Sie sich nicht nachzufragen.

- Reden Sie lieber etwas weniger als zu viel.

- Lassen Sie Ihren Gesprächspartner (aus-)reden.

- Warten Sie ab, stehen Sie auch mal eine kleine Gesprächspause durch.

- Seien Sie lieber etwas zu zurückhaltend als zu forsch.

- Beherrschen Sie Ihre Gestik und Mimik.

- Bleiben Sie immer sachlich, geduldig und gelassen.

- Bereiten Sie sich sorgfältig auf die Gehaltsverhandlung vor.

- Auch wenn es zum wiederholten Mal nicht klappt, sollten Sie nicht aufgeben, sondern – gegebenenfalls mit Unterstützung eines Profis, z. B. eines Bewerbungs- oder Karriereberaters – herauszufinden versuchen, was Sie bei Ihrem Auftritt noch verbessern können.

- Geben Sie nicht auf. Es gibt im Berufsleben manchmal Phasen, die schwierig sind … Zeigen Sie Durchhaltevermögen!

Lösung 9. Lerntest:
Richtig liegen Sie mit Antwort c.

Auswertung der 9 Lerntests

Addieren Sie die richtigen und subtrahieren Sie falschen Lösungen (jede richtige ist einen Punkt wert, die falschen bringen jedoch jeweils einen Minuspunkt). Maximum: 20 Punkte!

Ihr Ergebnis:

Unter 10 Punkte:
Sie sollten unbedingt üben und alles nochmals lesen.

10–12 Punkte:
Ein noch recht schwaches Ergebnis, beschäftigen Sie sich mit den Wissenslücken.

13–15 Punkte:
Schon wirklich gut, Sie sind auf dem besten Weg.

16 und mehr Punkte:
Prima, Sie haben alles verstanden! Herzlichen Glückwunsch!

ÜBER UNS, DIE AUTOREN, UNSERE BÜCHER UND DAS BÜRO FÜR BERUFSSTRATEGIE

Das Autorenteam Hesse/Schrader ist seit über 30 Jahren auf dem Sektor der Bewerbungsratgeber sowie zu weiteren Themen aus der Arbeitswelt publizistisch tätig und hat im Laufe dieser Zeit mehr als 200 Bücher veröffentlicht. Am Anfang stand die erstmalige Veröffentlichung aller gängigen sogenannten Intelligenztests und deren kritische Reflexion in dem Buch *Testtraining für Ausbildungsplatzsucher* (1985).

Von besonderem Interesse für den Leser dieses Buches dürfte auch die Reihe »Die perfekte Bewerbungsmappe« sein – Bücher ebenfalls im DIN-A4-Format, die zahlreiche Beispiele im Originalformat zeigen und auf die unterschiedlichen Situationen von Bewerbergruppen (Azubis, Hochschulabsolventen, Führungskräfte) eingehen. Auch die Bücher *1 x 1 – Die erfolgreiche schriftliche Bewerbung* sowie *Bewerbungsstrategien für Führungskräfte* behandeln die Themen, die zur Verwirklichung Ihrer beruflichen Ziele von großer Bedeutung sind. Weitere Hilfestellungen bieten die Hesse/Schrader Trainings *Initiativbewerbung, Lebenslauf, Online-Bewerbung, Arbeitszeugnis* und *Schriftliche Bewerbung* (alle im DIN-A4-Format).

Beide Autoren verfügen über eine langjährige Erfahrung als Seminarleiter bei Bewerbungstrainings. Ein besonderes Interesse gilt der gewerkschaftlichen Bildungsarbeit in Form von Anti-Mobbing- und Konfliktmanagement-Seminaren.

1992 gründeten sie in Berlin das *Büro für Berufsstrategie*, das Arbeitnehmer in allen erdenklichen beruflichen Fragen berät und unterstützt. Über 30 Jahre Buchpublikationen und über 20 Jahre tägliche Beratungsarbeit mit Kandidatinnen und Kandidaten, die das *Büro für Berufsstrategie* aufsuchen, zeichnen die Autoren als kompetent und praxiserfahren aus.

Wenn Sie persönliche Anregungen wünschen, Rat und Unterstützung brauchen, wenden Sie sich bitte an das *Büro für Berufsstrategie:*

Hesse/Schrader
Büro für Berufsstrategie
Oranienburger Straße 4–5
10178 Berlin
Tel. 030 288857-0
Fax 030 288857-36
www.hesseschrader.com

Bitte beachten Sie auch unsere Büros in Frankfurt, Stuttgart, Hamburg, Köln, Wiesbaden und München. Wir prüfen auch Ihre Bewerbungsunterlagen!

Unsere **Leseempfehlungen**

Testtraining Allgemeinwissen
Hesse/Schrader

Eignungs- und Einstellungstests sicher bestehen

Über 600 Testfragen im Multiple-Choice-Verfahren beispielsweise aus den Themengebieten:

▷ Wirtschaft

▷ Staat, Politik

▷ Geschichte, Religion

▷ Biologie, Geografie

▷ Physik, Mathematik, Technik

▷ Unterhaltung, Sport

▷ Kunst, Literatur, Musik

160 Seiten, 12,5 x 19 cm
Broschur, inkl. eBook
ISBN 978-3-8490-1303-5
Best.-Nr. E10136D
€ 11,95 (D) / € 12,30 (A)

Die 100 wichtigsten Tipps für die erfolgreiche Gehaltsverhandlung
Hesse/Schrader

Für eine optimale Vorbereitung in kürzester Zeit

Dieser Ratgeber erläutert anhand von 100 Tipps kompakt und anschaulich, worauf es beim Gehaltsgespräch wirklich ankommt.

Die zentralen Themen:

▷ Sorgfalt spart Zeit: die richtige Vorbereitung

▷ der optimale Verhandlungszeitpunkt

▷ überzeugende Verhandlungsstrategien

▷ Gehaltsverhandlung im Vorstellungsgespräch

▷ Tipps und Tricks für die Gesprächsführung

169 Seiten, 12,5 x 19 cm
Broschur
ISBN 978-3-86668-601-4
Best.-Nr. E10129
€ 9,95 (D) / € 10,30 (A)

Persönlichkeitstests
Hesse/Schrader

Verstehen – durchschauen – trainieren

Auf Tests kann man sich erfolgreich vorbereiten. Das gilt nicht nur für klassische Intelligenztests, sondern auch für Fragen, mit denen Unternehmen emotionale und soziale Intelligenz „abprüfen" möchten. Sie versprechen sich dadurch Einblick in den Charakter des Bewerbers.

Die Bewerbungsprofis Hesse/Schrader informieren anschaulich und kompakt über:

▷ Sinn und Aufbau von Persönlichkeitstests

▷ alle gängigen Persönlichkeitstests

▷ wichtige Testverfahren wie z. B. Satzergänzungstests, Fragebögen und Zeichentests

▷ die unterschiedlichen Testsituationen

166 Seiten, 12,5 x 19 cm
Broschur
ISBN 978-3-86668-797-4
Best.-Nr. E10137D
€ 11,95 (D) / € 12,30 (A)

Körpersprache
Hesse/Schrader

Wie man sie im Beruf erfolgreich liest, versteht und gezielt anwendet

Wie viele Sprachen beherrschen Sie? Ihre Muttersprache, eine, zwei oder sogar drei Fremdsprachen? Eine entscheidende Sprache beherrschen viele Menschen nicht: die Körpersprache.

▷ wie Sie die nonverbalen Signale im beruflichen Umgang mit anderen deuten

▷ wie Sie die nonverbalen Zeichen Ihres Gegenübers im Gespräch verstehen

▷ wie Sie mit Ihrer Körpersprache überzeugen

▷ und wie Sie in einer schwierigen Verhandlungssituation, wie beispielsweise einer Gehaltsverhandlung oder einem Auswahlgespräch, richtig agieren

130 Seiten, 12,5 x 19 cm
Broschur
ISBN 978-3-86668-613-7
Best.-Nr. E10131
€ 9,95 (D) / € 10,30 (A)

Bestellungen bitte direkt an: STARK Verlag GmbH · Postfach 1852 · D-85318 Freising
Tel. 0180 3 179000* · Fax 0180 3 179001* · www.berufundkarriere.de · info@berufundkarriere.de
* 9 Cent pro Min. aus dem deutschen Festnetz, Mobilfunk bis 42 Cent pro Min.

26-BK-R06